공학인증을 위한

공학윤리의 길잡이

공학인증을 위한

공학윤리의 길잡이

ETHICA IN ENGINEERING

이대식 · 김영필 · 김영진 공저

學山 도서출판 학산미디어

저자진

이대식 대구대학교 교수
김영필 대구교육대학교 연구교수
김영진 영남대학교 선임연구원

공학인증을 위한 공학윤리의 길잡이

발 행 일 | 2012년 3월 15일
저 자 | 이대식, 김영필, 김영진
발 행 인 | 문정임
발 행 처 | 학산미디어
기 획 | 이덕선
편 집 | 디자인드림
주 소 | 서울시 노원구 상계동 1256 은빛아파트 202-401
전 화 | 02-935-0670
팩 스 | 02-935-0670
이 메 일 | sorgento2000@hanmail.net
등록번호 | 제 25100-2011-000001호

ISBN 978-89-966211-26 93530

정가 20,000원

머리말

현대 사회는 자본주의의 확장과 기술 문명의 현대화가 가속화되고 있다. 이러한 사회를 받쳐 주기 위해서 교육 역시 자본주의를 가르치는 경제 및 경영과 기술을 가르치는 학과들로 엄청나게 팽창하였다. 니체가 19세기에 예언한 것처럼, "빨리 돈을 벌 수 있는 존재가 될 수 있도록 신속한 교육이, 매우 많은 돈을 벌 수 있는 존재가 될 수 있도록 더욱 철저한 교육이 요구되고" 있는 실제적 상황이다. 그런데 역설적으로 산업의 발달과 자본주의의 확장은 기존의 문제들과 그 해결책으로는 풀 수 없는 엄청난 문제들을 발생시켰다. 예컨대, 환경문제, 정보윤리 문제, 생명윤리문제, 인간성 상실 등과 같은 문제들이다.

이 문제들은 단순히 분과적인 지식을 습득하는 것만으로는 해결할 수 없다. 우리는 기술에 의해 생겨난 문제를 검토하기 위해서 새로운 규범과 가치관을 모색해야 한다. 현재의 기술 발달은 기술 자체에 대한 지식만으로는 해결할 수 없다. 기술과 인간, 기술과 사회, 기술과 자연 등과 같이 보다 포괄적인 사유가 필요하다. 우리는 이런 점을 모색하는 것을 철학이고, 윤리라고 본다. 물론 18세기 계몽주의자인 디드로는 철학자보다는 산업 생산자를 더 존경해야 하며, 철학적인 논의보다는 기술이 인간을 행복하게 한다고 주장했다. 이것은 지금도 통용되는 주장이다. 하지만 기술과 산업에 대한 편벽된 생각이 지배했던 시대이었고, 지금은 기술 만능주의에 가까운 시대라는 것을 간과해서는 안된다. 따라서 우리는 기술과 철학 혹은 윤리가 양립될 수 있는지를 검토해볼 필요가 있다.

국내외적으로 대표되는 공학 사고를 생각해 보자. 1986년 우주왕복선 챌린저호 폭발사고, 1994년 성수대교 붕괴사고, 1999년 삼풍백화점 폭발사고, 1999년 청소년 수련장 화재상고, 200년 미쯔비시 자동차 리콜 은폐사건, 2003년 대구 지하철 화재 참사, 2005년 SK 대덕기술원 폭발사고, 2011년 일본 원자력 폭발 사고 등이 있다. 이런 사고의 원인은 다양할 수 있다. 하지만 이 사고의 공통점은 기술자에게 사고의 책임을 묻고 있다는 것이다. 책임을 묻는다는 것은 판단할 능력이 있다는 것을 함축하며, 판단한다는 것은 결국 사유한다는 것이다.

우리는 사유하지 않음이 얼마나 큰 비극을 초래할 수 있는지를 알고 있다. 2차 대전에서 독일은 엄청난 유대인을 수용소에서 살해를 했다. 어쩌면 한 동네에, 한 지역에 살았던 유대인들은 단지 유대인이라는 이유로 죽였다. 우리는 대표적인 책임자로 아이히만을 들 수 있다. 한나 아렌트는 예루살렘 법정에서 아이히만의 재판을 참관하면서 악이 무엇인지에 대해서 고찰을 했다.

보통 우리는 악이라고 함은 자만심, 질투심, 증오, 탐욕 등과 같은 감정으로 인해서 발생한다고 본다. 하지만 아렌트에 따르면, 악은 일상 속에 도처에 평범하게 존재하고 있다고 한다. 아렌트는 재판을 받고 있는는 아이히만은 아주 일상적이며 평범했으며, 결코 악마적이거나 기이하지 않았다고 한다. 또한 어떤 이데올로기적인 확신이나 특이한 악의적 동기의 징후를 발견할 수 없었다고 한다. 그는 예루살렘의 재판과정에서나 나치체제 과정에서나 동일하게 활동했다. 즉, 아이히만은 상투성, 진부한 문구, 인습적이고 표준화된 표현규칙과 행위규칙을 잘 유지했다. 그는 자신이 나치체제에서 공무원으로써 시키는대로 행동을 했다는 것이다. 아렌트에 따르면, 아이히만에게 부족한 것은 단 하나, '사유의 부재' 이다.

도덕(morals)이란 용어는 'mores' 라는 어원을 가지며, 일종의 관습을 의미하며, 윤리(ethics) 역시 관습이라는 그리스 어원에서 유래했다. 사유가 부재한다는 것이 좋은 습관이나 도덕에 대한 이해부족을 의미하는 것이 아니다. 아렌트에 의하면, 우연히 발생하거나 관심을 끄는 모든 것을 결과나 특이한 내용에 관계없이 검토하는 습관, 즉 사유활동 자체는 악행을 자제하도록 하는 조건들에 포함될 수 있다고 본다. " 선한 사람들만이 나와 자아의 불일치를 인식함으로 양심의 가책을 받을 수 있는 반면, 범죄인들이나 그러한 부류에 속하는 나쁜 사람들만이 나와 자아의 인식 차이를 느끼지 못한 채 대개 떳떳한 양심을 가지고 있다고 생각한다". 즉 "옳고 그름을 말할 수 있는 능력이 사유하는 능력관 관련되어 있다"는 것이다. 아렌트는 사유의 부재는' 매우 지성적인 인간에게도 발견될 수 있다 '고 한다.

우리는 한 반에 있는 중학생들이 어떤 학생을 괴롭히면서도 자신의 행위가 얼마나 악한 행동인지를 모르는 것, 판사, 검사, 의사, 기술자와 같은 전문가들이 자신들의 행위가 사람들에게 얼마나 악한 행동을 하는지를 전혀 모르고 있는 것. 이것은 악이 얼마나 평범한지를 알 수 있게 한다. 우리 사회에 만연한 문제는 결국 '사유하지 않음' 에 있는 것이다.

고대 철학자 소크라테스는 사유는 살아있음의 증표이며, 한 사회가 건강하기 위해서는 사유하는 자가 필요하다고 주장한다. 소크라테스가 사유하지 못하게 한 아테네는 결국 붕괴된다. 사유를 상실한 삶은 무의미하다. 아렌트에 따르면, "사유는 삶을 동반하는 활동이며, 삶 속에서 발생하며 우리가 살아 있는 동안 우리에게 발생하는 모든 것의 의미를 표현하는 언어에 의해 제공되는 정의, 행복, 미덕과 같은 개념들과 연관된다."

인간이 다른 동물과 다른 이유는 자신이 왜 이 행위를 하는지를 숙고하는 것에 있다. 과연 이 행위가 정당한지, 타인에게 올바름을 제공하는지를 사유하는 것이다. 어쩌면 우리는 모두 이기적인 동물이다. 우리는 자기 보존을 무엇보다 우선적으로 고려한다. 하지만 타인과의 지속적인 관계를 맺지 않고는 자기 보존도 위험한다는 것을 잘 알고 있다. 우리는 타인과 자신의 이익을 동시에 보존하는 방법을 모색한다. 그 방법이 무엇인가를 숙고하는 것, 그것이 윤리이다.

소크라테스는 자신의 삶을 숙고했다. 그는 왜 사는가에 대한 질문이 없는 젊은이들의 삶에 참견한다. 똥파리처럼, 그는 타인의 안락한 삶을 귀찮게 하는 존재였다. 누구나 타인에게 간섭을 받거나 자유가 침해받기를 원치 않는다. 소크라테스가 살았던 아테네에서의 젊은이들과 마찬가지로, 오늘날의 젊은이도 부, 명예, 권력을 삶의 지혜보다 더 소중하게 간주한다. 개인주의가 만연한 이 시대는 더욱 그러하다. 그런데 숙고없이 살아가는 다수의 개인들은 잘못된 행동으로 자기 이익을 망칠뿐만 아니라 타인의 이익마저 침해한다. 물론 개인들은 자신 이익을 자신이 가장 잘 알기 때문에 결코 망치지 않는 방법을 알고 있다고 큰 소리친다. 하지만 그것은 착각일 수 있다. 왜냐하면 개인의 이익만을 취하고 타인의 이익을 무시하는 사람은 결국 그 이기적인 행위로 인해서 타인에게 엄청난 폭력과 공격을 받을 수 있다는 것이 역사적으로 알려져 있기 때문이다. 리비아의 수장이었던 카다피의 종말을 생각해 보라.

다소 이야기가 벗어났다. 소크라테스는 숙고하지 않는 삶을 살아가는 다수의 젊은이에게 참견하다가 독배를 마시고 형장의 이슬로 사라진다. 동양과는 달리 서양인들은 아이러니하게도 사형수에 대한 이중적인 태도를 지닌다. 예수와 소크라테스의 공통점은 사형수라는 사실이다. 그들은 바른 소리를 하다가 미움을 받는다. 오늘날에 그 누구도 예수와 소크라테스의 삶이 잘못되었다고 이야기 하지 않는다. 왜? 설사 당시에 일부의 사람들에게 미움을 받았지만, 그들은 올바른 길을 갔다고 모든 사람이 믿기 때문이다.

이와 마찬가지로 우리 역시 바른 소리를 해야 한다. 윤리적으로 정당하지 않다고 생각하는 행위가 무엇인지를 보여주어야 한다. 설사 형장의 이슬로 사라지더라도(너무 과한 주장인가?). 하지만 그것이 윤리의 길이며, 인간의 길이기 때문이다. 공학인을 위한 윤리를 말하면서 너무 거창한 인사말을 하고 있는지 모르겠다. 공학인증을 위한 공학윤리 책이지만, 중요한 것은 공학을 배우기 전에, 우리는 한 인간으로 어떤 행위가 정당한 행위인지를 고민해야 하는 인간으로 태어났다. 그 다음으로 공학이라는 전문적 행위 속에서 어떤 행동이 정당한 행동인가를 다시 한 번 고민하는 것이다. 따라서 이 책의 내용은 인간으로서의 윤리와 과학기술자로서의 윤리가 병행되어 있다.

윤리는 결코 고정된 규범이나 형식이 아니다. 그것은 현장에서 신중한 판단을 요구한다. 그것은 누가 옳고 그른지를 바로 그 윤리적 상황에서 심사숙고하는 개인과 조직에 달려 있다. 그 누구도 대신 해주지 않는다. 만약 그 누가 대신해 준다면, 그는 윤리적 자율성을 손상당하는 것이다. 그는 자신이 직접적으로 그 상황에 대해서 능동적으로 판단해야 한다. 왜냐하면 모든 인간은 숙고할 잠재성을 갖고 태어났기 때문이다. 자! 우리 한 번 숙고하는 시간을 가져보자.

끝없는 탈출

자기를 가둔 감옥에서 탈출하려면
무엇보다 의식이 깨어있어야 한다.
자기 인생에 대한 각성 없이는
벗어날 기약이 없다.
깨어 있는 사람만이
자기 몫의 삶을 제대로 살 수 있고,
깨어 있는 사람만이
삶의 질을 높이기 위해
끝없는 탈출을 시도한다.
참다운 삶이란 무엇인가.
욕구를 충족시키는 생활이 아니라
의미를 채우는 삶이어야 한다.
의미를 채우지 않으면
삶은 빈 껍질이다.

— 법정 스님

차 례

서언

01 과학과 기술 그런데 윤리?

02 공학 윤리와 윤리적 논증

04 윤리이론과 사례

05 윤리문제의 해결 기법

07 정보공학윤리

08 생명공학윤리

09 환경윤리

서언

1. 과학기술과 윤리의 대화

'기술윤리' (Technikethik)란 개념은 우선 잘 어울리지 않는 조어처럼 보인다. 그러나 우리의점이 지나치게 패쇄적이지 않다면 이해할 수 있고 또한 받아들일 수 있는 개념이다. 오르테가 이 가세트(Ortega y Gasset, 1883~1955)는 이미 1939년 그의《기술에 대한 성찰》에서 "기술자이기 위해서는 기술자인 것으로만은 충분하지 않다."고 말한 바 있다. 기술자로서 최고의 능력을 갖추고 살기 위해서는 모든 작업과 학문 그리고 모든 다른 것들에 익숙해야 한다. 그러나 기술자로서 유능한 사람으로 산다는 것은 바로 윤리학의 중심적인 문제이다. 단순히 기술자로서 성공적인 삶을 살수는 없는 것이다. 만약 기술이 윤리적 관점에서 반성되지 않는다면, 기술은 다만 하나의 재능일 뿐이다. 기술자로서 성공적인 삶을 산다는 것은 바로 그의 행위가 공공의 선에 일치되는 삶을 살 수 있는가의 문제와 분리될 수 없다.

기술적 능력에 관한 한, 그 능력이 어떤 목적을 위해서 사용되어져야 하는가 하는 물음에 대한 반성과 관계가 있다. 이것은 바로 기술적 능력의 사용에 있어서 윤리적 반성의 문제이다. 기술적 능력의 결과에 대해 반성적으로 접근하는 것은 기술의 사용 방식에 대한 반성과 기술적 성과물들이 어떤 목적으로 수행되어야 하는지에 대해 함께 반성하도록 한다.

기술윤리는 무엇보다도 기술과 함께 인간의 행동을 새로운 차원으로 안내해준다는 사실때문에 생겨난다. 이 차원을 깊이 헤아리는 것이 윤리적 반성을 위한 결정적인 과제이다. 그러나 기술과 윤리의 대화를 위한 토대를 마련하는 데는 어려움이 있다. 근대의 과학적-기술적 합리성이 과연 윤리적 이성과 양립할 수 있는지에 대해 회의적일 수밖에 없다는 것이 기술과 윤리의 연대를 제한하는 요소일 것이다. 과도한 기술적 진보는 마치 기술을 가치중립 적인(value-free) 것으로 성급하게 판단하도록 한다는 데 더 큰 어려움이 있다. 기술이 과연 가치중립적인가? 기술은 과연 윤리와 분리된 자율적 분과일 수 있는가? 이러한 문제에 대한 반성이 필요하지 않을 수 없다.

기술과 윤리의 대화는, 모든 사태는 기술적으로 어떻게 운영해야 하는지를 고려해야 할 뿐만 아니라 정신적-도덕적 힘에도 의존하고 있다는 사실을 인식하게 될 때 가능해진다. 생물학과 연결된 윤리적 통찰은 이 정신적-도덕적 힘을 발전시키기 위한 하나의 단서가 될 것이다. 자유를 요구하는 자는 자신의 유전학적 결정인자를 가치지향적인 문화적 분과를 통해 제어하는 도덕적 힘을 신뢰해야만 한다. 우리가 기술은 윤리적 반성의 대상으로 고려하지 않을 수 없다는 사실을 인식함으로써, 우리는 기술윤리란 개념에 대해 이해할 근거를 마련할 수 있을 것이다. 기술윤리는 특수윤리가 아니다. 이 개념은 무엇보다도 윤리적 이성과 기술적 합리성의 양립가능성을 모색하기 위한 하나의 시도를 상징하는 개념이다. 반성의 과정으로서의 기술윤리는 기술발전의 방향을 제어해주는 방향키의 역할을 한다. 기술은 바로 삶에 봉사하는 것이 그 본래적 기능임을 다시 한번 반성할 필요가 있다.

인간에 있어서 기술을 통해 생장한 힘을 사용하는 데 있어서도 도덕적 요구가 필연적이다.

왜냐하면 기술의 잘못된 사용은 그 자체가 삶에 대한 폭력일 수 있기 때문이다. 이러한 기술적 폭력가능성을 윤리적으로 제어하고 규제하는 규범적 권능을 다시 회복하는 것이 중요하다. 그러므로 윤리는 기술과 무관한 특수윤리학이 아니다. 기술윤리는 바로 기술적 발전에의해 초래되는 문제들을 윤리적으로 반성함으로써 기술과 윤리가 공존하는 지평을 만들기 위한 우리 시대의 사상적 대안이다.

2. 기술윤리의 가능성

기술만능주의, 즉 인간은 기술에 의해 자신의 존재를 구축할 수 있다는 신앙에 대한 불신은 기술윤리를 가능하게 하는 단초이다. 인간의 능력에 대한 과대평가는 결국 극단적인 기술만능주의를 가능하게 하였다. 하지만 최근에 와서 이러한 입장에는 많은 변화가 일어난다. 그 중 하나는 인간이 자연이나 우주의 주인이 되려는 사상에 대한 비판이 일어난다는 사실이다. "아는 것이 힘이다"는 베이컨의 명제는 인간에 의해 모든 것은 정복될 수 있다는 근대의 주도적 이념이 되었다. 19세기초에 급부상한 기술이 인간 자신과 인간이 세계를 이해하는 데 있어서 중요한 역할을 하게 된다. 왜냐하면 기술은 인간이 우주를 성공적으로 지배하기 위한 수단을 마련해주기 때문이다.

그러나 인간은 더 이상 자연의 정복자가 아니다. 현실적으로 인간의 자연지배는 한갓 인간의 알량한 이성이 만들어 놓은 형이상학적 가설에 지나지 않는다. 인간의 생활세계가 기술에 의해 완전히 파악될 수 있으리라는 신념이 뿌리 채 흔들리면서 기술에 대한 윤리적 반성이 자연적으로 요구되지 않을 수 없다. 더 이상 기술에 의한 생활세계의 식민지화가 확장되어서는 안 된다. 기술이 이제 더 이상 우리가 거부할 수 없는 생활세계의 조건이라고 한다면, 우리의 선택은 기술과 가치가 공존할 수 있는 지평을 확장시켜 나가지 않을 수 없다. 기술윤리의 가능성은 바로 우리의 생활세계와 기술이 서로 풀 수 없을 정도로 이미 엉클어져있음을 인식하는 데서 출발한다. 기술 자체에 대해 긍정적이든 부정적이든 우리는 이미 기술적 경험의 틀 안에 갇혀 있다. 돈 아이디(Don Ihde, 1934~)는 인간의 기술적 경험에 대한 분석을 인간-기계의 관계들에 대한 현상학적 분석으로 대치해 나간다. 인간이 이미 세계 내 존재이듯, 인간은 바로 기계를 통해 세계경험을 한다. 기계는 내가 세계를 경험하기 위한 수단이며 조건이다. 기계는 세계를 경험하기 위한 물리적 통로가 아니라, 기계는 이미 자 자신의 일부이고 그 경험에 관한 한, 내 자신에 속한다. 즉 기술적 문화 속에서 기계들은 우리의 자아경험과 자아표현의 부분들이 된다. 맹인에 있어 지팡이란 기계는 단순한 물리적 도구가 아닌 삶의 조건이고 삶 자체의 표현이며 삶의 일부인 것이다. 기계들은 맹인의 지팡이처럼, 준-타자들로서 우리의 익숙한 상대자가 되었고, 우리가 거의 도망칠 수 없도록 우리를 에워싸고 있다. 기술은 더 이상 중립적 도구가 아니라, 실존적 메카니즘이며 우리의 삶은 이미 기술적 삶이다. 우리는 기계 속에 살고 움직인다.

만약 우리가 적어도 기술이 실존적 경험 양식이라는 사실을 인정한다면, 기술의 중립성에 대한 선입견은 배제되어야 한다. 기술의 중립성이란 신화는 기술과 윤리의 화해가능성을 차단하는 오래된 이데올로기이다. 기술은 그 자체가 비중립적이며, 생활세계의 조건이고 실존적 양식이라는 인식을 통해 우리는 기술과 윤리의 가능성을 모색할 수 있다. 우리는 기술윤리의 가능성을 우선 기술철학을 통해 마련할 수 있을 것이다. 기술의 본질을 철학적으로 새롭게 인식하려는 시도는 무엇보다 하이데거(M. Heidegger, 1889~1976)를 통해 이루어진다. 그는 기술의 본질에 대한 물음을 제기하면서, 기술은 목적을 위한 수단이며, 인간활동이라는 정의에서 출발한다. 목적을 설정하고 그것에 대한 수단을 마련하고 이용하는 것이 인간의 활동이기에, 기술을 인간활동의 수단으로 규정하는 것은 당연하다. 그러나 하이데거는 기술에 대한 이러한 도구적 · 인간학적 정의가 옳은 것이기는 하지만 참은 아니라고 말한다. 왜냐하면 기술이 단순히 인간 주체의 발명품이고 단순히 중립적인 도구로 기능한 다는 사실이 기술의 본질을 있는 그대로 드러내주지 못하기 때문이다. 기술은 인간이 자연을 지배하기 위한 수단이 아니라, 오히려 기술 자체가 인간의 존재 양식을 지배하는 조건이라면, 기술에 대한 도구적 정의는 지나치게 낙관적이다. 한스 요나스(Han Jonas, 1903~1993) 역시 하이데거의 기술철학에 따라 기술을 비중립적으로 이해하는 사람이다. 기술이 자연지배를 위해 인간에 의해 고안된 수단이 아니라, 기술 자체가 인간 존재를 지배하는 힘이라는 사태에 대한 인식은 그가 쓴 〈위험에 처한 미래의 윤리〉의 다음 말에서 나타난다.

요나스는 이러한 전망 하에서 과학기술의 재앙에 대처하는 새로운 윤리학을 제안한다. 자연의 지배가 아닌 자연에 대한 책임의 윤리로, 행위의 윤리가 아닌 존재의 윤리로 전환하기를 촉구한다. 우리는 이러한 기술의 중립성에 대한 신화로부터 자유로워질 수 있어야 기술과 윤리의 화해가 가능한 지점을 확보할 수 있다. 이것은 바로 기술윤리의 학적 근거가 되기도 할 것이다. 기술과 윤리의 화해가능성을 확보하려는 우리의 입장에서, 우리는 다시 한번 과학의 본질을 묻는 것이 필요하다고 생각한다. 과학이란 무엇인가? 과학이란 학문은 가치와 분리된 순수한 객관적이고 가치중립적인(Value-free) 학문인가? 과학자는 과연 세계의 법칙적 진실에 대한 순수한 탐구자일 뿐인가? 과학은 가치와 무관하기는커녕 원래부터 "가치의 제도" 가 아닌가? 우리는 바로 이러한 물음들 위에서 공학윤리의 학문적 가능성을 반성하고, 그것을 통해 정립할 수 있을 것이다.

3. 공학윤리를 공부하는 목적

우리가 어떤 영역을 탐구하기 위해서는 무엇보다 전체를 아우르는 지도가 있어야 한다. 우리는 이 과목을 통해 무엇을 배울 것인지를 생각해 보아야 한다. 이는 다음과 같이 살펴볼 수 있다.

(1) 공학에서 생겨나는 도덕적 문제점들과 이슈들을 인지하는 능력이 요구된다.
(2) 도덕적 문제들에 대한 논쟁을 이해하고, 평가하는 능력이 필요하다.
(3) 공학과 관련된 사실의 중요성에 근거하여, 일관된 견해를 가져야 한다.
(4) 공학 문제에 도덕적 문제들에 대한 대안적 반응들을 식별하고, 실질적인 어려움에 대해서 창의적 해결방안을 수용하는 것이다. 이를 위해 도덕적 상상력이 요구된다.
(5) 공학인은 다른 사람들에게 적절하게 자신의 도덕적 견해를 표현하는 능력이 있어야 한다.
(6) 윤리적으로 합리적인 의지와 능력을 키워서 자신뿐만 아니라 타인의 행복에 대해서도 진정한 관심을 가질 필요가 있다.
(7) 도덕적 성실성을 통해 자신의 직업 생활과 개인적 신념을 통합하는 능력이 있어야 한다.

위에서 제시한 공학윤리의 목적은 과학기술자에게 주어진 핵심적인 가치들이다. 물론 이것은 공학 외에 다른 영역을 배우는 전문가에도 동일하게 받아들여야 할 조건들이다. 하지만 공학의 전문 영역에서 일어나는 다양한 윤리적 문제들을 숙지하고, 이것을 해결할 능력을 갖추어야 하는 것은 과학기술자에게 주어진 소명의식이다. 이러한 목적에 부합하는 형식으로 이 책을 기술하고자 노력했다. 물론 부족한 측면이 많이 있다. 그런 점은 앞으로 지속적으로 수정해나갈 것이다.

그리고 각 장마다 시를 한 편씩 실었다. 시는 상상력의 보고이다. 세밀한 관찰력과 풍부한 감수성, 상상력이 없이는 시는 탄생할 수 없다. 오늘날 누구에게나 가장 절실하게 필요한 것이라고 보인다. 관찰, 생각, 상상은 모든 분야에서 필수적이지만, 예비과학기술자에게도 무엇보다 중요한 덕목이라고 보인다. 상상력과 사고력, 관찰력을 연습하기 위한 것임을 알아주기 바란다.

01

과학과 기술 그런데 윤리?

이 장의 목적

우리는 아기 돼지 삼형제가 각자의 집을 짓는 우화를 알고 있다. 큰 형은 짚으로 집을 짓고, 둘째는 나무로 집을 짓고, 셋째는 벽돌로 집을 짓는다. 결국 늑대가 큰 형과 둘째의 집은 쉽게 무너뜨리지만, 셋째의 집은 아무리 해도 무너뜨리지 못한다. 그 우화의 교훈은 시간을 두고 튼튼한 집을 지어야만 안전함을 보장받을 수 있다는 이야기이다. 이것은 공학의 역사와 매우 유사한 측면을 갖는 이야기이다. 과거보다 오늘날 건축물은 훨씬 튼튼하고 구조적으로도 복잡하다는 점에서 셋째 돼지의 집에 가까워지고 있다. 즉, 늑대와 같은 외부의 힘에 의해서 쉽게 붕괴되지 않는 건축물들이 전 세계적으로 지어졌으며, 지어지고 있다. 하지만 인간 사회에서는 셋째와 같은 집을 짓는다고 하면서, 잘못된 설계서와 설계 중의 변경과 불량자재 등에 의해서 인명피해와 사고를 유발하는 경우가 자주 일어난다. 물론 튼튼한 건물도 수명이 있는 것은 사실이다. 그렇다고 하더라도 수명이 다해서 생기는 경우보다 안전한 설계에 대한 책임의식이 부족해서 발생하는 경우가 더욱 많은 것이 주지의 사실이다. 따라서 우리는 공학자 혹은 기술자에게는 가치에 대한 사유, 즉 윤리에 대한 인식을 전문지식과 함께 가져야 한다는 점을 이 장에서 살펴볼 것이다.

기사 읽기

사건

1981년 7월 17일 금요일 오후, 캔사스 시에서 가장 최고급 호텔에 해당하는 하얏트 리젠시 호텔 로비에서는 주말에 춤을 추기 위해서 많은 사람들로 붐볐다. '새틴 돌' (Satin Doll)이라는 노래에 맞춰 커다란 중앙 홀에서 춤을 추는 광경을 많은 사람들이 지켜보고 있었다. 그때 갑자기 춤을 추고 있는 중앙 홀로 고가 통로가 순식간에 붕괴되었다. 이렇게 해서 캔사스 시에 있는 하얏트 리젠시 호텔은 미국 역사에서 건물이 무너져 생긴 사고로 가장 큰 기록을 남기게 되었고, 사고를 당한 사람들에게 엄청난 충격과 슬픔을 안겨다 주었다. 이 사고로 캔사스 시 인구 절반이 어떤 형태로든 이 사건과 관련이 되었다고 한다. 이 사고의 결과 114명이 사망하고 20여 명이 다쳤다고 한다.

사고의 원인

공사가 시작되자. 철골구조 조립을 맡은 해븐즈 철강 회사(Havens Steel Company)는 설계회사 G.C.(Gillum-Colaco)가 제공한 설계에 불만을 갖고 설계의 수정을 요구했다. 원래의 설계에는 2층과 4층의 통행로가 하나의 긴 나사봉으로 관통하여 연결되도록 되었다. 두 층 사이의 거리는 24ft이다. 해븐즈사는 이렇게 긴 봉에 나사를 만들어 너트(nut 고정나사)로 고정시키는 작업이 엄청나게 어렵다는 사실을 발견하고, 하나의 긴 나사봉 대신에 두개의 봉으로 분리하여 제작하자고 제안하였고, 이는 논의를 거쳐서 허가되었다. 그러나 건축가 길룸(Gillum)은 이에 대해서는 아는 바가 없고 수정 서류를 본 적도 없다고 진술하였다. 하지만 수정본에는1979년 2월의 날자로 길룸의 인장(seal)이 찍혀 있었다. 하지만 사고 후 조사결과는 원래의 설계안도 켄사스-시의 건축조례(the Kansas City Building Code)에 요구된 수용능력(capacity)에 비해서 겨우 60% 밖에 미치지 못하였다고 한다.

미주리-주켄사스-시 하이얏트 리전시(Hyatt Regency)호텔 부상통행료의 붕괴

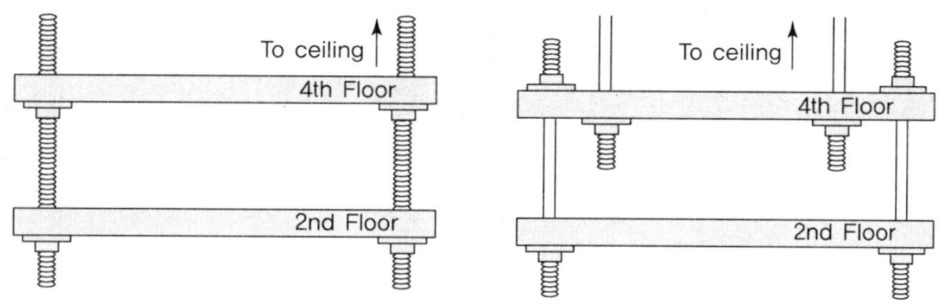

1981년에 캔사스 시에 있는 하얏트 리젠시 호텔의 고가 통로가 무너진 것에 대해서 미국의 일반 시민들은 분노했다. 또한 그들은 미국의 기술자들이 통로조차 제대로 만드는 능력이 없는 것인지 의심하였다. 결코 미국 기술자들이 능력이 부족해서 이 사고가 난 것은 아니다. 무너진 통로는 캔사스 시 건축 법규가 마련한 기준보다 약하게 만들어서 사고가 난 것으로 밝혀졌다. 당시 호텔에 있던 투숙객들은 30억 달러에 이르는 소송을 준비했지만, 호텔 측에서 제시한 1000달러 수표를 받고 모두 소송 권리를 포기해 버렸다. 그리고 이 사고가 유죄냐 무죄냐 하는 것은 의견이 분분하였다. 검사들은 사고 조사 후에 범죄의 증거를 찾지 못했으나, 미주리 주의 법무장관은 엔지니어들의 커다란 부주의에 대해 책임이 있다고 보아서 기소했다. 그 후 1984년 구조물 설계 기술자인 잭 길룸(Jack Gillum)은 설계과실로 유죄판결(엔지니어의 자격 박탈- 미주리-주와 텍사스-주에서)을 받았고, 그의 회사는 영업정지 처분을 받았다.

평가

매일 사람들은 사고로 죽어간다. 그 사고에는 개인적인 실수나 책임이 수반된다. 하지만 건물붕괴는 개인에게 책임을 물을 수 없다. 그 건물주나 건물을 설계한 건축가에게 책임을 물어야 한다. 그 만큼 안전에 관심을 가져야 한다.

그러나 이 사건이 대단히 큰 충격을 시민들에게 주었지만, 역설적으로 이 호텔과 유사한 방식으로 계획한 다른 건물들은 구조적으로 안전하다. 선진국에서 강철이나 콘크리트로 만든 건물이 예상 수명보다 빨리 무너질 확률은 어

림잡아서 100만 분의 1에서 100조 분의 1이며, 구조적 실패로 무너져 사람이 죽을 확률은 대략 1년에 1000만 분의 1이다.

그런데 신기술이 개발되고, 엄청난 기술이 축적이 되었음에도 불구하고 오늘날에도 지속적으로 사고가 나는 이유는 무엇인가? 그것은 몇 가지 이유가 있다. 우선 공학에서는 공공의 안정뿐만 아니라 경제성도 염두에 두기 때문이다. 그러므로 정부와 기업은 투자금에 맞추어서 설계를 하고 공사를 해야 한다. 하지만 경제적인 효용성을 너무 주장하면 안전은 소홀하게 된다. 이것은 기술자들과 기업인들이 경제성과 안정성의 균형을 깨뜨린 결과이다.

또한 인간이 나이들면 피로를 느끼듯이 공학의 대상들도 피로나 균열이 있다. 혹은 부식과 침식이 발생한다. 미국의 베텔 콜럼버스 연구소(Battelle Columbus Lab)협조로 미 연방 표준국(National Bureau of Standards)에 의하면 미국의 공공 시설에 대한 수리, 유지, 보강하는데 1년에 1000억 달러 이상의 지출이 필요하다고 본다. 이러한 지출은 결코 쉽지 않다. 그 이유는 시 예산의 많은 부분을 에너지 사용과 공무원을 채용하는데 사용되기 때문이다.

이와 같이 기술자가 만든 대상들이지만, 반드시 기술자에게 그 사고의 원인을 묻기에는 매우 한계가 있는 사고들도 지구상에는 빈번하게 발생한다. 그렇다 하더라도 자연에서 인공물을 세운 기술자들은 원죄의식을 가져야 하는지도 모른다. 아무 것도 없는 곳에 무언가를 세웠다면, 그것이 파괴되는 것 역시 예측을 해야 하는 책임이 있는 것이다. 그러므로 오늘날 공학에서 가장 중요하게 생각하는 것 중의 하나는 건물의 수명을 위협하는 균열이 언제 일어날 것인지를 예측하는 일이다.(헨리 페트로스키, 조용준 역, 1997 참조)

1. 과학과 기술

1) 과학과 기술의 정의

오늘날 과학과 기술은 과학기술이라는 하나의 용어로 사용된다. 그러나 엄밀하게 과학과 기술은 다른 것이다. 일반적으로 과학은 순수한 지식을 의미하는 것으로서 증명된 지식의 확장으로 누적적 성격을 가진 것이다. 그에 반해서 기술은 과학의 응용, 실생활에 대한 원리의 적용으로서 도구적, 실용적, 비누적적 성격을 가진 것으로 이해되었다.

어원적으로 과학은 라틴어의 scientia에서 파생된 것으로 특정한 사실들을 일반화시켜서 하나의 법칙을 추구하는 지식을 의미하였다. 그러나 오늘날 과학은 단순 지식이 아니라, 하나의 힘으로 다루어지고 있다. 과학은 자연을 지배하는 지식이 되었으며, 다른 한편으로 인간이 엄청난 노동에서 해방되는 역사적 과정을 구성하였다.

기술(technology)의 어원은 그리스어의 teche와 logos의 합성어이다. teche는 어떤 종류의 일을 하는데 있어서의 방식이라는 뜻으로 예술적 기능, 능력을 의미했다. 기술은 지식의 사용방법에 바탕을 두고 있다. 원시적 기술은 대상에의 참여라는 특성을 지녔고 현대의 기술은 대상의 조작이라는 성력을 가진다.

과학기술에 대한 신뢰감의 원천은 문명의 이기들을 만들어 낸 과학기술의 위력에 대한 존경심이다. 보다 근본적인 이유는 실증주의적 과학관이다. 실증주의 과학관은 1950년대 중반까지 과학에 대한 이해의 중심적 입장이었다. 과학은 객관적이며 경험적으로 증명가능하며, 그 연구는 항상 엄밀하고 합리적 방식으로 진행된다는 입장이다. 그리고 과학의 연구업적들을 현재의 기준과 성과들에 연관지어 이해하고 평가하고 해석하려는 경향이 지배적이었다. 그 결과 지나간 과학적 업적은 현재의 과학적 지식으로 살펴보았을 때 단지 불완전하다는 것이다. 하지만 1950년대부터 실증주의적 과학관에 대한 의문이 제기되기 시작하였다. 특히 1962년 토마스 쿤(Kuhn) 『과학혁명의 구조』가 발표되면서 실증주의적 과학관에 심대한 타격을 받게 된다.

2) 과학은 객관적인가?

쿤은 과학사 연구에서 각 시대를 그 자체의 맥락적 관점에서 보고자 한다. 그럼으로써 각 시대마다 과학자 집단이 어떤 기준과 방법에 따라 과학적 작업을 수행하고 있는지를 새롭게 분석하였다. 그에 의하면, 과학은 과학사회의 사회학적 맥락으로부터 분리되어서는 결코 이해될 수 없다는 것이다. 그리고 실제적인 과학에서는 과학자 집단의 권위와 과학자 개인의 주관적 신념이 많은 역할을 하고 있으며, 과학은 누적적으로 발전하는 것이 아니라, 패러다임이 불연속적으로 교체되는 방식으로 발전한다는 것이 그의 기본적인 생각이었다.

패러다임(paradigm)은 특정 공동체의 구성원들이 공유하고 있는 신념, 가치, 기술 등의 총체, 더 본질적인 의미로는 이 같은 구성체 중 한 요소로서, 다른 문제해결을 위한 모델과 사례로서 사용되는 구체적인 문제해결의 예이다. 대부분의 과학의 연구활동은 새로운 이론 탐구작업이 아니라, 구체적인 문제해결의 사례인 패러다임을 그 모델로 한다. 이를 통해서 당면한 문제를 풀어가는 것이다. 쿤에 따르면, 자연 과학은 과학자 집단에 의해 공인된 패러다임을 전제하고 그 위에서 그것이 제시하는 여러 가지 문제해결들을 해결하고자 한다. 그 결과 쿤은 패러다임의 개념을 통해서 과학적 발전을 불연속적으로 파악한다.

위기는 패러다임이 제 기능을 충분히 발휘하지 못하게 되고, 때로는 극심한 혼란 상태가 야기되는 것이다. 과학자들은 기존의 패러다임에 대해 점점 더 불신감을 갖게 되지만, 이 경우에도 새로운 대안적 패러다임이 제시되기까지는 기존 패러다임은 그대로 유지된다. 이런 상황에서 소수의 혁신적 과학자들에 의해 경쟁적 패러다임이 출현하고, 새로운 패러다임들이 기존 패러다임과 대결하게 되는 경쟁 상태로 접어들게 된다. 그러한 과정에서 기존의 패러다임이 자체 내에서 야기되는 위기 상황을 제대로 해결하지 못하여 새로운 패러다임으로 교체된다. 이것이 과학혁명이다. 경쟁 상태에서 새로운 패러다임들 중 하나가 승리하게 되면, 이것에 의해 새로운 정상과학의 사이클이 다시 시작된다.

기존의 패러다임이 자체 내에서 야기되는 위기 상황을 제대로 해결하지 못하여 새로운 패러다임으로 대체되는 과정이 과학혁명이다. 패러다임은 세계관, 생활양식, 신념, 가치체계 등을 포함하기 때문에 그것의 교체는 세계관의 교체를 수반한다. 경쟁하는 패러다임들 사이의 선택과정도 논리적, 합리적 방식이 아니라 설득이나 다수의 지지에 의해 결정된다. 과학혁명도 객관적 증거와 논리에 의해 이루어지는 것이 아니라 과학자 집단을 설득하여 다수의 동의를 얻음으로써 이루어진다. 프톨레마이오스의 천동설에서 코페르니쿠스의 지동설로의 변혁, 뉴턴 역학에서 아인슈타인의 상대성 이론으로의 변환, 열소이론에서 라부와지에의 산소이론으로 변환 등이 그 예이다. 쿤은 위기가 혁명을 위한 절대적 전제조건은 아니며, 흔치 않으나 다른 방법으로 혁명을 유도할 수 있다고 설명한다. 따라서 과학 혁명의 구조는 모든 과학의 필연적인 구조가 아니라 전형적인 구조로서 이해된다.

한편 전통적 과학관은 관찰과 실험의 중립성과 객관성을 주장한다. 실험이나 관찰은 이론에 중립적이어서 경쟁하는 이론들 사이에 심판자가 될 수 있다. 실험이나 경험적 증거들은 그 확인방법과 절차만 엄격하다면 객관적일 수 있고, 어떤 이론의 옳고 그름은 이 객관적인 실험적 증거에 의해 검증될 수 있기에 과학은 객관적일 수 있다는 믿음을 유지한다. 이는 자연의 독립성에 대한 믿음의 근거이다. 즉 자연은 경험하는 주체와 또 그것을 설명하는 과학이론으로부터 독립해 있기 때문에 객관적이며 이론에 중립적일 수 있다는 것이다. 그러나 쿤에게서 경험의 객관성은 부정된다. 모든 경험적 사실은 패러다임에 의해 예견되고 보인다. 경험은 패러다임과 독립적이어서 패러다임의 타당성을 입증하는 심판자로 기능하는 것이 아니다. 역으로 그 자체가 패러다임에 의해 규정되고 그것의 정당성이 보증된다. 경험은 이론 의존적이다. 즉, 경험이 패러다임 의존적이다. 그러므로 세계는 이론과 독립적으로 실재하는 것이 아니라 이론에 상대적으로 존재한다.

전통적 과학관에서 과학은 가치중립적으로 보았으며, 철학이나 그 철학에 근거한 신념은 과학과 적대적으로 생각되었다. 그러나 쿤의 입장에서 신념, 가치, 형이상학은 패러다임을 구성하는 필수적 요소들이다. 과학이 과학자의 연구 활동에서 분리될 수 없고, 과학 활동에서 이러한 신념이나 선입견이 존재하는 한 과학은 결코 가치 중립적일 수 없다. 가치는 과학의 결과물들을 어떻게 사용하느냐 하는 것과 관련된 것이 아니라 과학 활동 자체에도 본질적으로 관련되어 있다. 그리고 패러다임 속에는 형이상학적 요소들이 핵심부에 자리 잡고 있다. 모든 자연 연구에 있어서 가장 근원적인 문제들, 자연의 본질에 대한 이해나 그것의 구성 요소에 대한 존재론적 입장 등이 패러다임 속에 암묵적으로 전제되어 있는 것이다. 따라서 쿤에 있어서 과학은 형이상학과 반드시 대립되는 것이 아니다. 그와 반대로 형이상학에 근거해서 성립하는 것이다. 따라서 철학은 부정적인 것이 아니라, 과학적 활동에 긍정적 요소로서 기여한다.

요약하자면 과학의 발전에 대한 견해에서 전통적 과학관은 과학은 누적적으로 발전한다고 주장하였다. 과학은 시간의 경과에 따라 새로운 사실들을 밝혀내고 그 대상영역을 확장해 나간다고 생각하였다. 즉 동일한 주제에 대해 이론의 변화가 있다 해도 새로운 이론은 이전 이론을 포섭하며 더 많은 새로운 사실들을 설명해 줄 수 있기 때문에 발전적으로 변화한다. 여러 지류들이 합쳐져 하나의 강을 형성하는 것이다. 그러나 쿤은 발전사관을 비판한다. 과학의 변화는 누적적 발전과정이 아니라 불연속적 패러다임의 교체과정일 뿐이다. 신구 패러다임들 간에는 세계관, 가치관, 평가기준, 언어의 의미 등에서 공통점이 없기 때문에 패러다임의 변화는 혁명으로 표현될 수 있는 질적이고 총체적 변화이다. 과학의 발전은 결코 특정 목표로 수렴되어 가는 것이 아니다. 따라서 과학과 철학은 밀접한 상호 관련성이 있다.

3) 과학기술은 가치에 대해 중립적인가?

과학주의는 과학기술의 가치 중립성을 주장한다. 과학기술은 선악 어느 쪽으로도 사용할 수 있는 가치 중립적인 것으로서 과학의 연구결과 어떤 일이 발생하더라도 과학자에게는 어떤 책임도 없으며, 거대 기술을 포함한 과학 연구, 기술 개발의 자유를 억제해서는 안 된다는 주장이다. 이 주장은 과학의 책임회피를 정당화하려는 입장으로서 과학과 윤리를 분리하는 태도이다. 이러한 입장을 수용할 경우 과학의 장래는 절망적일 것이다. 과학기술의 가치 중립성을 주장하는 사람들은 원자 폭탄 제조의 경우에 그 책임의 일부가 과학자인 아인슈타인에게 있는 것은 분명하지만 그 책임이 과학자만의 것이 아니다. 과학자에게 과학기술의 부정적 결과에 대한 책임을 묻더라도 앞으로의 문제들에서 사회적으로 효과가 있는 것이 아니며, 사회적 관계에 대한 무관심이라는 일종의 장인 기질을 훌륭한 과학기술자의 조건으로 보는 사회구성원들의 인식에도 문제가 있다는 주장으로써 입장을 정당화하려 한다. 무기 생산에 종사하고 있는 사람은 도덕적, 법적 책임을 져야 한다. 그렇지 않다면 유태인의 수송에 따른 기술적인 문제에만 몰두하고 있었던 까닭에, 그 수송이 유태인을 가스실로 몰아넣는 일반통행이었던 일에는 전혀 무관심했다고 항변했던 아돌프 아이히만이 정당활될 수밖에 없다.

과학기술의 가치 중립성을 주장하는 또 다른 입장은 과학 연구의 성격을 근거로 한다. 과학을 지배하는 것은 순전히 그 내적 가치기준이어서 연구 주제를 선택할 단계에서는 장차 어떤 기술적인 기능을 발휘할 것인지 예측할 수 없고, 예측한다는 것은 가당치 않다는 것이다. 대규모의 기술문제에서는 여러 갈래로 분화되어 있어서 과학자는 어떤 결과를 발표하더라도 그 결과가 어떤 기능을 가질 것인지 도저히 모른다는 것이다.

과학 기술은 인간의 동기에 따라서 선악 어느 쪽으로도 사용할 수 있다는 것은 과학 기술이 단지 선이라고는 말할 수 없다는 의미에서는 옳다. 그러나 동일한 과학기술이 이중적이라는 것으로 해석될 때, 가치 중립성은 원리와 응용, 기초 기술과 응용 기술의 경계를 어디에서 구분하는가에 따라 평가된다. 동일한 원리로부터 선악 양쪽의 과학 기술이 만들어질 가능성은 상존한다. 이러한 점에서 좋은 목적에 사용된 기술과 나쁜 목적에 사용된 기술이 동일한 과학기술이라고 말할 수 있는 과학기술의 동일성 개념 자체가 기술주의적이라는 비평이 제기된다. 기술주의적 의미에서의 동일성을 인정한다 해도 과학기술은 실용화 단계에 이르면 당연히 가치 중립적이지 않게 된다.

과학자는 윤리적으로 중립적 위치에 있는 것이 아니라 과학자의 입장이 윤리적으로 고정되어 있지 않다는 것을 의미한다. 그러나 과학자의 연구는 기술적 응용과 관계되면 윤리적으로 불확정적인 영역은 줄고 과학자의 책임은 명확해진다. 자신의 연구 결과에 주의했다 하더라도 나는 단지 명령, 회사의 이익, 소속된 기관의 목적에 따랐을 뿐이다. 이와 같은 변명으로써 자신의 연구 결과에 대한 책임을 회피할 수 있는 상황은 현대 과학 기술 사회에서는 이제 사라졌다. 전통적인 과학에서는 이러한 윤리적 문제는 단지 철학적인 문제에 그치는 것이었다. 그러나 과학기술의 상업화와 응용과학의 발전은 과학 기술의 책임과 윤리에 대한 과학자들과 일반인들의 깊은 이해를 요구하고 있다.

어떠한 과학기술에도 폐해나 부작용이 수반된다. 그러나 과학기술의 진보가 반드시 자연 파괴도 초래하므로 과학기술의 진보 자체를 정지시켜야 한다는 주장은 잘못이다. 과학기술은 이미 해독된 자연의 핵심으로써 인간의 제 2의 본성이다. 그리고 과학기술의 정지로 인해 발생하는 사회 경제적 문제, 생활의 불편함, 생산성 감소, 제 3세계의 빈곤, 건강 악화 등의 문제들은 더 큰 악을 초래할 것이기 때문이다.

4) 과학기술에서 고려해야 할 윤리 문제들

과학기술의 윤리 문제 중 하나는 연구와 실험의 안정성과 연구 수단의 윤리성이다. 과학기술자의 연구의 자유는 타자 위해의 원리(harm principle)에 의해 제한된다. 연구의 목적이 정당화된다고 해도 연구 결과의 책임으로부터 자유로울 수는 없는 것이 현대과학기술의 한 특징이다. 과학기술의 중심이 생명 정보 과학으로 이동함에 따라 새로운 안전 관리 체계가 요구된다. 그리고 실용화 단계에서는 하나의 시설에서 관리해야 하는 정보량의 비약적 증대로 인해 안전 관리와 정보 기술이 일체화되어 감으로써 정보 기술의 안전성이 문제시 된다. 이러한 현실로 인해 책임윤리의 필요성이 강력하게 제기되고 있다.

또다른 과학기술의 윤리적 문제는 과학 연구, 기술 개발의 목적에 대해서 사회적 승인이 필요하며, 그것을 실용화, 사회화할 때에는 안전성과 윤리성에 대해서도 점검이 필요하다는 점이다. 종래의 기술문화에서는 연구실, 실험실이라는 밀실로부터 갑작스럽게 사회로 실용화된 기술이 나오는 것이 허용되었다. 그러나 현대 과학 기술은 연구실과 사회 사이에 공공의 점검장소가 없다. 또한 대부분의 과학기술 연구가 상업자본과 국가에 대한 지원을 통해 이루어지므로 상업화, 관료화될 위험이 있다. 이러한 상황에서 과학기술에 대한 윤리적 점검 시스템은 필수적이다. 유전자 조작, 핵무기와 같은 과학기술과 관련하여 연구실은 언제라도 악마의 실험실이 될 가능성이 존재한다. 그러므로 과학자의 사회적 책임과 동시에 연구실과 사회 사이에 공공의 점검 장소가 필요하며, 그를 위한 전문가의 육성이 요구된다.

지금까지는 과학과 기술의 목적에 대한 자명성이 존재하는 것처럼 인식되어 그것에 대한 관리가 고려되지 않았다. 인간이 기술을 의도적으로 통제하지 않더라도 자연의 제어에 맡겨두면 괜찮을 것이라는 인식이 존재했다. 그러나 자연의 자기조정기능은 파괴되기 시작했다. 이제 인간은 자연의 자기조정기능과 동일한 것을 인공적으로 만들어내야 한다. 인간은 인간성을 파괴하는 기술적 힘을 통해 인간다움을 잃어버릴 가능성이 있다. 그러나 인간은 인간 스스로 인간다움을 지켜야 한다. 인간은 스스로 과학기술의 한계를 설정해야 한다. 인간을 왜곡하는 기술은 허용해서는 안 된다. 의료기술은 인간이 자연 상태에서 지니고 있는 기능을 회복하기 위해 사용되어야 하며 인간의 동일성과 존엄성을 침해하는 결과를 만들어 내는 데 사용되어서는 안 된다.

5) 과학기술, 법, 그리고 윤리

과학기술은 인간의 행동을 떠받치고 있는 윤리적 가치의 점진적인 변형에 기여해 왔다. 그러나 윤리적 가치는 과학기술을 현실에 적용함에 있어서 방향을 제시해 주는 데 기여한다. 인간은 과학 기술과 윤리라는 두 기둥 사이에서 움직여 간다. 인간은 앞선 과거의 종에서의 진화를 가능하게 했던 자연적 과정을 변형시켜왔다. 다른 생명체들은 그들이 변화하는 환경에 적응하지 않을 수 없었기 때문에 진화해 왔고 부단히 새로운 종을 만들어 내었다. 그러나 인간은 환경을 변형시킴으로써 그의 필요에 적합하게 한다. 이를 위해 인간은 과학이라는 수단을 통해 새로운 기술들을 창출해 냈으며, 그래서 점차 기술의 세계가 강하게 대두하여서 인간의 삶이 그것에 의해 심각하게 개조되고 있다. 그리고 인간은 그의 요구에 환경을 적응시키기 위해 자신이 발명한 기술에 그 스스로를 적응시켜야만 한다. 과학기술과 윤리의 변증법은 우리 시대의 인간성에 있어서의 이러한 진화과정의 근본적 요소이다.

윤리는 사회의 기본적 도덕인 법 기능의 한계에서 필요성과 중요성이 제기된다 법 기능의 한계를 지적함으로써 윤리의 필요성을 제기하려면 법과 도덕간의 관계에 대한 논의가 이루어져야 한다. 법과 도덕의 관계는 다음 몇 가지 내용을 포함한다. 첫째, 법은 도덕에 반해서는 안 된다. 악법은 비도덕적 법률이다. 둘째, 악한 것을 전적으로 법률로써 처벌하는 것은 타당하지 않다. 개인적 문제는 입법자에게 권한이 없으며, 반사회적 행위만이 법의 세계에 들어온다. 셋째, 법으로 처벌받지 않거나 위법이 아니라고 해서 반드시 도덕적으로 허용되는 것은 아니다. 넷째, 법의 목적은 인간의 도덕화가 아니지만, 경우에 따라서 인간을 도덕화하는 기능도 가진다.

법 기능의 한계는 다음 몇 가지로 정리된다. 첫째, 법은 모든 사회적 혼란에 대비한 법을 갖출 수 없으며, 모든 바람직한 규칙을 시행할 수 있는 것이 아니다. 세상에는 법으로부터 자유로운 공간이 있다. 그러나 법이 금하지 않기 때문에 합법적이라고 할 수는 없다. 둘째, 사회조화의 증진, 사회복지 증진, 이익갈등 해소라는 존재 이유를 도덕과 공유한다. 그러나 법은 노예, 배우자 학대, 성차별, 인종차별 등의 비도적적 관행을 허락할 수 있다는 점에서서 몇 가지 법은 비도덕적이다. 셋째, 도덕의 어떤 측면을 다루지 못한다. 거짓말이 일반적으로 비도덕적인 것이라는데 동의가 이루어지지만 위증죄나 세금관련 서류의 위조 등의 특수 상황을 제외하고는 거짓말에 대비하는 일반 법률은 없다.

도덕은 법과 달리 사회적 존재의 본질에 대한 더 깊은 탐구를 행한다는 점에서 종교, 법, 에티켓과 다르다. 원리를 정당화하기 위해서 권위보다는 이성을 추구하는 점에서 종교와 다르다. 도덕의 근본 목적은 인간 행동을 안내하고 훌륭한 인격을 만들어 낼 수 있는 타당한 행위와 가치의 원리들을 확보하는 것이다. 도덕은 우리가 어떻게 살아야 하는가에 관심을 둔다. 싱어(singer)는 조리법에 비유하여 윤리규칙의 의미를 지적한다. 규칙은 조용히 혼자서 생각하기 어려운 사정에 처했을 때 편리한 지침 역할을 한다. 어떤 점에서 규칙은 조리법과 유사하다. 만약 당신이 경험이 없는 요리사라면 조리법은 없어서는 안될 중요한 것이다. 설사 경험이 풍부한 요리사라해도 통상 조리법에 따라 요리를 한다. 그러나 좋은 요리사는 언제 그리고 어떻게 변화를 주어야 하는지 안다. 어떤 요리 책도 모든 상황을 포괄할 수 없는 것처럼 삶 그 자체도 너무 다양하여 어떤 규칙의 집합도 절대적인 도덕적 지혜의 원천이 될 수 없다.

과학기술을 윤리적으로 중립이라고 생각하는 것은 과학의 이론, 발견과 중립적일 수 없는 과학의 행위, 산물을 혼동하는 것이다. 인간의 탐구는 어느 것도 최종적이지 않다. 그것은 인간이 자신과 자연에 대한 학습과정에서 얻게 된 산물로서 잘못될 수 있는 가능성을 함축한다. 잘못될 수 있는 가능성을 가능한 한 빨리 발견하고 모든 사회 구성원들의 정의를 추구하려는 것이 과학기술 시대의 윤리적 반성이다. 과학기술의 복합적 연관성, 전면적이고 장기적 영향력, 인간의 실존적 방식으로서의 기술전환의 성격을 고려할 때 과학기술의 윤리는 인간의 윤리이고, 과학의 가치는 인간의 가치로서 자리매김한다.

6) 과학기술과 윤리적 인식

현대 과학기술은 인간의 행위 능력을 증가시킨 반면 가치이념의 동반적 상승을 가져오지는 못했다. 여전히 기술주의의 이념이 현대 문명을 지지하고 있다. 현대 과학 기술이 인간의 행위와 결합하면서 이전과는 달리 행위의 결과가 매우 중대하고 복합적이 되었다. 그래서 행위 결과에 대한 책임을 동반한 윤리 규범의 필요성이 그 어느 때보다도 요구되고 있다. 과학기술은 인류를 인식에로 이끌어 갈 뿐 아니라 보다 높은 도덕적 목표로 인도해야만 한다. 피히트(picht)는 과학과 기술은 모든 것을 할 수 있지만 무엇을 할 것인가에 대해 반성하지 않기 때문에 비이성적이라고 말했다. 행위에 대해 책임을 질 수 있는 과학과 기술에 대해 통제는 과학기술로써가 아니라 현세대가 미래의 세대를 위해 새로운 윤리적 규범을 제시함을 통해 이루어져야 한다.

과학기술에 의해 발생하는 문제를 어떻게 해결할 것인가? 대다수는 새로운 과학기술에 의해 기존의 문제점을 개선할 수 있다고 한다. 그러나 과학기술의 한계 극복을 위한 과학기술의 도입은 새로운 과학기술의 도입을 반복시키게 되고, 그 속에서 예측하지 못한 과학기술의 한계들이 중대한 위험으로서 자리 잡게 될 것이다. 바이츠제커(von Weizsacker)는 과학은 그 결과에 대해 책임을 져야 한다. 과학자들은 인식의 결과를 위해서만 합법적인 것이 아니라, 오히려 도덕적으로 책임을 져야 한다. 과학기술은 그 질에 대한 직접적 책임과 그 결과에 대한 일반적인 윤리적 책임을 져야 한다.

윤리는 우리의 개인적, 사회적인 경험들로부터 합리적인 것을 만들어 내려는 체계적인 시도로서 인간 행동에서 선악을 구별하는 규범이다. 윤리는 전통 또는 구조로서 시간과 공간이라는 두 차원에서의 변화를 수용하거나 거부하면서 변화해 간다. 윤리의 변화는 사회구성원들의 의식적인 또는 무의식적인 행동의 결과일 수 있지만 변화의 결과물로서의 윤리는 사회구성원들에 혼란스러움이나 무력감을 초래하며, 개인적, 사회적 차원에서 새로운 학습의 대상이 되기도 한다. 그러므로 개인적 차원과 공동체적 차원에서 윤리의 현실 및 미래의 바람직한 변화에 대한 이해가 사회 구성원들에게 공유되어야 한다. 윤리는 과학기술에 대해 인간이 기대하는 것이 무엇이고, 과학기술이 인류에게 미치는 영향은 무엇이며, 과학기술에 대해 인간이 져야 할 책임이 무엇인가를 밝혀 주어야 한다.

과학기술은 우리의 삶에 편리함과 효율성을 제공했다. 동시에 사고와 가치에 부정적인 문제들을 초래하기도 했다. 이러한 점에서 바이츠제커는 과학기술을 '양날 선 칼' 에 비유한다. 물론 과학기술의 이중성은 과학기술의 역사에서 지속적으로 존재해 왔다. 그러나 현대 기술 문명 이전에는 대부분 가능성에만 주목했고 문제에는 별로 관심을 기울이지 않았다. 과학기술과 그에 대한 믿음의 성과와 실패의 경험은 우리에게 이중적인 상태를 초래한 것이다. 과학기술의 이중성 중 어느 한 면에 대한 편향적 태도는 과학기술에 대한 이해 정도, 사회적, 경제적, 정치적 성향 등에 따라 다양하다. 그러나 공통적으로 과학 기술 자체 또는 과학기술과 인간 간의 관계에 대한 오해나 무지의 결과라는 점에서 바람직 하지 않다.

과학기술은 근본적으로 인간이 생각하는 것은 만들 수 있다는 인간 이성에 대한 신뢰에 기초하고 있다. 그러나 인간 이성의 가능성은 인간 자신의 삶과 세계에 미치는 과학기술의 부정적인 측면들을 고려할 때 그 한계 역시 분명히 드러나고 있다. 과학기술의 부정적 문제들에 대한 반응은 과학비판사상과 과학기술의 한계를 새로운 과학기술로 극복할 수 있다는 신념에 기초하는 과학주의의 입장으로 양분된다. 그러나 이 두 입장 모두 과학기술이 인간과 자연에 미친 부정적 결과를 부정하는 것은 아니라는 점에서 공통적이다. 따라서 두 입장의 대립은 과학기술에 대한 윤리적 반성의 단서가 된다.

과학기술에 대한 윤리적 반성은 오래 역사를 갖고 있지 않다. 숲의 파괴와 종의 감소를 멈추게 하기 위해 우리는 무엇을 해야만 하는가, 지속될 수 없는 인구증가를 억제하기 위해서 무엇을 해야만 하는가? 핵무기 감축과 궁극적으로 핵무기 소멸을 위해서 무엇을 해야만 하는가? 전쟁의 부재를 위해 무엇을 해야만 하는가? 등의 질문들은 그 적절한 대답을 과학기술이 아니라 윤리에서 찾아야 한다.

이러한 과학기술에 대한 윤리적 물음은 과학기술의 윤리성과 그 전개과정의 안전성에 대한 시스템의 필요성으로부터 나왔다. 현대기술문명의 전면적 기술화, 기계화를 억제하지 않으면 인간 내부의 자연과 외부의 자연이 파괴될 가능성이 존재한다. 과학기술의 발달로 인한 부정적 결과가 초래되면서 과학기술 개발의 자유를 제한하고 인간문화에서 더 이상의 과학화를 막고 과학문화의 규모를 작게 하여 인간성 파괴를 막자는 의견이 대두되고 있다. 그러나 오늘날 과학기술을 잃으면 우리의 불편은 견디지 못할 정도로 심해져서 새로운 불행을 느끼게 될 것이다.

증명되어야 할 과학적 진리와 몸으로 느껴지는 도덕상의 진리는 완전히 서로 다른 것이라는 주장도 있을 수 있지만 이 두 가지는 분리할 수 없다. 또한 과학 기술의 진리와 도덕적 진리는 서로 모순되지 않는다. 도덕과 과학기술은 각기 독특한 영역을 갖고 서로 접촉하지만 서로 침범하지는 않는다. 도덕은 우리에게 노력의 목적을 가르쳐주고 과학기술은 주어진 목적에 이르는 방법을 알려준다. 이 두 가지는 길은 다르지만 상호무관하지는 않다. 비과학적 도덕이 있을 수 없듯이 도덕에 반하는 과학기술도 있을 수 없다.

과학기술에 대한 비판적 관점에서는 과학기술이 생명과 자연을 파괴함으로써 비인간화되었다는 점, 과학기술에 인간이 예속되었다는 점, 과학기술이 예측불가능하다는 점을 비판한다. 그리고 이를 극복하기 위해서 과학기술의 인간화가 요구되는데, 이는 과학기술의 자연화, 소규모화를 통해 이루어져야 한다는 관점이다. 그러나 연구의 규모를 작게 하거나 기술을 자연화하는 것이 과학기술의 인간화와 결부되는 것이 아니다. 왜냐하면 대형 컴퓨터로 관리되는 에너지 절약 시스템이나 폐열발전은 소규모이거나 자연적이지 않기 때문이다.

먼저 과학기술은 인간성 상승이라는 목적에 봉사하는 것이 아니라 오히려 생명을 직접적이고 대량으로 파괴되는 무기를 산출하는데 기여했다. 과학기술은 한편으로는 인간의 유익한 목적에 도움을 주고 있지만 다른 한편으로는 인간의 정신과 육체의 건강과 아름다움을 해치는 결과를 초래했다. 과학기술의 일면적인 기능은 지구 생태계를 파괴할 정도까지의 규모에 이르렀고 비인간화된 특징을 드러내고 있다는 것이다. 그리고 과학기술은 이원론적 입장에 기초해 자연과 인간의 조화, 자연의 내적 생명을 파괴하면서까지 자연의 비밀을 밝혀내려는 본성을 가진 것으로 본다. 과학기술의 본성에 포함된 자연으로부터 이탈과 자연파괴가 비판의 대상이 된다.

둘째, 본질적으로 인간의 행복을 실현하는 도구와 수단의 체계인 과학기술이 자율적인 거대한 틀이 되었고 인간은 과학 기술 스스로 실현하는 목적에 예속되는 결과가 초래되었다. 그리고 인간은 과학 기술에 의한 삶 속에서 목적 설정의 자율성마저 상실했다는 것이다. 이는 사회제도가 독자적 영역을 확보함으로써 개인이 자기를 상실해 버린 것과 결부된다는 것이다.

셋째, 거대 과학 기술 전문화와 세분화라는 특징을 가진 현대 과학 기술은 거대한 암흑상자와 같아서 그 안에 있는 어떤 인간도 과학 기술의 결과에 대해 정확히 예측하는 것이 불가능하다는 것이다. 일반인뿐 아니라 과학기술자도 자신이 보거나 경험하는 것은 각자의 전문 분야에 따른 세분화된 일부분이며 전체를 보는 관점은 상실되었다는 위험성이다. 이러한 위험성은 인류의 소멸을 초래할 가능성을 제거하지 못한다.

윤리적쟁점

철학이 세상을 바꿀 수 있는가? 여러분 생각에는 철학이 세상을 바꾸거나 기여할 바가 있다고 생각하는가? 아니면 폐기처분되어야 한다고 생각하는가? 지금부터 제기할 쟁점을 통해서 철학이 과연 우리사회에 기여할 바가 있는지를 다시 한번 생각하는 시간을 가져보자.

명제 1 철학은 인간 사회에 여러모로 유용함을 준다.

Yes 입장

철학이 관념적인 영역을 다루는 학문처럼 보이지만 그 효용은 적지 않다. 철학의 대상은 진리와 선, 아름다움 등 인간 세상의 거의 모든 것을 다룬다. 각 시대마다 그 사회 구성원의 사고와 행동을 지배하는 주류가치관과 철학은 존재했으며 오늘날도 이는 마찬가지다. 단지 우리는 일상에 가려 철학의 효용이 무엇인지, 그 실제적 도움이 어떤 식으로 발현되는지 느끼지 못할 뿐이다. 예를 들어 인간이라면 동등한 인권을 누리며 자유와 평등의 가치를 당연한 것으로 받아들이고 있는 작금의 현실도 역사적으로 천부인권이나 시민계약설 같은 인간의 존엄성에 대한 철학적 각성이 있었기 때문에 가능해진 것이다. 철학은 이처럼 처음에는 사변적인 것처럼 보이다가 점점 많은 사람들의 동의를 얻고 사회구성원의 행동과 사고에 영향을 끼치며 유용한 것으로 변모한다. 그것은 사회체제의 양태로 나타날 수 있고 다른 학문의 발전으로도 나타날 수 있다.

No 입장

철학이 현실세계와 전혀 무관한 것은 아니지만, 태생적으로 실질적 효용성과 구분되는 순수한 성찰로 존재한다. 철학이 현실에 어떤 영향을 끼쳤다 해도 그것은 전혀 의도되지 않는 결과이지 애초부터 어떤 유용함을 목적으로 한 것이 아니다. 아리스토텔레스도 "철학은 어떤 외적 효율성도 추구하지 않는다"면서 철학은 철학 자체를 목적으로 함을 강조했다. 철학의 의미는 그것이 일상생활에 어떤 유용함을 가져다주기 때문에 생기는 것이 아니다. 오히려 철학은 그런 유용함에서 자유로운 학문이기 때문에 다른 학문과 차별성을 갖는다. 철학에서 다루는 영혼의 불멸, 존재의 의미, 신과 관련된 질문 등은 앎에 대한 본능처럼 과거부터 지금까지 끝없이 되풀이 되어 왔다. 하지만 이런 질문에 정답이란 있을 수 없으며, 이런 질문과 상관 없이 인간 세상은 돌아간다.

그래서 철학은 예나 지금이나 상아탑 속의 학문, 형이상학적 사변이라는 말을 드는 것이다.

명제 2 철학하는 궁극적인 목적은 세상을 변화시키는 데 있다.

yes 입장

철학자들은 단순히 자신들의 지적 호기심의 충족을 위해서 철학하지 않는다. 많은 철학자들은 현실의 부조리와 부정의를 타파하고 이를 개혁하여 더 나은 세상을 만들기 위해서 철학에 빠져들었다. 마르크스는 철학이 사변에 머물러 있음을 비판하고 실천해야 한다고 주장했지만 이 역시 기존의 철학을 비판하고 새로운 철학으로 나아가야 함을 주장한 것이다. 철학은 이처럼 끊임없이 철학그 자체와 당대를 비판하고 사람들에게 행동할 것을 촉구해 왔다. 철학이 사변적이고 탁상공론처럼 보이는 이유는 철학이 '이상적인 현실' 을 목표로 하고 있기 때문이다. 철학은 우리가 믿고 있는 신념이나 우리를 둘러싼 모든 현실적 이해 관계를 의심하라고 충고하며, 때로는 주류적 가치관에 대해서도 비판적이어야 한다고 말한다. 언뜻 비현실적으로 보이는 이러한 주장들은 모두 현실에서 인간을 옥죄고 있는 허상이나 부당한 권력 관계 등에서 인간을 해방시키려는 시도다. 인간의 역사가 미신과 무지몽매함에서 벗어나 진보해온 것은 이러한 '이상적인 현실' 을 다루는 철학을 통해 인간이 인간 사회를 둘러싸고 있는 조건들을 직시했기 때문에 가능했다.

No 입장

인간은 인식 체계를 넘어 해결할 수 없는 문제에도 끊임없이 질문을 던지며 부단히 사유하는 동물이다. 인간에게는 형이상학에 대한 본능적 욕구가 있는 것이다. 설혹 철학이 단 한 사람의 타인에게조차 이해될 수 없다 해도 철학자는 문제제기 자체가 매혹적인 행위이기 때문에 철학한다. 그래서 철학에서는 질문이 대답보다 더 본질적이다. 하지만 철학은 답이 없기 때문에 인간의 생존을 도와주거나 세상을 변화시키거나, 물적 토대를 바꾸는 데 무기력하다. 철학은 사회를 변화시키거나, 물적 토대를 바꾸는 데 무기력하다. 철학은 사회를 변화시키는 것이 아니라 단지 해석하는데 목적이 있기 때문이다. 철학은 철학하는 인간에게는 유의미한 행동일지 모르나 그렇지 않는 대다수의 대중에게는 일종의 지적 사치로 여겨진다. 철학적 각성이 인간 행동의 동인이 될 수 없는 이유는 이처럼 철학의 목적이 현실과 동떨어져 있기 때문이다. 물론 철학이 세상의 변화에 어떠한 영향도 미치지 않는 것은 아니다. 하지만 근본적인 변화에는 물적 토대, 권력 관계 등이 보다 결정적인 영향을 미친다. 철학은 현실을 변화하기 보다 현실과 무관하게 존재하거나, 대중들에게 현실을 수용케 하는 이데올로기로 변용될 뿐이다.

명제 3 역사적으로 중대한 변화, 변혁의 시기마다 철학이 큰 영향을 미쳐왔다.

Yes 입장

고대의 인간은 자연에 종속된 채 미시적, 신화적 사고에 얽매여 살았다. 또 중세는 종교적 편집증에 사로잡힌 시대였으며 근대는 혁명의 시대였다. 그런데 과학기술 문명이 발달한 현대에 이르기까지 철학은 구체제를 종속시키고 새 시대를 선도하는 견인차 역할을 해왔다. 플라톤은 동굴의 비유를 통해 인간의 각성을 촉구했고, 베이컨도 우상을 물리치고 참된 진리에 다가서야 함을 주장했다. 이러한 철학적 전통으로 사람들은 종교적 신비주의에서 벗어나 스스로 생각하고 진리에 다가서는 힘을 길러왔다. 또한 불평등이 당연시됐던 구체제를 의심하고 천부인권과 인간의 존엄성을 설파한 루소 등의 철학은 프랑스 혁명의 동인이 되었다. 한편 이성에 의한 합리적 사고를 중시한 데카르트의 철학은 과학문명의 발전과 산업혁명을 이끌었다. 20세기 초엔 마르크스 철학에 기초한 사회주의 혁명이 변화를 촉구하기도 했다. 이처럼 철학은 상아탑 속의 소수 엘리트에게만 향유되는 지적 유희가 아니라 실제 역사를 움직이는 가장 큰 동인으로 작용해 왔다.

No 입장

철학은 실제 역사 속에서 작용했던 것 이상을 평가받아 왔다. 사회의 변화 이후 그 자체를 해석하는 것에 지나지 않았던 철학도 변화에 영향을 준 것처럼 이해되기 쉽기 때문이다. 철학이 종교나 미신으로부터 인간을 해방시켰다고 하지만 실제 인간이 이들로부터 해방되어 간 것은 과학의 실증적인 증거를 눈으로 확인하고부터 이다. 또한 루소의 사상이 영향을 끼쳤다는 프랑스의 혁명의 경우 신체제와 구체제의 대립, 브르주아 계급의 등장이 권력관계와 물적 토대의 변화가 더 결정적으로 작용했다고 볼 수 있다. 한편 산업혁명이 오늘날까지 지속되고 있는 기술 진보는 철학과는 전혀 무관하게 독자저적으로 발전해온 측면이 강하다. 신분에 의한 불평등과 대가족제, 그리고 왕정이 농경생산체제에 알맞은 것이었다면, 개인을 단위로 한 자유주의와 사유재산제, 핵가족, 민주정 등은 현대 자본주의와 맞아 떨어지기 때문에 운용되고 있을 뿐이다. 여기에는 어떤 철학적 영향이 크게 작용했다고 보기 힘들다. 단지 물적 기반이 그러한 방향으로 변화했을 뿐이다.

명제 4 과학과 물질문명이 발달한 현대사회일수록 철학의 역할이 중요하다.

Yes 입장

현대사회는 경제와 기술의 성장에 따른 여러 문제가 불거져 나와 인류의 생존마저 위협하는 혼란의 사회다. 이러한 현대사회이야말로 '철학하기' 가 절실히 요구된다. 인간은 아무리 물질적으로 풍부해도 존재론적 의문에 대한 나름의 해답을 갖지 못하면 불안해 하는 존재다. 그러나 과학은 어떤 가치 판단도 하지 않은 채 무한 발전만 거듭할 뿐이며 그 사이 인간의 불안은 더욱 증폭된다. 생명 복제, 환경문제, 인간 소외 등은 과학이나 정치적 합의체가 해결할 수 있는 범위가 아닌, 보다 근본적인 해결책을 요구한다. 또한 성장을 위해 환경이나 인간적 가치 등이 희생되는 것에 대한 성찰도 필요하다. 이 시대야말로 무엇이 중요한지, 어떤 행동이 필요한지에 대한 방향키가 존재해야 한다. 그것이 바로 철학의 역할이다. 만약 우리가 철학과 유리되거나 철학적 물음하기를 멈춘다면 기술과 경제적 가치에 압살된 그야말로 생존에 급급한 존재에 지나지 않게 될 것이다. 철학은 단순히 살기 위해서가 아니라, 인간답게 살기 위해 필요한 것이다.

No 입장

급속한 기술의 진보로 인해 인간 사회는 확실히 혼란을 겪고 있다. 그러나 인간의 적응 능력 또한 빨라서 새로운 물질적 기반 속에 나름의 행복을 추구하고 있다. 혼란을 주는 기술들은 그 만큼 인간에게 자유와 이익을 가져다 주는 것이고 그것을 취사선택하는 기준은 이익의 경중과 사회 구성원의 합의 등이지 철학적 고민이 될 수 없다. 왜냐하면 철학은 일종의 논리적 언어이며 사유체계인데, 논리의 존재방식과 물질의 존재방식은 다르기 때문이다. 과학 발전 이래로 제기되어 왔던 문제점들에 대해 실체철학은 무기력하게 대응해 왔다. 현실의 문제는 지식에 따라 정밀히 계산해 만든 법이나 제도 등으로 해결할 수밖에 없다. 그 과정에서 종래의 철학적 규범이 무시되거나 폐기처분될 수 있다. 이것이 더 빠른 문제해결과 안정된 삶을 보장하기 때문이다. 실제 철학을 중심으로 한 인문학이 외면 받고 있는 현실은 현대사회에서 그 유용성이 입증되지 않았기 때문이다. 철학이 현대 사회의 문제 해결에 기여했다면 지금처럼 외면 받진 않았을 것이다.

(유레카 논술, 2009, 158호 참조)

찬반의 입장을 읽고서, 각자 어떤 입장이 자신의 생각에 더 부합하는지를 살펴보라. 찬반 논쟁을 읽고서 찬성과 반대의 입장을 적절하게 섞어서 자신의 주장을 500자 내로 적으시오.

지식과 실천적 지혜의 일치

고대 철학자인 소크라테스는 지식과 실천적 지혜를 긴밀하게 연결시킨 대표적 인물 중의 하나이다. 그는 '아는 자는 현명하고, 아는 자는 선하다' 또는 덕은 통찰에서 나온다와 같은 주장을 후대 사람들에게 남겼다. '통찰' 은 무엇에 대한 앎, 즉 지식을 의미한다. 소크라테스는 제자인 플라톤, 아리스토텔레스 등은 이런 주장의 의미를 더욱 분명하게 정립하는 가운데 진리와 선과 아름다움을 통일시킨 철학 체계를 세웠다. 물론 그 과정에서 소크라테스적 입지점으로부터 벗어나서 오히려 분리를 강화하기도 했다.

소크라테스는, 지식을 가진 자는 덕을 지닌 자이며, 덕을 실천하는 자라고 보았다. 지식을 쌓는 것은 곧 실천적 지혜와 덕을 쌓는 것이다. 소크라테스의 이런 사상을 한 마디로 요약하면 지덕일치, 지행합일 정신이다. 여기에서 소크라테스가 말하는 '앎' 과 '덕' 이 진리 전체를 의미하는냐 아니면 기술적 지식에 해당되느냐 라고 이의를 제기하는 경우도 있다. 그래서 무엇인가를 아는 것은 후자처럼 무엇인가를 할 수 있는 기술적 능력을 갖게 되는 것이라고 의미가 축소되기도 한다. 가령 집을 짓는 방식을 알게 되는 사람은 집을 지을 수 있는 능력을 지니게 되는 사람이다. 이것은 베이컨이 주장하던 지식의 유용성 문제와도 크게 다르지 않다.

그러나 소크라테스는 아는 것을 실천적 능력이라고 보았으며, 실제로 실천하는 자가 되는 것, 게다가 덕 있는 행위를 하는 것까지도 포함해야 한다고 주장했다. 건축가는 덕 있는 자가 된다는 것은 건축술을 제대로 이해하고 그 지식을 제대로 발휘하는 훌륭한 건축가, 좋은 건축가가 된다는 것이다. 즉 건축에 대한 지식을 보유할 때, 건축가는 덕을 알게 되고, 덕 있는 사람이 되며, 덕을 실천하는 것이 된다.

지덕일치 사상을 좀더 내밀하게 고찰하면, 소크라테스는 그것을 기술적 지식과 능력에만 국한시키지 않고 진리 전체와 연관시켰다. 그리하여 그는 기술적 지식은 아니지만 지식을 많이 가진 지식인이 거짓말을 하거나 남을 해치는 악한 행위를 자주 한다면, 사실은 지식인이 아니라고 주장했다.

건축에 대한 지식을 많이 가진 사람이 집을 제대로 짓지 못하면 좋은 건축가라고 아무도 인정하지 않듯이, 지식을 많이 가진 사람이 덕 있는 행위를 실천하지 않는다면, 그는 지식을 지니지 않는 자, 지식이 부족한 자이다. 소크라테스의 주장대로라면, 겉으로 보기에만 지식을 가졌지 실제로는 지식을 가지지 못한 사람들이 남에게 고통을 주고 비도덕적인 악행을 저지른다는 것이다. 남을 때리고 도둑질을 하는 악한 행위를 하는 사람들은 아무리 지식이 풍부한 사람처럼 보일지라도 사실은 지식이 부족한 사람들이라는 것이다.

그래서 어떤 사람이 집을 제대로 짓지 못하거나, 남에게 고통을 주는 악한 행위를 하거나, 질서를 어지럽히는 일을 한다면, 지식이 부족하기 때문에 그런 것이다.

소크라테스는 아무도 자진해서 악을 행하지는 않는다고 했다. 만약 어떤 악한 사람이 악한 행위를 한다면, 알고서도 그러는 것이 아니라는 것이 없기 때문에 그렇다는 것이다. 아는 것이 부족한 자는 실천적 지혜도 부족하다. 더군다나 그는 실천할 수도 없다.

소크라테스의 지덕일치는 아니지만, 지와 실천의 연관성을 설명할 수 있는 고리를 다른 철학자들에게도 얼마든지 발견할 수 있다. 가령, 플라톤은 이론저 영역에서, '지식' 이라는 단어와 실천적 영역에서 '양심' 이라는 단어는 그 근원이 동일하다고 보았다 양심을 달리 설명하면 '같이 아는 것' 이다. 내가 아는 것을 다른 사람도 동시에 알고 있으며, 동시에 바라보고 있는 것이다. 나의 시선과 타인의 시선이 같이 있다면, 타인의 시선을 통해 나를 반추해 보게 되고, 이러한 반추 속에서 바로 양심 문제가 대두하게 된다. 그러므로 참된 지식과 정확한 지식을 지닌 사람은 동시에 바른 양심으로 지니게 되며, 그 양심 때문에 바른 행위를 하게 된다. 지식을 축적시켜 나가는 지식인들은 내적 양심 또한 견고해지는 것이다.

-한국철학사상연구회(삐딱한 소크라테스에게 말걸기)-

위의 내용을 150자 내로 요약하시오.

상상력 키우기

중심의 괴로움

봄에
가만 보니
꽃대가 흔들린다

흙밑으로부터
밀고 올라오던 치열한
중심의 힘

꽃피어
떠지려
사방으로 흩어지려

괴롭다
흔들린다

나도 흔들린다

내일
시골 가
가
비우리라 피우리라.

— 김지하

02

공학 윤리와 윤리적 논증

이 장의 목적

이 장에서는 공학윤리는 무엇이며, 공학윤리가 전문직에게 요구되는 윤리의 특성 및 유형이 있는지를 살펴볼 것이다. 공학인 역시 사회에서 전문직으로 대우를 받기 위해서는 어떤 요구조건들이 있으며, 그러한 조건 속에서 어떤 가치를 실현하려는 요구가 필요한지를 살펴볼 것이다. 또한 이러한 요구는 공학에서 가장 필요한 가치 및 윤리가 무엇인지도 검토하게 할 것이다. 또한 공학인 역시 여러 가지 사실을 검토하고 그것이 옳고 그른지를 판단하는 것이 무엇보다 중요하다. 우리는 윤리적 논증을 통해 그 추론과정을 살펴볼 것이다.

윤리적 논증

재석이는 야심 찬 젊은이로서 뉴저지 주에 있는 대규모 화학공장에서 경영 수업을 받는 중이다. 어느 날 지도 주임이 그를 불러서는 암 유발 독성 물질이 들어 있다고 알려진 폐기물을 매립하는 임무를 그에게 맡길 계획이라고 말했다. 재석이는 가능한 한 가장 저렴하고 신속한 방식으로 폐기물 처리를 해야 한다고 들었다. 조사 결과 세 가지 대안만이 유력했다. (1) 350명의 주민이 사는 작은 도시 근처에 폐기물을 매립한다. 폐기물이 마을 식수원에 스며듦으로써 주민들의 건강에 해를 끼친다는 사실이 알려질 확률은 대략 40%다. 비용은 가장 많이 든다. (2) 골프장 건설이 예정된 현재 거의 농장만 있는 농촌 지역에 매립한다. 매립 예정지에는 수십 가구만이 살고 있다. 폐기물이 지하수로 스며들 가능성은 매우 높은데 그 이유는 두터운 모래층이 형성되어 있기 때문이다. 들어가는 비용은 세 번째 대안과 마찬가지로 저렴하다. (3) 7,500명이 사는 도시 근처 습지에 매립한다. 식수원에 폐기물이 스며들어 주민들에게 피해를 입힐 가능성은 20%다. 처리 비용은 가장 적게 든다. 재석이는 어떻게 해야 하는가? (커틀러, 맹주만 · 김진형 옮김, 2009 참조)

고려사항: '가장 저렴하고 신속한 방식' 은 효율성의 문제이다. 윤리적 원칙과 관점은 효율성만 문제삼는 것이 아니다. 주민과 환경을 모두 고려해서 이 문제를 어떻게 푸는 것이 좋을지를 500자 이내로 논증하시오.

1. 직업으로서 공학의 역사

옥스퍼드 영어 사전에는 엔지니어란, 연구, 설계, 발명하는 사람을 뜻하며 동시에 한 세기 전부터 엔진을 다루는 사람이라는 의미로도 쓰였다. 역사적으로 볼 때, 공학(engineering)이란 직업의 정확한 기원을 확인하기란 쉽지 않다. 그 기원은 인간이 자신의 필요를 채울 목적으로 자연의 재료와 힘을 응용하기 위해 그의 재능(ingenuity)을 사용한 그 때로 생각할 수 있을 것이다. 따라서 구조 공학은 강을 건너기 위한 다리로 사용할 목적으로 나무를 쳐서 넘어뜨릴 때부터 시작된 것이다. 그리고 위생 공학은 인간이 먹을 물을 위해 개천을 그의 주거지 가까이 흐르게 할 때부터 시작되었을 것이다.

일찍이 기원 전 2,800년, 이집트 상형문자는 일련의 공학, 건축학 그리고 계약관계로 이루어진 것으로 생각할 수 있는 조직적인 업무에 일차적인 책임과 의무를 가진 개인을"작업의 거장"(chief of work)로 기록하고 있다. 거의 모든 형태의 공학이 이집트, 중국, 페르시아, 바빌로니아, 앗시리아, 포에니시아, 팔레스틴, 모압 그리고 페루를 포함한 고대문명에서 발견된다. 그들은 해협, 공공저수지, 갑판, 항구, 등대, 다리, 도로 그리고 거대한 구조물들을 건설하였다. 그들은 다리를 놓는 자료의 강도를 테스트했고, 요새를 설계했고, 공격무기를 디자인했고 무거운 물건과 시스템을 옮기는 운송 방법을 고안했고 야금학 기술을 가지고 있었다. 약 기원 전 200년 경「영웅전」은 반작용 스팀엔진, 이중 실린더 중력 펌프 그리고 가열된 공기가 팽창하는 힘에 의해 작동하는 열기관에 대해 서술하고 있다.

"작업의 거장"은 대부분의 고대 공동체에서 힘과 영향력을 가진 위치에 있었다. 그는 왕과 왕의 장관이나 장군들의 조언자였고, 항상 그의 세속적 업무 이외에 신성한 공직에 종사했다'. engineer'란 명칭은 일반적으로 기원 후 200년 경 처음 시사된 것으로 생각된다. 터툴리안(Tertullian)은 라틴어로 쓴 역사서에서, 고대의 파성퇴(옛무기의 일종)를 ingenium, 즉 전쟁의 엔진으로 알려진 재능있는 사람이 고안해 낸 창조물 혹은 생산물로 지칭했다. 약 800년에서 1,000년 이후, ingeniator란 명칭이 전쟁 엔진을 만들고 요새를 축조하는 사람에 대해 사용되었다.

영어 'engineer'는 불어에서 왔다. '엔지니어'라 불리는 첫 번째 사람은 대포나 포위공격 탑과 같은 '전쟁 무기'와 관련있는 군인들이다. 그들은 특정 용도로 고안된 복잡한 기계장치를 조작한다는 그런 의미에서만 엔지니어들이다. 1867년 프랑스는 이 엔지니어들의 특수한 조직인 무기발명부대(corps du genie)를 조직했다. 20년 만에 그 조직은 군 조직에서 특수한 일을 하는 것으로 유럽 전반에 알려졌다. 다른 나라에서 자신의 군대 안에서 사용하기 위해 불어에서 engineering이라는 단어를 차용할 경우에는, 무기발명부대가 관여하는 활동의 종류를 지칭하기 위해 사용한다.

먼저, 이 조직은 근대 직업이기보다는 장인이나 도제조직과 더 유사한 것이었다. 1700년대 말 그 조직은 오늘날의 공학교과와는 단지 세부적으로만 다를 뿐인 교과과정을 가지고 있었다. 그 조직들은 또한 공학을 건축업자들과는 구분된 것으로 창안하였다. 공학이 근대 물리학이나 화학 그리고 수학에 관한 지식을 가지고 있고, 조직 내에서의 기술을 가지고 있으며 그리고 아름다움보다는 실용성에 더 관심을 가진다는 사실에 의해 건축업자들의 직업과는 구분된다. 그리고 공학은 지식보다는 만드는 것에 더 관심을 둔다는 점에서 과학과 구분된다.

지금까지의 것이 직업으로서의 공학의 역사이다. 한 직업의 역사는 특정한 직업에 종사하는 사람들이 법이나 시장이 요구하는 것 이상의 기준 그리고 그렇지 않으면 도덕성이 요구할 그런 기준을 각자가 서로 지키기 위해 어떻게 조직되어야 하는지를 말해준다. 하나의 직업의 역사는 조직과 경쟁기준 그리고 행동 기준의 역사이다. 공학의 경우, 거대한 건축 계획이나 실제적인 발명 혹은 다른 기술적 업적 등에 근거해서 회원자격을 인정해주는 것에서부터, 그 더 이상의 두 가지 요구조건에 근거해서 자격을 인정해주는 것으로 차츰 변해온 것을 역사가 말해준다. 하나의 요구조건은-일종의 특정한 지식으로서-직업적인(occupational) 것이다. 이것은 지금은 공학 학위와 전형적으로 같은 것이다. 다른 요구조건은-그 지식을 특정한 방식으로(즉 공학의 윤리 규준에 따라) 사용하도록 위임을 받은 것으로서-전문적인(professional) 것이다.

일찍이 공학은 우선 기예(art)와 공예(craft)였고, 그 분야에 입문하는 사람들은 숙련된 엔지니어의 감독 하에 일정 기간 도제수업을 받았다. 대부분의 일은 노동과 재료(주로 목재, 돌, 그리고 벽돌)가 풍부하게 제공된 가운데 이루어졌다. 만약 하나의 구조물이 필요한 것보다 스무 배 혹은 백 배더 강하게 건설되면, 재료나 노동이 풍부하기 때문에 그것에 대해 거의 관심을 갖지 않았다. 경험과 참을성 있는 시행착오가 엔지니어의 가장 중요한 스승들이었다. 약간의 기초수학(주로 기하학)이 토지측량과 같은 일에 사용되어 왔지만, 근대 공학의 주요 도구가 된 과학과 수학이 새롭게 탄생된 것은 17세기에 와서이다.

19세기에, 공학이란 직업에 있어서 급진적인 변화를 초래한 일련의 중요한 사건들이 일어났다. 1824년 증기엔진이론에 대해 처음으로 실질적으로 이해하고, 발전기와 전기 발생기가 1831년 소개되었고, 전신기와 전자 램프가 각각 1836년과 1880년에 소개되었고, 1849년의 골드 러쉬(Gold Rush)는 공학이 크게 발전하는 주요한 동기가 되었다. 1856년에 철제품을 만드는 일에 중대한 진전을 이루고, 1868년 강력 콘크리트가 소개되었다. 이런 것들은 목재, 돌, 벽돌 그리고 인간과 동물의 노동에서는 더 이상 찾을 수 없는 놀랄 만한 새로운 재료와 장비를 쉽게 사용할 수 있게 하였다. 그 새로운 재료와 장비들은 디자인에 있어서 효율성과 경제성을 강조하고, 공학이란 직업이 수학이나 과학의 지식체계에 더욱 의존하도록 만들었다.

이 당시에 미국의 서부에는 급속한 팽창이 있었다. 미국의 개척 분야의 빠른 성장에 발맞추기 위해 필요한 많은 기능공을 훈련시키기 위한 숙련공이 거의 없었다. 개척에 필요한 많은 젊은 엔지니어들을 준비하고 수학과 과학의 적용가능성을 점점 더 의식하도록 하기 위해 대학 공학교육이 시작되었다. 이 새로운 공학학교의 초기 졸업생들은 "현장의" 엔지니어로부터 상당한 조롱을 당했다. 그러나 수학과 과학이 공학의 기예나 공예 속으로 그 영역을 넓히는 것은 지연될 수 없는 것이다. 남북전쟁이 끝날 무렵에는 미국에 단 4개의 공학학교만 있었다. 그러나 그 후 30년 내에 그 수가 89개로 증가했다.

공학이란 직업이 처음으로 조직된 것은 일반적으로 비교적 최근에 이루어진 것으로 고려된다. 초기 공학 업무의 대부분은 군대의 지배하에 있었다. 루이 14세 때 유명한 요새건축가인 보방(Vauban)은 1672년 형성된 프랑스 육군인 corps du Genie의 엔지니어들의 생각에 영향을 준다. 1716년 프랑스 국가고속도로청인 유명한 토목기사단(Corps des Ponts et Chaussees)은 육군의 무기발명부대에 준하는 도시생활에서의 엔지니어 단체를 만들기 위해 형성되었다. 토목기사조직의 원조는 1818년 영국에서 설립된 토목기사협회(Institution of Civil Engineers)이다. 몇 년 후 주로 스팀 엔진과 다른 기계장치에 관심을 가지는 엔지니어의 수가 1847년 기계엔지니어 협회라는 독립된 단체를 형성할 정도로 커진다. 미국의 첫 번째 다섯 개의 협회는 American Society of Civil Engineer(1852), American Institute of Mining, Metallurgical and Petroleum Engineers(1871), American Society of Mechanical Engineers(1880), Institute of Electrical and Electronic Engineers(1884) 그리고 American Institute of Chemical Engineers(1908)이다.

2. 공학의 정의

공학이 수학이나 물리학에 도움을 받아서 발전했다고 해서 공학이 수학이나 물리학과 같은 과학 그 자체는 아니다. 나무가 흙에 뿌리를 두고 있다고 해서 나무가 흙이 아니듯이? 그러면 공학(engineering)은 무엇인가?

공학은 다음과 같은 활동적 특성을 갖는다.

① 엔지니어는 현존하는 지식을 사용하고 새로운 지식을 생산한다. 그가 새로운 지식을 창조하고 검증할 경우, 그들은 과학자라 불리고, 종종 엔지니어링 과학이라 불리는 활 동에 참여하게 된다.
② 엔지니어는 현실적이든 지적이든 생산물을 생산한다.
③ 엔지니어는 중대한 새로움(significant novelty)을 지닌 생산물을 만들려고 의도적으로 노력한다.
④ 엔지니어는 사회의 이익을 도모하는 데 그들을 필요로 하는 사회적 계약관계에 관여한다

공학을 다른 활동과 구분지우기 위해, '중대한 새로운' 생산물을 생산해야 한다는 위의 진술을 조금 더 설명할 필요가 있다. 우리는 엔지니어의 생산물을 통상적으로 교량, 도로, 배, 자동차, 건물, 컴퓨터, 항생물질, 플라스틱 등등으로 생각한다. 물론 이러한 생산물은 그림, 조각, 음악, 심오한 철학사상이나 상상력이 깃들여진 문학작품 등과는 다르다. 그러나 방금 언급한 그림, 조각 음악 등등의 생산물 역시 공학적 과정에 의해 생산된 것으로 고려할 수 있다. 화가나 조각가, 음악가나 철학자 혹은 작가 역시 의미심장한 새로운 이념이나 메시지를 제공하여 사회에 도움을 줄 수 있는 생산물을 창조한다. 이들 역시 사회의 이익을 도모하기 위해 중대한 새로운 생산물을 창조한다는 점에서 공학인들과 다를 바가 없다.

엔지니어(engineer)란 단어는 불어 genie에서 유래된 것으로서, 현명하고(clever) 혁신적이(innovative)라는 의미를 갖는다고 이미 말한 바 있다.. 엔지니어 역시 창조적 재능(genius)을 마땅히 가져야 한다. 공학을 보다 본질적으로 정의하기 위해 ', 중대한 새로움' 이란 말의 뜻을 분명히 할 필요가 있다. 물론 모든 것이 날마다 새로워진다. 그러나 이 말은 독특하고 기발하다고 할 만한 생산물에 대해 사용된다. 창조적 재능에 의해 생산된 놀랄 만한 것에 대해 사용될 수 있는 말이다. 그리고 중대한 새로운 생산물임을 증명하는 절차나 조건도 이전의 것과는 다른 그 어떤 것이어야 한다. 공학적 생산물 역시 엔지니

어의 특유한 재능에 토대한 무한한 상상력에 의해 창조된 생산물이라는 것은 예술작품이 그러한 것과 다를 바가 없다.

그러므로 engineering은 technology와 구분되어야 한다. 후자는 기술(technique)에 대한 연구 자로서 기술자(technician)는 비록 다른 유별난 혹은 새로운 활동을 하고 사회에 도움을 주는 생산물을 만들어 낸다고 할지라도, 중대한 새로운 것을 구체화하지 않고 다만 기술을 효과적으로 수행하는 자일 뿐이다. 스스로를 엔지니어라고 생각하지 않는 많은 사람들이나 특허로 인정될 만한 방법으로 새로운 것을 창조할 의도가 없는 약간의 엔지니어도 이 범주에 속할 것이다. 즉 공학인 중 많은 사람들이 기술인의 범주에 속할 것이다. 실질적으로 엔지니어의 자격을 갖춘 스스로 발명가라고 말하는 사람들도 있다. 그러나 이들은 정규적인 과정을 거쳐 자격을 취득하지 않았고 전문적인 엔지니어가 되기 위한 제도적 교육을 받지 않았으며, 전문가로서 해당 학회나 연구단체의 정규회원이 아니기에 검증의 절차를 거쳐 공학인의 지위를 정상적으로 부여받지 않았다.

3. 공학윤리의 주제

우리는 왜 공학윤리를 공부하는가? 소크라테스는 『향연』이라는 저서에서 '사랑' 에 관한 긴 대화를 나눈다. 우리가 사랑(eros)을 찾는 이유는 우리 자신들에게 결핍된 것을 충족시키기 위함이다. 사랑은 자신이 갖고 있지 않은 것을 욕망한다. 우리가 무엇을 행하고, 연구하는 것은 부족함을 채우기 위함이다. 우리가 꽉 채워져 있다면, 사랑을 할 필요도 없고, 결혼을 할 필요도 없고, 공부도 할 필요도 없다. 사람들이 성형 수술을 하는 이유도 마찬가지이다.

이와 마찬가지로 우리는 정의로운가? 행복한가? 미덕을 갖추고 있는가? 윤리적인가? 이 질문에서 공통점은 누군가가 타인과 관계를 맺는 방식을 통해 구성된다는 것이다. 그것을 가장 잘 보여주는 실천적 영역이 윤리이다. 윤리란, 바로 관계 맺음을 의미한다. 누구하고 어떻게 관계를 맺는지에 따라서 우리는 정의, 행복, 안전을 어떻게 고려하고 있는지가 드러날 것이다. 특히 공학윤리에서는 과학과 기술이라는 수단을 어떻게 인간들 사이를 규정할 것인지가 주된 초점이다. 따라서 공학윤리의 주제를 통해 그 관계맺음의 특징들을 살펴볼 것이다.

공학윤리의 하나의 주제는 윤리 규약 자체의 지위문제이다. 사실 약간씩 다른 규약들이 몇 개가 있다. 규약이 엔지니어에게 요구되는 도덕성을 바로 진술하고 있는가? 도덕성이 요구하는 것 이상으로 엔지니어에게 요구하는 것이 규약인가 아닌가? 만약 더 많은 것을 요구한다면, 엔지니어에게 그것을 따르라고 주장할 수 있는가? 그 주장이 법적인 주장인가 도덕적인 것인가? 만약 도덕적이라면 그것은 암묵적인 약속에 근거하고 있는가, 아니면 어떤 다른 도덕적 고려에 근거하고 있는가?

거의 많은 공학윤리 규약들은 공학윤리의 주요 주제가 되는 좋은 체크리스트를 제공하고 있다. 우리는 주로 4가지의 부류로 이 주제들을 구분할 수 있다.

첫 번째 부류는 공중에 대한 의무에 관련된다. 윤리의 첫 번째 규약이 개인적 존경이나 의뢰인이나 고용주에 대한 성실을 강조하지만, 오늘날 대부분의 규약은 공중의 건강과 안전과 복지를 강조한다. 이 의무와 관련해서는 다음과 같은 물음들이 제시될 것이다. 누가 공중인가? 예컨대 다른 나라의 시민인가 아니면 동료인가? 바로 자신의 회사의 직원인가 아니면 평범한 시민인가? 도대체 어떻게 안전성을 확보할 수 있는가? 공공의 복지란 무엇인가? 공중의 건강과 안전 그리고 복지를 다루는 것을 최우선적으로 생각하는 것이 엔지니어는 종종 그의 고용주에 대해 고발을 해야한다는 것을 의미하는가?

두 번째 부류는 고용주나 의뢰인에 대한 의무를 강조한다. 엔지니어들은 이 고용주나 의뢰인의 대리인이나 수탁자가 되어야 한다. 그들은 거래 비밀을 보장하고 기밀을 유지하고 이해충돌을 피하고 자신의 기술적 능력의 한계를 분명히 해야 하고, 그리고 자원을 효율적으로 사용해야 할 뿐 아니라, 또한 자신의 고용주나 의뢰인에게 엔지니어가 관련된 결정을 내릴 경우 그에 관해 충분히 이해시켰는지를 확인해야 한다.

세 번째 부류는 다른 엔지니어에 대한 의무를 강조한다. 엔지니어들은 다른 사람을 차별하지 말아야 하고 정당하게 경쟁해야 한다. 엔지니어들은 자신의 감독 하에 있는 엔지니어들에게도 직업적으로 발전할 수 있는 똑같은 기회를 제공해 줄 의무가 있다.

네 번째 부류는 직업에 대한 의무로서, 그 외의 여러 가지 물음들이다. 엔지니어는 공학이란 직업의 합당한 능력과 위신을 높일 의무가 있다. 그러면 그들은 가끔 자신의 고용주의 거래 비밀을 폭로해야 할 의무가 있는가? 엔지니어들은 공학적인 문제를 객관적이고 성실한 태도로 공적으로 진술할 의무를 갖는다. 엔지니어가 공학협회에 가입해야할 의무가 있는가? 이 의무와 고용주와 의뢰인의 충실한 대리자나 수탁자가 되어야할 의무와의 관계는 어떤가? 하는 등등의 여러 문제들이 있다. 우선 공학윤리의 본성을 이해하기 위해 공학이 전문직일 수 있는지를 검토해 보자.

4. 전문직과 윤리

1) 전문직과 윤리

전문직 윤리(professional ethics)에 관해 언급하기 전에 우선 전문직이 어떤 직업인지를 알아야 한다. '전문직' 이란 개념을 정의하기란 쉽지 않다. 전문직(profession)이란 용어나 같은 어원을 가진 용어들의 초기 의미는 어떠한 삶의 방식으로 살겠다고 자유롭게 약속하는 행동과 관련된다. Oxford Shorter Dictionary에서는 형용사 professed의 초기 의미를 종교적 질서에 대해 수도사의 맹서를 한 사람의 활동과 관련해서 정의한다. 우리는 높은 도덕적 이상에 대해 충실할 것을 서약한 특이한 삶의 방식으로 살기로 공적으로 약속한 사람을 생각할 수 있다. 17세기에 와서 이 단어는 적절한 자격을 갖춘 직업을 가진 사람을 지칭하는 단어로 세속화되었다. 전문직은 넓은 의미로는 어떤 사람의 생업(occupation)을 의미한다. 좁은 의미로는 어떤 신분을 가지고 하는 활동과 특수한 윤리와 연관되어 하는 활동을 의미한다. 전문직에 종사하는 사람을 전문가(professional)라 한다. 특별한 기술, 지식 및 정신적 집중을 요하는 활동을 직업으로 하는 사람을 포괄적으로 일컫는 말마디이다. 전문가가 된다는 것은 개인적으로는 자아실현일 수 있고, 사회적으로는 기술의 우수성 및 사회봉사라는 이념에 익숙해져야 한다는 것이다. 그러므로 전문직은 단순한 생업(occupation)이나 일거리(job)와는 다른 특징들을 갖는다. 전문직은 전문가로서 활동하기 위해 요구되는 조건 및 그 활동의 속성에 의해 가장 잘 정의될 수

> 전문직은 과학기술을 활용하여 명확히 구분된 지적 분야에서 인류를 위한 서비스를 제공하고 성공적인 창의력을 발휘하여 그것에 관해 보수를 받는 것을 기본적으로 하는 직업이다. 이 전문직을 얻기 위해서는, 교육을 통해 최고 수준의 기술능력을 갖추어야 하고, 전문직 활동은 교육받는 최고의 기술능력을 발휘해야 한다는 것과 이 직업을 가진 자는 윤리적 행동을 해야 한다는 것을 의미한다. 또한 기술능력을 발전시켜야 할 사회적 의무에 대한 강한 인식 및 동업자들의 행동에 대한 규율, 명령을 함축하고 있다.

있다. 미국 토목엔지니어협회(ASCE)는 전문직을 다음과 같이 규정하고 있다.

그러나 직업이 점점 더 복잡해져 가고 점점 세분화되어 가는 현대사회에서 어떤 직업이 전문직인지를 정의하기가 쉽지 않다. 전문가 정신은 종종 자신의 일에 대한 진지하고 양심적인 태도를 가지고 있는 것을 의미한다. 무엇이 전문직인지를 이해하기 위해서 다만 전문직이라 여겨지는 몇 가지의 예를 들어 볼 수 있다. 예컨대 의사, 교사, 법률가 혹은 성직자 등이 소위 고전적인 전문직이라 불릴 수 있을 것이다. 물론 이러한 고전적 전문직 이외에도 사회의 변천과 더불어 직업에 대한 사회학적 정의가 달라지기 때문에, 새로운 다양한 전문직이 생겨나는 것은 당연하다. 전문직이란 개념이 특수한 사회-문화적 조건과 연결되어 있기 때문이다. 일반적으로 전문직' 이라 불리는 직업의 특성은 다음과 같다.

첫째, 오랜 기간의 훈련을 요구하며, 이 훈련은 지적 성질을 가진 것이다. 물론 다른 직업들도 이러한 훈련을 요구하며, 일종의 훈련을 통한 기술습득을 요구한다. 그러나 전문가에게 전형적으로 요구되는 훈련은 실제적 기술보다는 지적인 내용에 초점을 맞춘다. 전문가의 지식과 기술은 이론체계에 근거한다. 이 이론적 토대는 학교교육을 통해 마련된다. 예컨대 단순한 기술자나 기능인도 기술을 필요로 하지만, 과학자나 엔지니어와는 달리 이론체계에 근거한 지적 성질을 가진 기술을 학교교육을 통해 획득하기를 그들에게 요구하지 않는다.

둘째, 전문가의 지식과 기술은 사회 복지에 절대적으로 필요한 것이다. 의사는 질병치료를 위해, 변호사는 사회정의를 위해 절대적으로 필요한 지식과 기술을 가진 자이다. 과학자나 엔지니어 역시 여러 가지 면에서 사회 안전이나 국가의 방위 등을 위해 절대적으로 필요한 지식과 기술을 갖춘 자이다.

셋째, 전문직은 전문가의 서비스를 제공하는 면에서 독점 혹은 준-독점에 가깝다. 형식적 교육기관과 전문가를 양성하는 기관을 졸업한 사람만이 전문가의 자격을 얻을 수 있다. 특히 전문직을 갖기를 원하는 사람은 필요한 면허를 획득해야 한다.

넷째, 전문가는 작업 현장에서 보통 이상의 자율성을 가진다. 개인 사무소를 운영하는 전문가는 물론이고 조직에 속해 있는 전문가도 직무 수행에 있어 높은 자율성을 가지고 판단한다. 의사는, 개업의사이든 종합병원에 속해 있든, 환자를 치료하는 데 있어서 다른 직종에 비해 상당히 높은 수준의 자율성을 갖는다. 물론 전문가의 자율성은 바로 전문가만이 가지고 있는 독점적 지식과 기술에 의해 가능한 것이다.

다섯째, 전문가는 윤리기준이나 강령을 준수해야 한다. 전문가만이 가질 수 있는 지식과 기술이 독점적으로 남용될 가능성이 크기 때문에, 전문가 협회에서 규정한 일정한 윤리강령을 준수해야 한다.

모든 전문직은 그들 나름의 윤리적 규범을 가지고 있다. 전문직에 종사하는 자들이 지켜야 할 전문직 윤리를 가지고 있다. 이것은 여타의 다른 직종과는 달리 전문직이라 불리는 직업에 종사하는 사람들이 지켜야 할 전문직 윤리이다. 그러므로 공학윤리 역시 하나의 전문직 인지를 규정하는 것이 문제이다. 전문직으로서의 직업(profession)은 하나의 단순한 일거리(job)나 생업(occupation)이 아니다. 엔지니어전문가발전위원회(Engineer' s Council for Professional Development)는 전문직과 전문직 종사자의 속성을 다음과 같이 규정하고 있다.

(1) 전문직에 대해

① 전문직은 필수불가결하고 이익이 되는 사회적 요구를 만족시켜야 한다.

② 전문직의 일은 분별력과 판단력을 필요로 하고, 표준화에 종속되지 않는다.

③ 전문직의 일은 높은 지적 수준에서 수행되는 유형의 활동이다.

a) 전문직의 지식과 기술은 일반 공중이 공통적으로 가지고 있는 것이 아니다. 전문직은 검증된 연구와 경험의 산물이고, 특수한 교육과 업

무를 통해 획득된다.

b) 공학은 일련의 구별된 지식체계(과학)와 기예(기술)를 필요로 한다.

④ 전문직은 기술적 지식과 전문가적 이상을 증진시키고 사회에 봉사하는 집단의식을 가지고 있어야 한다.

⑤ 전문직은 법적 지위를 가져야 하고 잘 정비된 입회 기준을 요구해야 한다.

(2) 전문직 종사자에 대해

① 그들은 봉사정신을 가져야 하고, 선진 지식을 공유하고, 그들의 직업적 성실과 이상을 지키고 의뢰인과 계약한 것 이외에도 공중에게 무상으로 봉사해야 한다.

② 그들은 확립되고 인정된 행동규범에 잘 따름으로써 사회와 다른 동료들에 대한 그들의 의무를 인정해야 한다.

③ 그들은 신뢰관계를 가져야 하고 개인적 책임을 인정해야 한다.

④ 그들은 직업 단체의 구성원이 되어야 하고, 그들은 직업적 지식과 이상 그리고 업무를 진전시킬 책임을 나누어져야 한다.

위에서 열거된 전문직의 속성 중 중요한 것은 분별력과 판단력이 필수적이고 사회의 이익에 필요한 것을 만족시킬 의무이다. 전문가는 하나의 업무를 단순히 물리적으로 완수하는 것으로만 만족할 수 없고, 그의 노력의 결과에 대해 책임을 져야 한다. 전문가는 단순히 배우고 사실과 기술을 이용하는 것으로 만족할 수 없다. 그는 그의 지식과 관련된 목적과 가치의 관계에 대해서도 알아야 한다. 박식한 사람이 되기 위해서는 반드시 교육을 받을 필요가 없다. 온도를 조절하고, 전기를 통하게 하고 폭발하게 하는 방법을 알 수 있는 사람이 그가 그것을 왜 해야 하는지를 알지 못한다면, 그는 전문가가 아니다. 하나의 과제를 완수하고 난 후에도, 그는 그가 한 일에 대해 다른 사람에게 말할 의무가 있다. 즉 그가 왜 그런 일을 했는지 그리고 더욱 중요한 것은 더 이상 해야할 일이 무엇인지 등에 대해 말할 의무가 있다.

카르만(Theodor Von Karman)은 엔지니어와 과학자의 직업적 차이에 대해 간결하게 진술했다.

"과학자는 무엇인가를 탐구하고, 엔지니어는 존재하지 않았던 것을 창조한다. 이것은 또한 다음과 같이 말할 수 있다. "과학자는 무엇을 탐구하고, 엔지니어는 무엇인가를 행한다." 이 진술은 엔지니어의 주요 기능이 단순히 연구하는 것이 아니라, 할 필요가 있는 일들이 이루어지도록 하는 것임을 지적한다. 그리고 엔지니어는 누가 명예를 얻거나 혹은 보상이 얼마나 되는지에는 관심을 별로 갖지 않고 일을 하는 데만 전념해야 한다는 것을 지적한다. 이러한 노력을 안내하는 격률은 "당신이 무엇을 하든지, 그것을 옳게 행하라"이다. 변명하거나 추가적인 보상을 얻으려고 애쓰는 것은 누군가가 무모하지 않게 그리고 경솔한 실수 혹은 잘못을 저지르지 않고서 행할 시간적 여유가 없는데도 어떤 일을 그에게 떠맡게 할 수 있다. 또한 당신이 충분한 지식과 경험을 가지고 있지 않은 일에 대해서도 업무가 잘못할당될 수 있다는 것을 인식해야 한다. 그리고 보다 숙련된 엔지니어와 상담하지 않을 경우나 혹은 검사나 실험이 행해지기 이전에는 그 일을 맡기지 말아야 한다. 그것은 평생동안 이룩한 이력(career)을 파괴하는 유일한 심각한 실수를 가져다 줄 것이다. 허버트 후버(Herbert Hoover-미국의 31대 대통령, 전직 광산기사)는 엔지니어가 그의 일에 대해 가져야 할 책임과 의무의 범위에 대해 잘 표현해 주고 있다.

> 엔지니어는 모두가 볼 수 있도록 그의 일이 공개되어 있다는 점에서 그의 큰 책임은 다른 직업을 가진 사람과 비교된다. 그는 자신의 실수를 의사들처럼, 파묻어 둘 수 없다. 그는 법률가들처럼, 실수를 얼버무려 주장할 수도 없고 판결을 비난할 수도 없다. 그는 건축가들처럼 그의 실수를 나무와 덤불로 가릴 수도 없다. 그는 정치가들처럼, 그의 결함을 그의 정적(政敵)을 비난함으로써 희석시킬 수도 없고 국민들이 망각하기를 바랄 수도 없다. 엔지니어는 그가 행한 것을 부인할 수도 없다. 만약 그의 작업이 이루어지지 않으면 비난을 받는다. 다른 한편 의사와는 달리, 그의 삶은 약자들 가운데 있는 삶도 아니다. 군인들과 달리, 파괴가 그의 목적이 아니다. 법률가들과는 달리 논쟁이 그의 주식이 아니다. 엔지니어는 벌거벗은 과학의 골격에 생명과 위안과 희망의 옷을 입히는 직업을 떠맡는다.

앞으로 엔지니어는 많은 분야에서 높은 위치와 경제적 보장을 받으면서 대우를 받을 것이다. 공학교육을 정식으로 받은 엔지니어가 기업이나 그밖의 다른 분야에서 많은 활동을 할 것은 분명하다. 하지만 경제적 보상이나 사회적 지위보다 더 중요한 것은 공학이란 직업이 스스로 만족하고 창조적이며 도전적인 직업이라는 점이다. 즉 공학은 자신의 정력과 재능과 진취성을 발휘하고 자신의 노력에 대해 확실한 결과를 예측할 수 있도록 모든 개인에게 최상의 기회를 제공해주는 직업이라는 점이다.

그럼에도 불구하고 전문직의 정의에 의거해서 어떤 직종이 전문직인지를 결정하기란 쉽지 않다. 특히 직종이 세분화되고 전문화되어 가고 있는 현대에 와서는 더욱 그렇다. 예컨대 우리 사회에서 프로 운동선수들이 비록 숙련된 기술을 바탕으로 비교적 높은 보수를 받지만, 과연 그들이 어느 정도 사회에 봉사하며, 광범위한 제도적 교육을 받는지 혹은 그들 나름의 협회나 조직을 만들어 전문가로서 직업적 규칙을 지키고 있는지 등에 대해서 긍정적으로 말하기 힘들다. 이에 반해 의료계나 법조계는 분명 위의 정의에 의해 전문직으로 규정할 수 있다.

그러면 전문직의 정의에 의해, 공학은 전문직으로 규정될 수 있는가? 물론 공학 역시 숙련된 기술을 필요로 한다. 또한 공학 설계 역시 특정한 목적을 달성하기 위해 주어진 자료들과 장치들을 어떻게 잘 이용해야 할지에 대한 신중한 판단과 분별력을 필요로 한다. 공학적 수행과정이 단순히 기계화될 수 있는 일거리에 지나지 않는지 어떤지에 대해서는 약간 고려할 필요가 있다. 물론 공학적 수행과정이 어떤 면에서는 기계적 반복이나 복제의 과정의 성격을 띤다. 그러나 낡은 설계를 대신하는 새로운 설계가 필요할 경우에는 공학인의 숙련된 기술이 필요하다. 물론 CAD와 같은 소프트웨어가 공학설계에 도움을 주는 것이 사실이지만, 이것이 공학인의 숙련된 기술을 대신할 수는 없다. 다만 도구에 지나지 않는다. 그리고 공학은 일정한 제도적 훈련과 교육과정을 필요로 한다. 동시에 공학인 협회가 조직되어있다. 다만 의료계나 법조계에 비해서는 아직 전국적인 조직망을 형성하지 못하고 있으며, 협회나 조직에 참가하고 있는 공학인의 수가 의료나 법조계에 비해 상대적으로 적다.

물론 공학 역시 여러 면에서 전문직이라는 것을 인정하더라도, 공학이 고전적인 전문직인 법률이나 의료직과는 차이점이 있다는 점도 고려되어야 한다. 법률가들이나 의사들은 대체로 독립적 기업형태를 띤다. 비교적 거대한 조직이나 협회에 소속하는 사람은 그 수가 많지 않다. 물론 최근 협회에 속하는 수가 많아지는 추세이긴 하지만, 그러나 결정권은 의사 혹은 법률가 협회가 가지고 있기 때문에 독립적 형태를 유지하면서 활동을 하고 있다.

이에 반해 공학인은 다른 직종, 예컨대 회계사, 전문경영인, 비숙련 종업원들로 이루어진 조직의 일부로 활동한다. 특수한 경우를 제외하고는 공학인은 일반적으로 거대한 조직에서 요직을 차지하지는 않는다. 그리고 법조인이나 의료인에 비하면 비교적 제도적 훈련기간이 짧다. 그렇기 때문에 법률이나 의료직에 비하면 상대적으로 사회적 지위나 보상이 낮다. 물론 법률이나 의료직과 같은 전문직으로 자격을 부여받기 위해서는 현행 교육제도로서 충족될 수 없는 전문지식을 습득하기 위한 교육제도가 보충되어야 한다. 이러한 사실들이 어느 정도 만족된다면 공학 역시 현대 사회에서 하나의 전문직으로 규정하는데는 문제가 없을 것이다.

그러나 허버트 후버(H. Hoover)는 기술자의 의무와 책임에 대해서도 말하지만, 그 반면에 기술자의 작업이 매우 훌륭하다는 것을 밝히고 있다.

> 이것은 위대한 직업이다. 상상으로만 생각했던 일을 과학의 도움으로 설계도면에서 현실로 바뀌는 것을 본다는 것은 정말로 매력적인 일이다. 공학은 돈, 금속, 에너지를 쓸모 있게 한다. 게다가 공학은 사람들에게 직업과 집을 제공한다. 또한 공학은 생활 수준을 높이고 삶을 안락하게 만든다. 이는 공학자만이 가질 수 있는 특권이다.

2) 공학이 전문직인가?

우리는 지금까지 위에서 제시한 전문직의 정의에 의거하여 공학을 전문직으로 규정하고, 그와 관련된 공학윤리의 본성을 이해해왔다. 그러나 공학을 전문직으로 규정하는데 이의를 제기하는 입장도 고려해야 한다. 이것은 공학윤리의 본성을 보다 객관적으로 이해하기 위해 필요한 것이다. 공학은 법률이나 의학과 같은 고전적인 전문직과는 근본적으로 다른 차이점을 갖는다. 공학을 현대 사회에서 주요한 전문직 중의 하나로 규정하는 것이 문제있는 것은 공학이 사회에 기여하는 봉사의 이념이 고전적 전문직의 경우와는 다르기 때문이다.

물론 공학자들도 어느 정도 사회에 봉사한다. 공학자들은 차나 기차 그리고 비행기를 만들어 쉽게 다른 장소로 옮길 수 있게 봉사하는 일에서부터 환경

오염을 방지하는 장치를 만들어 사람들이 좋은 공기를 마실 수 있도록 하는 등등의 많은 봉사활동에 종사한다. 공학자들 역시 공중의 안전과 건강 그리고 복지를 자신들의 봉사이념으로 규정하고 있다. 그러나 과연 공학자의 봉사이념이 고전적 전문직 중 하나인 의학의 봉사이념과 동일한 것인가? 그렇지 않다. 공학에서는 안전과 건강 자체가 직업윤리의 목적이 되지 않는다. 예를 들어 의사는 건강을 증진시켜야 한다. 하지만 엔지니어는 그의 설계가 건강에 위험을 주지 말아야 한다고 조심은 해야 하지만, 그 설계가 건강을 증진시킬 필요는 없다. 자동차는 좋은 것이긴 하지만, 의학적 의미에서 결코 건강하지는 않다.

엔지니어가 자신의 설계의 안전을 중요시한다고 하더라도 그것 자체가 목적이 아니다. 일반시민의 안전보다는 오히려 고용주를 위해 경제적인 설계를 하는 것이 더 중요할 수도 있다. 말하자면 공학윤리에 있어서 안전은 여러 가지의 많은 과제 중 하나에 지나지 않는다. 예컨대 교사는 자신의 고용주에 구애받지 않고 단지 한가지 유형의 봉사를 제공한다. 이에 반해 엔지니어는 여러 가지의 다른 목적을 가지고 많은 고용주에게 봉사한다.

엔지니어는 안전이나 건강 혹은 복지와 같은 가치 자체, 즉 객관적 가치가 아니라 필요와 욕망에 근거한 봉사를 제공한다. 이를 다음과 같이 삼단논법으로 구성해 보자.

의료직:
나는 건강을 유지하는 유일한 방법이 의학적 충고에 따라 X를 행하는 것이라 믿는다.
나는 건강을 유지하기를 원한다.
그러므로 나는 X를 행한다.

공학:
나는 교량을 건설하는 유일한 방법이 공학 기술을 사용하여 Y를 행하는 것이라 믿는다.
나는 교량을 건설하기를 원한다.
그러므로 나는 Y를 행한다.

우리는 위의 삼단논법의 대전제를 거부할 수 없다. 왜냐하면 건강은 객관적 가치이기 때문이다. 그러나 아래의 삼단논법의 두 번째 전제인 소전제는 거부될 수 있다. 왜냐하면 교량을 건설하는 것을 원하지 않을 수 있기 때문이다. 엔지니어가 자신의 공학기술을 이용하여 교량을 건설하기를 원하지 않을 경우에도 그는 자신의 고용주의 요구에 따라 건설하지 않을 수 없을 것이다. 고용주는 그 교량을 사기를 꺼려하는 고객에게 팔기 위해 엔지니어에게 건설을 요구할 것이다. 그럴 경우 엔지니어는 교량을 건설할 것이다. 하지만 그는 자신의 고용주의 의도에 맞추어 교량을 안전하고 아름답고 실용적이고 환경에 잘 견뎌내고 사용하기에 경제적으로 오래 유지되는 교량을 건설할 것이다. 그러므로 엔지니어는 일반 시민에 봉사하기보다는 그 목적이 자주 변하는 고용주에게 봉사하는데 더 익숙해진다. 고용주의 목적에는 잘 따르면서도 시민에게는 손상을 입히는 경우도 충분히 가능할 것이다.

이처럼 공학을 전문직으로 규정하는데 다소 논란이 있는 것은 바로 전문직을 개념적으로 정의하기가 쉽지 않기 때문이다. 전문직이 어떠 어떠한 특징이나 속성을 가진 직업이라고 개념적으로 규정하기가 쉽지 않다. 이런 점에서 프리드슨(Eliot Freidson)은 전문직을 어떤 속성을 가진 직업이라고 개념적으로 규정하기보다는 그 전문직이라는 지위를 얻는 과정, 즉 어떤 특수한 직업이 어떻게 전문직이라는 지위를 얻었는가 하는 관점에서 전문직을 정의한다. 그는 전문직을 특수한 사회-문화적 조건들과 밀접하게 관련되어 있는 것으로 정의한다. 예컨대 영미의 산업국가에서는 직업을 교육보다는 사회적 지위와 연결시키는 반면에, 유럽국가에서는 직업을 교육과 연결시키는 것이 일반적이다.

따라서 하나의 직업을 어떠한 개념적 규정에 의해 전문직/비전문직으로 구획하는 것에 대한 도전도 있을 수 있다. 즉 전문직이라는 개념에 초점을 두기보다 능력에 초점을 둔다. 즉 전문직이라는 신분이나 지위보다는 전문가들이 행하고 이루어내는 것에 초점을 둔다. 첫 번째 이유는 전문가들이 자신들의 업무 이상으로 자율권이나 자치권을 강조함으로써 사회적 위협요소가 될 수 있기 때문이다. 두 번째 이유는 전문가들이 자신의 잇속만 차릴 가능성이 있기 때문이다. 그리고 업무능력 면에서 전문가와 비전문가를 구분하는 것 역시 문제가 된다. 단순히 능력에 근거해서 구분하려는 시도는 능력있는 전문가와 능력있는 일꾼을 구분하는 데 실패할 것이다. 전문직은 어떤 능력있는 일(job)을 단순히 하는 것 이상이다.

이처럼 공학을 전문직으로 규정하는 데 대한 논란이 있지만, 우리의 입장에서 공학을 전문직으로 규정하는 데는 별 문제점을 발견할 수 없다면 공학윤리를 전문직 윤리의 관점에서 이해하는 것이 매우 중요하다.

5. 전문가로서의 엔지니어의 자율성

엔지니어를 전문가로 규정한 우리의 입장에서, 다음과 같은 의문이 생긴다. 전문가로서의 엔지니어가 고용주에 의해 고용되어 있음에도 불구하고 그리고 작업현장에서 압력을 받음에도 불구하고 자신의 윤리적 의무를 따라야할 전문가적 자율성을 가질 수 있는가? 엔지니어도 과연 의사나 변호사 혹은 성직자 등과 같은 고전적인 의미의 전문가들과 동일한 자율성을 가질 수 있는가? 의사나 변호사 혹은 성직자는 비교적 자율성을 갖는다. 이에 반해 종업원으로서 회사에 고용되어 있는 엔지니어가 과연 얼마 만큼 직무와 관련하여 자율성을 가질 수 있는가 하는 것은 엔지니어를 전문직 종사자로 볼 수 있는지 없는지의 문제와 연결된 것이다. 이 문제에 대한 입장도 다양하다.

우선 엔지니어의 직업적 자율성에 대한 낙관적 견해를 들 수 있다. 엔지니어의 행동은 다른 사람들과 특별히 다른 점이 있고, 이것은 바로 엔지니어가 다른 직업과는 달리 전문가로서의 자율성을 가지고 있다는 사실을 긍정한다. 이에 비해 엔지니어의 직업적 자율성에 대해 그렇게 낙관적이지 않은 입장이 있을 수 있다. 예컨대 엔지니어들이 그들의 업무를 잘 수행하는지를 고용주들이 결정한다는 사실이 엔지니어들이 윤리적 규범이나 직업단체에 의해 규정된 엔지니어들의 행동기준에 맞추어 살 수 있는 수준을 심각하게 제한한다. 그렇다면 엔지니어가 스스로 자율성을 가지고 윤리적 규범에 따라 행동할 수 있다는 낙관론이 흔들릴 수밖에 없다. 그러므로 엔지니어들이 직업적 자율성을 전혀 갖지 못한다는 주장이 가능할 것이다. 그러나 데이비스(Davis)는《엔지니어처럼 생각하기》(Thinking Like an Engineer)에서, 직업적 자율성이 엔지니어들이 경영주의 명령으로부터 전적으로 자유로워지기를 요구하는 것은 아니라고 말한다. 다만 그들의 직업상의 책임과 관련된 문제들에 대해 자율적인 결정을 내릴 수 있기를 요구하는 것일 뿐이다. 그러므로 엔지니어의 직업적 자율성은 엔지니어가 져야 하는 책임의 범위와 내용에 부분적으로 달려 있다. 엔지니어들 역시 종업원의 위치에 있는 이상, 고용주의 명령을 전적으로 무시할 수 없다. 이것은 엔지니어가 변호사나 의사에 비해 상대적으로 가지는 직업적 기능의 한계이다.

데이비스는 윤리강령이 엔지니어의 책임을 강조하고, 엔지니어는 그러한 강령을 따라야 할 직업적 자율성을 충분히 갖고 있다고 생각한다. 실지로 엔지니어가 그러한 강령들을 따를 가능성이 없다면 공학은 전문직일 수 없다. 이러한 낙관론은 엔지니어는 이미 특정한 직업적 자율성을 갖고 있다고 믿으며, 엔지니어들이 윤리적으로 행동할 수 있는 환경이 전반적으로 존재한다고 믿는다. 그러나 포넬(Van de Poel) 같은 사람은 이러한 낙관론에 회의를 표한다. 그는 만약 엔지니어들이 큰 개인적 희생이 없이 강령에 맞추어 살려고 하다면, 엔지니어의 활동 범위가 변화되어야 한다고 말한다. 개인적 희생이 없이 동시에 직업적인 자율성을 가질 수 있기 위해서는 엔지니어가 갖는 직업적 특성을 함께 고려하는 것이 바람직하다. 엔지니어가 다른 직업과 전문직으로서 구별되는가 어떤가의 문제는 그들의 직업적 자율성에 달려 있을 뿐 아니라 동시에 다른 행위자들과 비교되는 공학이나 기술공학의 발전에 있어서 그들의 역할에 달려 있다.

6. 윤리적 논증

1) 윤리적 원칙

우리는 윤리 문제 해결을 위해서 다양한 어려움이 있다고 본다. 우리는 그 어려움을 이겨내고, 최소한의 윤리적 원칙을 제시할 것이다. 이 원칙들은 대다수의 윤리이론에서 핵심적인 원칙으로 받아들이고 있는 것이다. 우리는 다음과 같이 세 가지 원칙을 제시할 것이다.

1) 네 자신과 타인의 인격을 존중하라.
2) 모든 인격을 공정하게 대우하라.
3) 영향을 받게 될 다수의 행복을 증가시키는 행위 규칙을 채택하라.

첫 번째 원칙은 칸트의 의무주의에 근거를 두고 있다. 칸트는 도덕이란 목적 그 자체라고 한다. 우리는 도덕적 행위 능력을 갖춘 사람을 수단으로 대해서는 안 된다. 칸트에 따르면, "어떤 인간이 악한이라면, 나는 그가 인간이라는 데에는 동의하지 않는다. 그러나 그가 아무리 사악하다고 해도 그에게는 여전히 선의지의 씨는 존재한다. 그리고 내가 그의 인간성과 인간 자체를 구분한다면 나는 그 악한에 대해서도 기꺼이 심사숙고할 수 있다.…그 어떤 악한이라도 선과 악의 차이를 구별할 줄 모를 만큼, 또 유덕한 사람이 되길 바라지 않을 만큼 파렴치하지는 않다." 따라서 우리는 인간이 다른 인간을 인격적으로 대하는 것을 첫 번째 원칙으로 삼는다.

두 번째 원칙은 첫 번째 원칙이 윤리적 행동을 위한 필수 조건을 충족시켜 주나, 서로에 대한 적극적인 의무는 빠져있는 점을 보충한다. 공정성의 원칙은 윤리적 행위가 서로 간의 관계에서 적극적으로 부여되어야 함을 의미한다. 우리는 누군가를 불공정하게 대하면서 동시에 존중할 수 없다. 우리는 누가 나보다 더 나은 대우를 받게 되면 공정하지 못하다고 생각한다. 공정성은 타인으로 하여금 우리를 대우할 때와 똑같이 타인을 대우할 것을 요구한다. 동일한 게임의 규칙이 적용되기를 원하는 것이다. 이것은 현대 윤리학에서 핵심적인 개념이다. 롤즈의 말처럼, 무지의 장막 속에서 우리는 모든 사람을 공정하게 대하려는 태도가 가장 중요한 원칙이라고 볼 수 있다.

세 번째 원칙은 공리주의에 뿌리를 두고 있다. 하지만 이 공리주의는 벤담의 공리주의를 넘어서고 있다. 벤담은 행위의 옳음은 그 행위가 얼마나 많은 사람을 행복하게 하느냐에 달려 있다고 한다. 그 행복은 쾌락을 의미한다. 벤담의 방식은 비용/이익이라는 행위 공리주의의 모습으로 나타난다. 그러나 밀은 행복과 쾌락은 동일할 수 없다고 한다. 적어도 공자와 소크라테스를 읽는 것이 담배를 피거나 술을 먹는 것보다 더 큰 행복을 인간에게 가져다 줄 것이라고 한다. 담배와 술을 먹는 사람은 그에게 행복과 쾌락을 가져다주는 것으로 마치지만, 공자와 소크라테스를 읽는 사람은 타인에게 그 행복을 전달해줄 수 있다.

다시 한 번 정리하자면, 첫 번째 원칙은 인격의 지위에 주목하는 것이며, 두 번째 원칙은 다수의 인격을 고려하고, 서로에 대해 갖는 의무를 이해할 수 있는 원칙을 제공한다. 세 번째 원칙은 행위의 결과에 주목해서 여러 행위들을 비교하고 우리의 선택 중 어느 것이 윤리적으로 올바른 것인지, 다시 말해서 어느 선택이 그 규칙에 관련된 당사자들의 행복을 더 증가시킬 것인지를 선택할 때 필요하다.

사례

가은이가 태희에게 10만원을 빌려 주었다. 태희는 그 돈을 갚기 위해서 외출 준비를 하다가 TV를 보게 되는데 암환자의 안타까운 사연을 듣게 된다. 그녀는 가은이에게 돈을 갚는 대신에 그 돈을 기부하였다. 이 행위를 통해 그녀는 가은이보다 더 많은 사람을 행복하게 했으므로 윤리적 행위라고 할 수 있는가? 우리는 이 행위가 잘못되었다고 생각한다. 왜? 우리는 세 가지 원칙을 적용해서 생각해 보기로 하자.

(1) 태희가 가은이에게 돈을 빌릴 때 갚기로 한 약속을 무시함으로써 결국 하나의 인격으로서의 그녀에 대한 존중의 원칙을 위반했다.

(2) 빌려 주고 빌릴 때 성립하는 암묵적인 규칙들을 위반했기 때문에 공정성의 규칙을 위반했다.

(3) 정직과 약속 이행을 수반하는 그러한 규칙을 채택할 경우, 그 행위는 그 규칙에 의해 영향 받게 될 다수의 행복을 최대화하지 않을 것이기 때문에 그 행위는 비-윤리적이라고 할 수 있다. 만약 모든 사람이 돈을 갚은 것을 거부하고, 기부한다면 누가 돈을 빌려줄 것인가?

윤리적 관점

윤리적 사고에서 가장 중요한 것은 자신이 특별한 사람이라는 인식을 버리는 것이다. 윤리에 관한 선택은 나에게 옳은 것을 선택하는 것이 아니라 모두에게 옳은 것을 선택하는 것이다. 우리는 누구의 행위가 잘못된 행위라고 한다면, 이 행위는 그(혹은 그녀)에게만 속하는 것이 아니라 모든 사람이 그런 행위를 하였을 때 비난받을 것이라는 숨은 전제가 깔려 있다. 윤리적 원칙을 분명하게 적용하기 위해서는 윤리적 관점을 가져야 한다. 그것은 세 가지 측면을 포함한다.

첫째, 행위의 결과에 대한 관심.
둘째, 중립성.
셋째, 상상력.

이를 통해 우리는 서로에 대한 이해를 바탕으로 윤리적 관점을 갖게 된다.

첫째 행위의 결과에 대한 관심을 살펴보자. 우리는 누구나 단기적인 이익에 관심이 있다. 지금 내가 원하는 일에 관심이 있다. 오락, 술, 쇼핑 등 당장 우리의 욕구를 충족시켜 주는 일에 관여하고 싶어 한다. 보통 윤리적 행위는 눈앞에 보이는 이익보다는 장기적인 이익에 따라서 수행된다. 이것은 결코 쉬운 일이라고 할 수 없다. 여기서 사유, 상상력, 타인들의 조언이 필요하다. 우리는 앞에서 술을 먹거나 담배를 피는 것이 자기에게 이익이 되는 행위라고 알고 있다. 하지만 우리가 이것을 윤리적 원칙들에 근거해서 볼 때, 이것은 결코 타인에게 도움이 되는 행위가 아니다. 우리는 언제나 자신의 행위가 타인의 이익과 밀접한 연관이 있음을 생각하고 상상해야 한다.

둘째 우리는 공평성이나 중립성이 있어야 한다. 우리가 동등하다는 생각을 가지지 않는다면, 윤리적 관점은 성립할 수 없다. 롤즈는 「정의론」에서 '무지의 베일' 이라는 개념으로 공평성에 대한 기본 입장을 밝히고 있다. 무지의 베일은 부자, 빈자, 인종, 성별과 관계없이 윤리적으로 평등하다는 것이다.

셋째 윤리적 행위도 상상력이 필요하다. 내가 도둑을 당하거나, 사기를 당하거나, 폭력을 당한다면, 그러한 행위가 얼마나 잘못되었는지를 알게 된다. 상상력이 없다면, 우리는 아이들에게 윤리적 행위를 결코 가르칠 수 없을 것이다.

사례

태희가 혜교에게 10만원을 빌렸다고 하자. 그런데 오늘 막 일당을 받은 태희는 혜교가 아파트 관리비를 낼 돈이 필요하다는 것을 알았으므로, 태희는 마땅히 혜교에게 빌린 돈을 갚아야 할 것으로 보인다. 그런데 태희의 남자친구가 영화도 보고 외식도 하자고 한다. 외국 출장을 갔다 와서 한 동안 만나지 못했기 때문에 남자 친구와 저녁에 함께 놀고 싶다. 그런데 남자 친구가 돈이 급한 친구가 있어서 빌려 주는 바람에 돈이 없다고 한다. 만약 남자 친구와 영화를 보고 외식을 한다면 혜교에게 돈을 줄 수 없게 된다. 태희는 오래간만에 연락

온 남자친구와 외출을 해야 하는가? 윤리적 관점에서 보면 외출을 하는 것은 잘못된 행위이다. 그녀는 자신이 '원하는 행위' 와 '해야만 하는 행위' 를 구분해야 한다. 그녀가 단기적인 이익에 매몰된다면, 그녀는 윤리적인 행위를 할 수 없다. 논증적으로 분석을 해보자.

① 태희가 혜교에게 진 빚을 갚지 않았을 때의 장기적 결과가 혜교에게 폐를 끼치고 또 해를 입힐 가능성도 있는데, 왜냐하면 혜교가 다른 사람에게 빚을 지고 있을 수도 있기 때문이다. 게다가 좁은, 이기적 시각에서 보아도, 빚을 갚지 않을 경우, 태희는 혜교뿐 아니라 누구에게도 돈을 빌릴 수 없을지 모른다.
② 단순히 생각하면 태희가 혜교에게 갚은 돈을 사용해서 남자 친구와 외출하기를 원하지만 않는다면 이 문제는 결코 발생하지 않는다.
③ 태희는 사실 빚을 갚아야 할 돈으로 외식을 하는 것을 좋아하지 않을 것이다.

결론적으로 빚을 갚는 것이 더 윤리적이라고 하는 것을 보여준다. (커틀러, 맹주만 · 김진형 옮김, 2009 참조)

2) 윤리적 논증

(1) 논증

논증이란 비판을 견딜 수 있는 근거들로 결론을 지지하는 것이다. 논증은 전제들과 하나의 결론을 포함하는 형식이다. 한 논증에는 언제나 결론이 있다. 논증에는 두 가지 유형이 있다. 귀납과 연역이다. 귀납은 전제들이 모두 참이라고 해도 결론이 반드시 참인 것은 아닌 논증이다. 연역 논증에서 전제들이 모두 참이고 그 논증이 어떤 형식적 규칙을 따르고 있을 경우 결론은 반드시 참이다. 우리의 윤리적 논증은 대개 귀납 논증을 다룬다. 전제와 결론 사이의 관계는 훨씬 더 느슨하다. 전제들이 모두 참이라고 하더라도 결론은 개연적이다. 여러분이 사건 및 사고에 대한 그 논증을 분석하는 경우에 다음과 같은 논증의 절차를 지켜야 한다.

① 핵심어들을 찾아내고 필요하다면 그 뜻이 분명해지도록 하라
② 주요 결론을 찾아내라. 요점이 무엇인지를 묻고, '왜?' 라는 질문을 던져라.
③ 논거를 찾아내어야 한다. 결론을 지지하기 위해 어떤 이유들이 제시되고 있는가?
④ 오류들을 찾아내라.
⑤ 논증을 평가하라. 반증을 시도하라.

우리가 결론과 전제(이유)가 무엇인지를 명확하게 찾는 방법은 다음과 같은 지시어를 찾는 것이다.

이유: 왜냐하면, 그 이유는, 때문에, 을 이유로, 임에 비추어, 인 까닭에
결론: 그러므로, 고로, 따라서, 그래서, 이 따라 나온다, 그 결과, 결론적으로, 을 의미한다. 그래서, 그 때문에

물론 지시어가 전혀 없는 경우도 있다. 우리는 그 글에서 지시어를 찾아야 한다. 이를 위해 가장 손쉬운 방법은 적절한 자리로 생각되는 곳에 신뢰할 만한 접속어를 넣은 후 그 글의 의미가 변하는 가를 확인하는 것이다.

다음의 사례를 통해서 연습을 해보자.

사례 1

삼성은 올해에도 전력이 탄탄해 보이는데, 왜냐하면 오승환과 최형우가 투타에서 활동하고, 일본에서 이승엽이 돌아왔기 때문이다. 그들은 투타에서 선수들을 이끌어 갈 충분한 경험을 갖고 있다. 다른 팀들 중 전력이 크게 향상된 곳은 하나도 없다. KIA는 선동열 감독이 왔으나, 투수들이 삼성에 비해서 훌륭한 왼손 투수가 없고 마무리가 약하다. 나는 올해 우승할 팀이 갑자기 부상할 것이라고 생각하지 않는다.

『분석』

이 글은 믿을 만한 지시어인 '왜냐하면' 을 포함하고 있는 논증이다. 그 지시어는 뒤에 나오는 나머지 진술들이 함축된 결론의 이유 혹은 지시 근거임을 나타낸다. 이때 결론은 삼성이 올해에도 우승을 할 것이다. 이 논증은 필연적인 연

역은 아니지만, 개연성을 갖고 있는 귀납 논증이다.

사례 2

한화는 올해 우승을 차지할 것이다. 대전에 사는 당신 친구는 한화의 골수 팬이고, 박찬호가 한화에 입단하면서 연봉을 백지위임했다. 최소 연봉마저도 기부를 했다.

『분석』

지시어가 없다. 더구나 두 문장 사이에 어떤 지시어를 집어 놓을 경우, 글에 다른 의미를 주게 되어 상황은 완전히 바뀌게 된다. 진술들 사이에는 어떤 논리적 연결도 없다. 단지 설명일 뿐이다. 이 진술들은 서로 분리되어 있고, 글의 요점이 없다.

(2) 왜? 질문

주어진 글에 논증이 있는지를 확신하지 못할 경우에 도움이 될 만한 방법은 왜? 라는 질문을 던져 보는 것이다. 진술들이 서로 논리적으로 연결되어 있다면, 결론인 듯 보이는 문장 뒤에서 왜? 라고 물으면 실제로 그것이 논증인지 아닌지를 결정하는 데 도움이 된다. 논증은 전제에서 결론으로 나아가는 방향이 있다. 우리가 왜?라고 물으면, 이유들이 있을 경우 논증은 우리를 그리로 안내할 것이다.

사례 3

LG 팀은 의견 충돌로 엉망이어서 단결력이 없다. 넥센 팀은 아직까지도 전력이 처지고, 같은 조에서 위협이 될 만한 팀은 KIA이다. 하지만 삼성 팀의 적수는 아니다. 삼성이 올해 다시 우승을 차지할 것이다.

『분석』

이 글을 읽으면서 마지막 진술이 과연 결론인지 의심할지 모른다. 모든 진술은 연결되어 있는 것처럼 보이며, 그 마지막 진술로 향하고 있는 듯하다. 먼저 그 진술에 주목하고, 다음으로 왜?라는 질문을 던진 후에 어떤 일이 생기는지를 보자.

삼성이 올해 다시 우승을 차지할 것이다. 왜? 왜냐하면 LG 팀 등은 그러하다. 여기에는 결론과 함께 그 결론을 지지하는 이유들이 존재한다. 이유들, 즉 전제들이 결론을 필연적으로 함축하지 않는다. 왜냐하면이라는 지시어 삽입이 이 글의 의미를 변화시키지 않는다. 단지 논증이 제시된 것뿐이다.

기억하기

지시어를 찾아라. 결론이 있다면 찾는 데 도움이 될 것이다. 결론이 있는지 의심이 간다면 왜? 질문을 던지고, 적절한 곳에 지시어를 넣어본다. 결론의 위치를 파악했다고 생각되면, 믿을 만한 지시어(결론 앞에는 '그러므로' 라는 지시어, 결론 뒤에는 '왜냐하면' 이라는 지시어가 있다)를 넣어 주고 글의 의미가 그대로인지 아니면 어떻게든 변하는지를 확인하라. 진술들 사이에 어떤 연결도 보이지 않고 그 글의 결론이라고 할 수 있는 진술이 없다면, 당신이 다루고 있는 것은 논증이 아니다.

(3) 논증 평가하기

① 지지 근거(이유들, 혹은 전제들)는 실제로 올바르거나 혹은 적어도 설득력이 있는가?

② 이유들 혹은 전제들과 결론 사이의 연결은 얼마나 밀접한가?

이유의 설득력을 시험하기 위해서 가장 신뢰할 만한 방법은 '반례' 의 방법이다. 예를 들어, 내가 소수집단 우대 정책 프로그램은 항상 고용 할당제로 귀착되었으며 따라서 차별적인 프로그램이라고 주장한다면, 여러분은 과거에 그 프로그램이 차별을 낳지 않았음을 보여주는 예들을 들어 그 주장에 대응할 수 있다. 그와 같은 반례는 결론을 지지하기 위해 제시한 나의 주장을 약화시킬 것이며, 따라서 전체적으로 논증을 약화시킬 것이다.

우리는 또한 사실임을 내세우른 주장들을 간단히 반박함으로써 그 주장들에 대응할 수도 있다. 누군가가 흑인은 두개골이 더 작아서 지능이 떨어지기 때문에 백인에 비해 열등하다고 주장한다면, '열등함' 이란 지능의 기능이 아니라는 것, 두개골의 용량과 지능 사이에는 어떤 논리적 연관성도 없다는 것,

그리고/또는 흑인의 두개골은 백인에 비해 더 작지 않다는 것 등을 보임으로써 그 주장에 대응할 수 있다.

우리는 하나의 논증을 지지하는 이유로 제시된 주장이 참이라는 것을 검증할 수 없을 때조차도, 엄밀히 말해서, 그것이 '좋은' 이유인지 아닌지, 다시 말해 그 논증의 맥락에 비추어 그 이유가 설득력이 있는 것인지 아닌지를 말할 수 있어야 한다.

데이비드 켈리(Kelly)는 그의 탁월한 논리학 책인 『추론의 기술』에서 논증에 대한 입장을 다시 한번 정리해 보자.

"우리는 전제와 결론 사이에 어느 정도로 자유로운 활동이 존재하는지를 봄으로써 논증을 평가한다. 그 기법은 전제들이 참이라고 가정한 후, 결론이 참인지를 두고 합당한 의심이 여전히 남아 있는지를 묻는 것이다. 전제들이 참이라고 가정할 경우, 진술된 결론은 전제들이 제공하는 증거와 일치하는 유일한 것인가? 그렇다면 문제의 논증은 강력하다. 아니면 그 증거와 동등하게 일치하는 다른 결론이 존재하는가? 이 경우라면 논증은 더 약하다."

사례) 키가 작은 사람들은 모두 소심한데 재석이는 키가 작으므로, 그는 틀림없이 소심하다.

~이므로에 해당하는 것이 전제이다. 첫 번째 전제는 '키가 작은 사람들은 모두 소심하다' 는 것이다. 이 가정은 거짓이다. 그러므로 결론과의 관계가 무관하다.

사례) 호동이는 난청이고 시력이 약하다. 더구나 지난 두 달 동안 여러 개의 속도위반 딱지를 떼었으며 그 기간 동안 여러 번의 교통 사고도 냈다. 그러므로 호동이는 타락한 남편이다.

전제들은 참일 수 있다. 하지만 결론은 전제들로부터 따라 나오지 않는다. 거기에는 어떤 연결도 존재하지 않고 단지 전제들과 결론 사이에 큰 틈만 존재한다. 서툰 운전자가 나쁜 남편은 아니다.

사례) 대다수의 주가 적어도 한 세기 동안 낙태를 제한해 왔다는 사실은, 그것이 결국 각 주마다 다수의 의견이 반영된 결과이기 때문에, 낙태에 대한 권리가 "기본적 권리로 분류될 만큼 전통과 우리의 양심에 그 뿌리를 두고 있는 것" 은 아님을 강하게 암시한다.(로 대 웨이드 사건, 렌퀴스트의 반대 의견)

『분석』

이것은 귀납 논증으로서 매우 강력하며, 방금 전의 논증보다 더 강하다. 전제들을 받아들일 경우 그것이 지지하는 결론 또한 받아들일 가능성이 크다. 사실 그 결론은 위에서는 언급되지 않았으나 이 쟁점에 대한 렌퀴스트의 입장을 고려할 때 분명히 알 수 있다. 우리가 그 결론을 주장한다면 다음과 같을 것이다. "그러므로 나는 낙태가 인간의 기본권이라고 생각하지 않는다." 하지만 첫 번째 진술에 의심이 간다. 왜 다음과 같은 주장을 수용하는가? 각 주들은 "한 세기 동안 낙태를 금지하는 법률은 얼마나 오래되었는가? 그들 주가 한때 다수 의견을 반영했다고 해서 아직도 그럴 것이라고 말할 수 있는가? 우리는 전제들의 참을 인정할 수 있지만 그에 앞서 답해져야 할 중요한 질문들이 많으며 그런 이유에서 적절한 질문을 던지는 것이 논증을 꼼꼼히 검토하는 첩경이라는 사실을 알 수 있다. 따라서 제시된 근거와 그로부터 따라 나올 것으로 짐작되는 결론 사이에 틈이 거의 없을지라도, 그 외의 다른 증거나 논증으로 근거들을 통해서 더 강한 설득력을 갖출 수 있을 때까지 결론을 마땅히 의심의 대상이다.

예) 특정 화학물질은 실험용 동물들에게 암을 유발한다고 알려져 있는데, 사실이 그렇다면 동일한 화학물질이 인간에게도 암을 유발할 가능성이 있다. 그러므로 가능하다면 이들 화학물질을 피하는 것이 신중한 처사로 보인다.

『분석』

결론은 주어진 전제들로부터 함축되며 전제들은 참일 수 있는데, 암 유발 물질을 피하는 것은 신중한 처사라는 전제는 생략되어 있다. 아마도 이 논증을 제시한 사람은 그것이 자명하다고 생각했을 것이다. 전제들의 설득력은 '가능성이 있다'와 '신중한 처사로 보인다'와 같은 어구로 인해 증가된다는 사실에 주목하자. 그와 같은 수식어들에 의해 뜻이 한정된 주장은 '언제나' 내지는 '한번도 ~ 않다', '모두' 내지는 '그 어느 것도 ~ 않다'와 같은 낱말들에 의해 보편적으로 단언되는 주장들보다 더 강력하다.

(4) 정당화와 설명

설명에서는 우리가 이미 그 결론을 알고 있는 반면, 논증에서 결론은 알려진 것이 아니라는 점에서 둘은 서로 다르다. 우리는 남북전쟁 이전에는 왜 그렇게 많은 남부 사람들이 노예를 소유했는지를 설명할 수 있다. 더 나아가 우리는 어떻게 해서 그들은 자신들에게 노예 소유권이 있다는 확신을 했는지, 어떻게 해서 엉터리 '과학적 정보'를 증거로 이용했는지를 이해할 수 있다. 그들은 두개골 용량의 차이 때문에 흑인들은 백인들에 비해 열등하며 따라서 노예로 사는 것이 당연하다고 주장했던 것이다. 우리는 설명할 수 있고 그래서 이해할 수 있다. 하지만 정당화할 수는 없는데, 그 이유는 노예제도가 옳다는 주장을 지지해 줄 좋은 윤리적 이유들을 전혀 찾을 수 없기 때문이다.

윤리학에서 좋은 이유들

좋은 윤리적 이유들이란, 사실에 입각한 적절한 고려 사항들과 불가능하지는 않지만 부정하기가 매우 어려운 규범적 주장들이다. 규범적 주장이란 규범 혹은 기준을 전제하는 주장으로서, 일종의 윤리 원칙같은 것이다. 우리는 앞에서 윤리 원칙을 세 가지 제시했다. 우리는 가설 연역적 방법을 통해서 이 세 가지 원칙을 윤리적 사건에 적용해 보는 것이다.

윤리적으로 나쁜 이유들

로널드 드워킨(Ronald Dworkin)은 나쁜 이유로 합리화, 편견, 감정적 반응에 불과한 것, 남의 말 흉내 내기를 본다. 정당화가 아니라 합리화와 편견은 개인의 일방적인 입장을 주장하는 것이다. 감정적 반응은 개인의 능동적 활동이 아니라 개인에게 단지 생기는 것이다. 윤리적 갈등은 단순한 감정만으로 해결되는 것이 아니라 어떤 의지적 행위와 사유가 필요하다. 남의 말 흉내 내기는 '남들이 그렇게 말하더라'는 형식으로 합리화시키는 방식이다. 사람들은 자신들을 합리화시키기 위해 수십 가지 방법을 찾는다.

합리화: 글쓴이나 화자가 어떤 결론을 지지하기 위해서 다른 근거들에 의거해서 그 결론과는 무관한 혹은 좋은 이유들을 찾아내는 과정이다.

설명: 사고나 사건이 왜 일어났는지를 보여주려고 하는 과정이지만, 그것이 반드시 옳다는 것을 입증하는 것은 아니다.

정당화: 어떤 행위가 옳다는 것을 확립하기 위해 사실적 증거, 강한 논증, 윤리적 원칙들을 결합하는 과정이다.

(5) 비형식적 오류들

우리가 일상적으로 저지르는 실수들을 비형식적 오류라고 한다. 비형식적 오류란 전제들과 결론 사이의 함축이 결여되어 있거나 약한 경우이다. 비형식적 오류는 결론이 참인지 거짓인지와는 무관하다. 단지 논증 내적인 결함에서 빚어지는 것이다. 비형식적 오류는 100개 이상이 된다. 여기서는 대표되는 몇 가지만을 언급할 것이다.

① 대중에의 호소: 대중을 향한 상투적인 호소다. 우리는 오염물질을 강에 투척하거나, 열악한 환경에서 종업원들에 일을 시키는 경우, 그것에 대해서 문제를 제기할 때가 있다. 그러면 대체적으로 다음과 같은 대답을 한다. 모두 그렇게 하는데 왜 우리만 문제가 되느냐고 반문한다. 이것이 대중에 호소하는 대표적인 오류이다.

② 허수아비의 오류: 이 오류는 주어진 논증을 허수아비로 바꾸어 놓음으로써 쉽게 무너뜨리려는 시도다. 예를 들어, 술이나 담배 광고를 금지해야 한다. 그것은 미성년자에게 해악을 끼치기 쉽다. 이에 대해서 다음과 같이 반응할 수 있다. 당신은 금연이나 금주를 강요할 수 없다. 이미 사람들은 옛날부터 음주와 흡연을 해 왔기 때문이다. 이것이 허수아비이다. 왜냐하면 사람들의 입장은 금주나 금연을 해야 한다는 것이 아니라, 미성년자들이 광고방송에 의해 시작하지 않도록 하자는 것이기 때문이다.

③ 선결문제 요구의 오류: 누군가 결론을 전제에서 미리 가정한다는 의미에서 '선결문제 요구'가 발생하는 비형식적 오류이다. 예컨대, '나는 결혼을 안했다면 시간을 더 잘 쓸 수 있기 때문에 결혼 생활은 시간 낭비다' 라고 말한다면, '결혼을 안했다면 시간을 더 잘 쓸 수 있다' 는 전제는 '결혼생활은 시간 낭비다' 라는 결론과 동일한 말을 하고 있기 때문에 실제로 문제에 대한 답이 아니다. 이것은 단지 같은 것을 다른 단어로 진술한 것뿐이다. 누군가가 낙태 문제를 제기하면서, "아기는 필요한 임시기간을 채워야 하며 첫 숨을 쉬기도 전에 살해되어서는 안 된다" 고 주장했다. 이때 낙태 문제는 태아가 '아기' 인지 아닌지에 관한 것이다. 우리는 '아기', '살해' 라는 단어에서 선결 문제 요구의 오류를 범하고

있다는 사실을 알아야 한다.

④ 감정에 호소하는 오류: 누군가가 한가은이는 매우 착하고 순진하기 때문에 결코 살인자일 가능성이 없다고 주장하면, 그것은 동정심이라는 감정에 호소하는 오류를 범하는 것이다.

⑤ 훈제청어(red herring)의 오류: 실제 논점으로부터 우리의 관심을 다른 곳으로 돌리려는 시도다. 예컨대, 제주도 해군기지 건설을 반대하는 것은 '강력한 국방' 에 반대하는 것과 마찬가지라는 이유를 들어 그 건설 사업을 계속할 것을 주장하는 것과 마찬가지이다. 제주도 해군 기지 건설 사업을 반대하는 것이 강력한 군방을 반대하는 것과 반드시 일치할 수는 없다. 이런 논증에는 전제와 결론 사이에 틈이 발생할 수 있다.

⑥ 이분법의 오류: 하나가 참이거나 다른 하나가 참이라는 진술에서 그 둘이 동시에 참일 수 없다는 가정에서 발생한다. 우리는 어떤 모순도 존재하지 않는 경우를 일상적으로 경험한다. 예컨대, 누군가 친구에게 점심 먹으러 가자. 아직 결정은 안했지만, 라면이나 김밥을 먹을 것 같아. 이것은 포괄적 선언문으로 동시에 참일 수 있다. 우리는 둘 다 먹을 수도 있고, 식당에 들어가면서 어느 하나만을 먹을 수도 있다. 대부분의 선언문은 양자택일의 형태를 가질 수 있으며, 포괄적이다. 북한을 옹호한다면, 한국에 있지 말고 북한으로 떠나라. 혹은 국가보안법 폐지를 주장한다면, 빨갱이이다. 이것은 전형적인 이분법의 오류이다. 조국을 사랑하고, 비판하며, 조국에 대한 사랑으로 살아갈 수 있다. 맹목적으로 사랑하거나 다른 곳으로 이주할 필요가 없다. 더구나 조국을 사랑하면서 떠날 수 있다. 여기에는 어떤 모순도 없다. 우리는 선언문을 '배타적 양자택일' 로 환원해서는 안 된다. 예를 들어 보자.

"당신이 만일 낙태에 찬성한다면 당신은 유아 살해를 찬성하는 것이다. 즉, 당신은 '선택권 찬성(낙태 합법화 찬성)' 입장이거나 아니면 '생명권 찬성(낙태 합법화 반대)' 입장이다. 이 문제에 대한 중립적인 입장은 없다. 나는 당신에게 낙태를 지지한다는 말을 여러 번 들었다. 그러므로 당신은 유아살해를 옹호한다. 무고한 아이를 죽이는 일에 찬성하고 있다는 말이다."

이분화의 전형적인 오류이다. 생명권 찬성이라는 말을 여기에 적용하는 것은 어떤 한계가 있다. 낙태에는 반대하지만, 사형은 찬성할 수 있다. 그와 반대로 낙태는 찬성하지만, 사형은 반대할 수 있다. 이와 같은 경우 생명권 찬성이라는 용어는 부적절하다. 여기에는 선결문제 요구의 오류도 있다. 낙태 찬성입장에서는 태아가 유아라는 사실을 부정하고, 유아 살해라는 용어를 거부할 수 있다. 그리고 이 예에서는 선언문을 오직 배타적 방식에 한정하고 있는 문제점이 있다.

⑦ 대인공격: 제시된 논증으로부터 제시한 사람의 신상을 찾아서 반박하는 오류이다. 이것은 정황 혹은 피자파장의 오류 및 우물에 독풀기와 같은 오류와 그 맥을 같이한다. 예를 들어, 검사가 그 남자는 전과자이며, 마약 중독자이기 때문에 그 증언을 신뢰할 수 없다고 할 수 있다. 그의 내부고발은 잘못된 행위이다. 그는 그 기업에서 엄청난 월급과 혜택을 받았기 때문에, 그의 고발은 잘못된 것이다.

⑧ 거짓 원인의 오류(post hoc, ergo propter hoc): 선후 관계와 인과관계를 혼동하는 오류이다. 이 오류는 어느 사건이 다른 사건에 뒤따라 일어나면 먼저 일어난 사건이 나중에 일어난 사건의 원인임에 틀림없다고 역설할 때 생겨난다. 담배 제조 회사가 소송 사건에서 수년간 승소할 수 있었던 이유가 이 오류를 이용했기 때문이다. 어떤 사건이 일어나면 또 다른 사건이 일어난다는 것을 인과적으로 증명해야 한다. 그런데 흡연자이면서 폐암에 걸리지 않는 사람들이 존재하며, 폐암에 걸렸으면서도 흡연을 하지 않는 사람들이 존재하기 때문에, 흡연이 암을 유발하는지를 입증하기는 매우 어려운 일이다. 흡연이 암을 유발한다고 주장하는 것은 거짓 원인의 오류를 범하는 것이다. 담배 회사는 이 오류를 이용해서 계속해서 승소할 수 있었다. 하지만 내부 문건을 통해서 흡연이 암을 유발한다는 사실이 드러났다. (커틀러, 맹주만 · 김진형 옮김, 2009 참조)

쟁 점 토 론

과학과 기술은 인간의 자유를 증진시키는가? 여러분은 자유가 무엇이라고 보는가? 자유는 대단히 사회, 정치, 윤리 등을 함축한다. 과연 과학과 기술이 인간 자유에 어떤 기여를 할 것인지를 생각해 보기로 하자.

명제 1 기술은 자연적 결핍으로부터 인간을 해방시켜 왔다.

yes 입장

기술의 발달만큼 인류 문명의 진보에 크게 기여한 것은 없을 것이다. 간단한 도구의 발명에서 시작된 인간 사회의 기술은 농업혁명을 이루고 산업혁명을 거쳐 오늘날의 눈부신 기술문명을 이뤘다. 이는 배고픔이나 추위, 질병 등으로 대표되는 자연적 결핍으로부터 인간을 해방시켜 온 과정이었다. 전기의 발명은 어둠의 장막을 걷고 세상에 빛을 안겨주었고, 석유, 천연가스 등을 이용한 에너지 기술은 추위의 공포로부터 벗어나게 해주었다. 농업기술과 유전자 종자 기술의 발달은 식량생산을 획기적으로 증가시켜 기아문제를 해결하고 있다. 기술을 통해 자연적 결핍의 속박에서 벗어나지 못했다면 인간은 아직도 동물적 상태에 머물렀을 것이다. 인간은 자연의 속박에서 벗어나면서 여러 문화를 창조하고 향유할 수 있는 자유를 얻었다. 그 결과 오늘날의 풍요로운 삶의 조건을 얻을 수 있었다. 즉 기술의 발달은 그 자체로 인간의 자유를 증진시켜온 과정인 것이다.

No 입장

기술이 자연의 억압으로부터 인간을 해방시킨 것은 사실이다. 기술의 발달을 통해 인간은 자연을 지배했고 도구화했다. 하지만 이 과정이 인간의 자유를 증진시켜 왔는지는 의문이다. 자연을 도구화하면서 인간과 자연의 밀접한 관계는 끊어져 왔으며 물질문명에 둘러싸여 있는 인간의 모습이 그 본성에 비추어 보다 자유로운 상태라 속단할 수 없다. 오히려 기술의 발달은 인간을 자연적 결핍에서 벗어나게 하는데 그치지 않고 물질만능주의의 욕망을 부추겨 왔다. 기술문명은 사람들의 자유의지를 빼앗고 단순하고 수동적인 욕망의 소비자로 만들 뿐이다. 현대인들은 컴퓨터와 자동차가 없는 세상을 상상하지 못한다. 꼭 필요하지 않아도 더 얇은 핸드폰이나 터치스크린 핸드폰을 구입한다. 기술은 이제 어떤 목적을 위한 수단을 넘어선 느낌이다. 기술이 발전할수록 기술은 그 자체로 목적이 되어가고 인간은 자연에서 벗어났을지 몰라도 기술의 노예가 되고 있다.

명제 2 기술은 인간의 능력과 가능성을 끊임없이 증대시켜 왔다.

Yes 입장

인간은 나약한 존재이다. 인간 고유의 육체적 능력만으로 할 수 있는 일은 지극히 제한적이다. 그러한 인간에게 보다 많은 영역의 일과 활동을 가능케 한 것은 다름 아닌 기술이다. 예를 들어 기술의 발달은 교통수단이나 통신 분야에서 획기적인 변화를 가져왔다. 이젠 철도와 자동차, 비행기의 보급으로 먼 거리, 세계 곳곳을 비교적 짧은 시간에 이동할 수 있다. 핸드폰이나 인터넷 등 통신기술의 발달은 멀리 떨어진 사람들과도 활발한 의사소통을 가능케 했다. 이는 이동의 자유와 의사소통의 자유가 증대된 것으로 해석할 수 있다. 무언가를 알거나, 이용할 수 있는 방법을 아는 것은 그만큼 할 수 있는 자유가 넓어진 것을 의미한다. 아는 것이 힘이며, 아는 만큼 자유로워지는 것이다. 기술의 발달로 인간이 자유롭게 경험할 수 있는 물리적 공간은 더욱 넓어졌으며 사이버 공간까지 넘나들 수 있게 되었다. 또한 의학과 생명공학 기술의 발전은 인간의 수명연장에 기여하고 있다. 이는 더 많은 가능성과 기회를 의미한다. 물론 기술이 낳은 산물에 과도하게 집착하는 문제가 없지 않다. 하지만 이는 일부의 부작용일 뿐이다.

NO 입장

집에 핸드폰을 두고 나와서 불안해한 적이 없는가? 이 세상의 교통수단이 하루아침에 사라진다면 어떤 일이 발생할 것인가? 기술의 발달이 편리함을 더해준 것은 사실이지만 그 편리함에 익숙해질수록 인간은 문명의 이기에 종속될 뿐이다. 기술이 가져온 편리함의 이면에는 인간의 자유로운 정신을 속박하여 잠재 능력을 제약하는 그늘이 있는 것이다. 단적인 예로 교통의 발달은 이동시간을 단축시켰지만, 그것이 곧 사람들의 여유를 넓혀주지 못했다. 이동 속도가 빨라진 만큼 삶은 더 각박해지고 속도지상주의가 자리 잡아 마음의 여유를 빼앗기는 형국이다. 핸드폰의 등장으로 의사소통이 편리해진 것은 사실이지만 사람들은 인간관계 속에서 약속이나 의무에 더 얽매이게 됐다. 오히려 연락받을 수 없다는 제약이 개인만의 자유로운 공간을 보장해주는 것이다. 기술은 나날이 발전하고 있다. 인터넷이라는 새로운 기술이 보다 많은 가능성을 부여하고 있지만, 사람들은 이 기술을 자유자재로 활용하지 못하면 도태될 것이라는 강박관념에 시달리게 됐다. 이처럼 기술의 발달은 인간의 실질적인 자유를 제약하는 경우가 많다.

명제 3 기술의 발달은 인간의 자유로운 여가시간을 획기적으로 늘리고 있다.

Yes 입장

각종 기술이 생산현장과 실생활에 응용되면서 생산과 가사노동 시간이 비약적으로 단축되고 있다. 이는 시간을 보다 압축적으로 활용할 수 있다는 의미이며 개개인에게 더 많은 자유가 부여됨을 의미한다. 실제 세탁기, 가스레인지, 냉장고, 진공청소기 등 가전기의 발명은 가사노동의 수고를 덜어주고 여가시간을 늘리는 데 기여하고 있다. 또한 기계의 도입은 단위 시간당 생산량을 증가시켜 노동시간의 단축을 가능하게 했다. 인터넷의 등장은 정보취득, 쇼핑, 의사소통의 시간을 단축시키고 있다. 이처럼 기술의 발달은 현대인의 여가시간을 확대하고 있다. 이러한 혜택에 힘입어 사람들은 과거에 비해 보다 다양한 문화 활동과 레저 스포츠를 즐기고 있다. 한편 기술의 발달은 생산력을 증진시킨다. 기계의 발명과 확산은 자동화, 기계화로 이어져 생산량을 획기적으로 개선하고 있으며 이는 경제적 풍요의 밑거름으로 작용하고 있다. 자동화 설비나 로봇의 발달에 힘입어 조만간 인간은 단순 노동의 속박에서 벗어날 수 있을 것으로 보인다.

No 입장

기술의 발달로 단위 시간 당 생산량은 늘었지만 실제 그로 인해 여가시간이 늘고 있지는 않다. 가사 노동의 예를 들어보자. 편리한 가전기기들이 보급되었지만 여성의 일이 획기적으로 줄지 않았다. 더 많은 문명의 이기들을 구입하기 위해 여성은 맞벌이에 나서야 했고 직장생활과 가사노동의 이중 부담만 가중될 뿐이다. 남은 시간은 양육과 교육에 할애해야 한다. 또한 컴퓨터의 보급으로 일처리 속도가 늘었지만 그만큼 처리해야 할 업무량도 늘었다. 오히려 경쟁이 격화되면서 여가시간을 컴퓨터 활용 능력과 어학실력을 쌓는데 투여해야 한다. 원시인보다 현대인의 여가시간이 더 짧다는 사실은 기술이 여가를 늘려주지 못함을 단적으로 보여준다. 기술이 욕망을 자극하고 사람들로 하여금 그 욕망을 채우기 위해서 더 많은 노동에 참여하도록 자극하는 형국이다. 한편 기술의 발달에 힘입은 기계화, 자동화의 도입은 대량 실업으로 이어질 양상이다. 일할 자유를 박탈당하고 실업자로 전전하는 것을 두고 자유의 증진이라 말하긴 힘들 것이다.

명제 4 인류를 위협하는 기술이란 실상 기술 자체의 문제가 아니다.

Yes 입장

기술의 발달에 따른 환경오염의 확산, 핵무기의 등장, 생명윤리의 우려 등은 인간의 삶을 옥죄고 두려움에 떨게 하는 요인들이다. 이런 점을 들어 기술이 인간의 자유를 억압하고 있다는 비판을 제기하는 사람들이 없지 않다. 하지만 인류를 위협하는 이들 문제의 근본 원인은 기술 자체에 있지 않다. 이를 이용하는 인간의 문제다. 실제 기술은 그 응용에 있어 양면성을 지니고 있다. 예를 들어 유전공학은 우생학을 통한 차별에 활용될 수도 있고 불치병을 치료하여 생명을 살릴 수도 있다. 핵에너지의 개발 역시 무기로 돌변할 수도 있고 유용한 에너지로 활용될 수도 있다. 기술은 그 자체로 가치중립적이다. 또한 생명윤리 등의 문제는 기술의 빠른 진보에 법제도가 미처 따라

가지 못해 발생하는 경우다. 하지만 그렇다고 기술이 보다 진전된 미래사회를 비관할 필요는 없다. 산업혁명이 도시의 성장을 가져오고 민주주의를 확산시킨 것처럼 기술의 진보는 사회의 민주화에 기여하는 측면이 있고, 결국 인간 사회는 합리적인 방안을 찾을 것이다.

No 입장

기술의 발전 과정에서 인류를 위협하는 기술은 날로 늘어나고 있다. 살상용 무기뿐만 아니라 원자력, 화학약품 등 기술의 위험성은 점차 커지고 있다. 환경오염이나 인간복제의 우려도 인류를 위협하고 있다. 기술은 인간사회에 두려운 존재가 되고 있으며 그 안에서 인간이 자유로울 리 만무하다. 이러한 문제들은 단순히 기술을 응용하는 인간의 문제로 치부될 수 없다. 현대사회의 기술은 이미 인간이 통제할 수 있는 그 무엇이 아니기 때문이다. 실제 과학자들조차 자신의 연구가 어떻게 이용될지 예측하지 못하고 무작정 기술목표에 따라 움직일 뿐이다. 많은 사람들이 인간복제에 부정적 입장을 표현하지만, 언젠가 인간복제 기술이 개발될 것이라 확신하는 이유는 무엇인가. 프랑스의 사회학자 자크 엘룰의 지적처럼 기술 발전은 기술 시스템에 따라 관성에 의해 지속되고 있기 때문이다. 이미 기술은 인간의 손을 벗어나 '자율적' 이 되었다. 인간 스스로 기술 발전을 거부할 자유가 없는 상황은, 기술이 인간의 자유 증진에 기여하지 못함을 보여준다.

(유레카 논술 2009, 142호 참조)

이 쟁점을 읽고, 여러분이 기존에 갖고 있던 관점과 비교해 보면서 기술이 인간의 자유에 어떤 기여를 할 수 있을지, 혹은 할 수 없는지를 500-1000 이내로 기술해 보시오.

읽기자료

과학기술문명의 악몽과 인간의 선택

모든 학문적 이론, 모든 인간적 지식은 정확성에 있어서 반드시 한계가 있다. 하지만 지난 몇 세기 동안의 과학사는 과학이 지적으로나 기술적으로 신보다 더 뛰어났음을 보여주었다. 코페르니쿠스의 지동설, 뉴턴의 만유인력, 아인슈타인의 상대성 이론, 맥스웰의 열역학 제2법칙, 보어의 양자역학, 가모의 빅뱅이론, 허블의 우주 팽창이론 등의 현대 거시물리학과 미시물리학, 천문학, 다윈의 진화론, 멘델의 유전학, 왓슨의 DNA, 나노기술, 최근의 생명공학 및 인지과학의 발달은 서로 경쟁관계에 있는 종교, 철학, 과학 중에서 과학이 우주의 모든 현상에 관해서 가장 믿을만하고, 정확한 지적 설명을 제공했음을 충분히 입증했다.

또한 우주의 정복, 최근 자동차 운전자들의 필수품이 되어 가고 있는 내비게이터, 어린아이들까지도 사용하고 있는 휴대전화의 기적적인 발달과 보급, 상상을 초월한 파괴력을 가진 원자 폭탄의 제조 기술 등은 인간의 힘이 신의 힘보다도 큰 것임을 입증한다. 우주와 인간을 포함한 삼라만상의 비밀은 신이 아닌 인간에 의해서 더 투명하고 유용하게 밝혀졌고, 세상은 신에 의해서 보다 과학자들에 의해서 더 큰 변화를 일으키고 있음을 입증했다. 과학기술로 인간은 자연의 공포와 빈곤으로부터 점차적으로 해방되고, 수명은 크게 연장되었으며, 노동에서 약간은 해방되어 삶을 즐길 수 있게 되었다. 오늘날 절대 대부분의 인간집단의 삶의 양식을 긍정적인 뜻으로서의 문명이라고 지칭할 수 있다면, 그것은 오로지 과학의 발달에 의해서만 가능했다.

인류의 생존을 위협하는 과학기술

이러한 밝고 긍정적인 과학적 측면의 다른 쪽에는 애초부터 조금은 무겁고 어두운 그림자가 따라 있었고 그것은 오늘날 마침내 쉽게 깨어날 수 없는 악몽으로 변해가고 있다. 과학적 지식과 기술에 의존한 문명은 모든 것이 인과적으로 연결된 기계적 유물론에 세계관을 바탕에 깔고 있다. 이런 세계관에서는 자연현상만이 아니라 인간의 의식과 이른바 '영혼' 은 하나의 환상에 지나지 않는 물질적 현상에 불과하다. 그런 세계에서 삶의 의미, 존재의 가치는 전혀 의미 없는 낱말이 되고, 과학적 세계관은 형이상학적 허무주의로 연결된다.

위와 같은 극히 형이상학적, 즉 관념적 악몽을 잠시 고려하지 않는다고 하더라도 더 직접적으로 피부에 닿는 구체적인 심리적 소외의 문제가 있다. 과학적 세계관이 지배하는 과학문명의 산업 및 정보사회에서는 모든 개인이 자연현상의 기계적 원리, 법칙, 그리고 리듬에 기계적으로 적응하거나 자동적으로 순응하여 종속하기를 강요한다. 과학기술문명이 지배하는 사회에서는 우리가 흔히 생각해 왔던 바와는 달리 인간은 자유롭지 않다. 전체주의 사회가 아닌 이른바 자유민주주의사회에서도 속사정은 별로 다르지 않다.

과학기술문명은 대량 생산방식의 산업화를 전제하며, 산업화는 경제적 성장, 물질적 풍요를 의미하지만, 한편으로는 자연파괴, 자원고갈, 환경오염, 생태계파괴와 다른 한편으로 빈부격차 증가에 따른 사회적 불평등에 의한 개인적 소외와 계층적 갈등, 그리고 그러한 현상에서 생기는 사회적 불안이 조성된다.

친환경적 과학기술 더욱 발전시켜야 문제 해결

그렇다면 문제의 해결은 문명의 토대인 과학적 지식과 기술을 부정하고 근대적 과학이 탄생하기 이전의 전통사회로 되돌아가서 가능한 한 문명 이전의 원시적 세계로의 회귀에 있는가. 결코 그렇지 않다. 그렇게 할 수도 없고 해서는 안 된다. 문제의 핵심은 과학적 문명 자체가 아니라 그것의 남용이자 오용에 있었고, 이러한 남용과 오용은 우리의 지혜의 부족에 있었고, 이러한 지혜의 미숙성의 근본적인 원인은 인문학적 사유의 결핍에서 찾아야 한다. 따라서 문제의 해결은 결국 과학기술문명의 부정이 아니라 그것의 잘못된 점을 수정, 보완해서 보다 성숙한 것으로 고양시키는 데 있다.

과학기술문명의 문제 해결은 과학적 지식과 기술을 동원해서만 가능하다는 것이다. 그것은 친환경적 과학기술을 더욱 발전시킴으로 여러 차원에서 친환경적 문명을 지금까지와는 달리 반생태, 환경적이 아니라 친생태, 환경적 문명으로의 전환의 필요성을 의미한다. 더 구체적으로 말하면 태양열을 이용한 에너지 활용, 쓰레기를 비롯한 모든 물자의 재활용, 물자와 에너지 절약형 제품의 생산, 가장 경제적이면서 고품질의 농산물 생산 등등의 다양한 영역에 있어서의 지식과 기술개발을 적극적으로 추진해야 한다.

-박이문 연세대학교 철학과 특별초빙교수-

이 글을 읽고 150자 이내로 요약하시오.

상상력 키우기

빈 집

사랑을 잃고 나는 쓰네

잘 있거라, 짧았던 밤들아

창밖을 떠돌던 겨울 안개들아

아무것도 모르던 촛불들아, 잘 있거라

공포를 기다리던 흰 종이들아

망설임을 대신하던 눈물들아

잘 있거라, 더 이상 내 것이 아닌 열망들아

장님처럼 나 이제 더듬거리며 문을 잠그네

가엾은 내 사랑 빈집에 갇혔네

— 기형도

03

엔지니어 윤리 강령과 고발

이 장의 목적

윤리가 과학의 발목을 잡는다. 대체적으로 과학기술자들은 윤리를 매우 귀찮게 생각하는 경향이 있다. 아이들이 성냥을 갖고서 놀 수 있다. 하지만 우리가 아이들에게 성냥을 사용해야 하는 지점과 방법을 정확하게 규정하지 않는다면, 큰 사고로 이어질 수 있다. 윤리강령이란 바로 이런 것이다. 윤리강령은 과학자들이 어디서, 어떻게 실험과 연구를 해야 하는지를 규정하는 것이다. 윤리강령을 지키는 행위는 결국 과학기술자와 사회 전체를 지켜나가는 방법이다. 우리는 구체적으로 가치들이 어떻게 실현되고 있으며, 또한 어떤 가치 구현을 기술자에게 요구하는지를 살펴볼 것이다. 그것은 지금까지 제시되어 온 전문직 윤리강령의 내용을 보는 것이다. 이를 통해 공학인의 보편적으로 추구해야 가치가 명확히 드러날 것이며, 향후 사회에서 기술자로 활동하거나 CEO로 활동하게 될 때, 무엇을 가장 중요하게 생각해야 하는가를 알게 될 것이다. 그리고 고발의 내용과 고발을 윤리적 논증을 통해 구성하는 방법을 배울 것이다.

윤리적 논증

헤롤드 골드스타인 박사는 신장 질환 전문가다. 그에게는 상태가 심각한 세 명의 환자가 있다. 그들은 모두 신장 기증자를 기다리며 투석을 하고 있다. 그들 중 한 명은 7세 소년이다. 다른 한명은 세 명의 자녀를 둔, 그러나 최근에 남편이 이혼 신청을 한 35세의 여성이다. 나머지 한 명은 전직 최고의 코너백이었고 현재는 지역 고등학교에서 풋볼 코치를 맡고 있는 42세의 남자다. 한 명에게 신장을 기증할 수 있는 사람은 찾았지만, 나머지 두 명에 대한 기증자는 제때에 나타날 가능성이 없어 보인다. 세 명의 환자 중 누구에게 기증받은 신장을 이식해야 하는가? 그 이유는 무엇인가?

윤리적 원칙과 관점을 고려해서, 여러분의 생각을 밝혀서 500자 이내로 논증해 보시오.

1. 윤리강령

1) 가치와 윤리강령

기술자의 행위에는 가치가 내재해 있다. 기술자가 도구를 제작하거나 만드는 것은 취미로 하는 행위가 아니다. 그것은 누군가의 요구나 업체의 의뢰에 의해서 만들어진다. 즉, 제작하는 과정에 이미 이유와 목적이 내재해 있는 것이다. 그러므로 기술자의 행위에서 우리는 가치를 찾을 수 있다. 그것을 만든 이유와 목적 여하에 따라서 그것은 좋은 쪽으로도 사용되며, 나쁜 쪽으로도 이용될 수 있다. 가장 극단적인 예로, 우리는 원자력을 들 수 있다. 이것이 폭탄으로 사용되는 경우와 발전소 등에 이용되는 경우에 따라서 아주 다른 상황이 놓이게 된다.

우리는 공학인들의 윤리강령을 통해서 기술자들에게 기술적 능력뿐만 아니라 가치있는 기술자가 되기를 원한다는 사실을 알 수 있다. 대표적인 미국 윤리 강령인 NSPE의 전문에서 "공학인은 정직, 공평무사, 공정, 형평에 맞아야 하며 공공의 건강, 안전, 복지"를 위해 최선을 다해야 할 것이라고 말한다. 여기서 '정직', '공평무사', '공정', '형평', '건강', '안전', 그리고 '복지' 등과 같은 것은 모두 흔히 사용하는 단어들이지만 정의를 내리기는 결코 쉬운 것들이 아니다. 우리가 쉽게 알고 있는 '정직'만 하더라도, 생명윤리에서 생명이 길지 않은 노인에게 직접 그 사실을 알리는 것이 환자의 권리라는 측면에서 맞지만, 일반적으로 의사는 보호자에 해당하는 자식들에게 그 사실을 알리고 당사자에 해당하는 환자에게는 알리지 않는다. 과연 의사는 부정직한 사람이라고 할 수 있는가? 우리는 이러한 상황이 공학인에게도 유사한 상황에 직면한다면, 과연 여기서 의미하는 정직을 사전적인 의미로만 받아들일 수 있는가라는 난점에 빠지게 된다.

하지만 여기서 더욱 중요한 일은 '정직'이라는 의미가 기술자가 되기 위해 배우는 전문적인 기술에서는 이와 같은 문제를 다루지 않는다는 것이다. 그러나 현장에서 기술자가 정직하지 않은 모습으로 자신의 기술을 사용하는 경우에 개인적으로 뿐만 아니라 조직 전체에 얼마나 심각한 타격을 준 경우는 우리가 다룰 몇가지 사례들을 통해서도 충분히 알 수 있다. 그러므로 기술자는 자신의 전문 능력을 정직이라는 '가치'에 근거해서 사용해야 한다는 것이다.

앞에서 지적한 여러 단어들이 가치라는 의미를 함축하고 있다면, 과연 가치란 무엇인가? 가치란, "의식적이거나 무의식적으로 방향을 설정할 때 기준이 되거나 이를 주도하는 표상"이라고 한다. 다시 말해 개인이나 집단이 자신의 행위를 선택할 때 어떤 나침반의 역할을 하는 것이 가치이다. 근대 과학이 대두되면서 사실을 다루는 과학은 학문의 영역에서 '가치'를 철저히 배제하였다. 대표적인 근대 철학자 데카르트는 사물의 속성을 연장이라고 보고, 그 안에는 어떤 가치도 내재하지 않는다고 보았다. 그것은 자연과 인간의 신체를 기계와 동일한 지평선에 놓고 재단할 수 있는 단초를 제공하였다. 이러한 사유가 자연과학과 그것을 토대로 한 응용학문들이 가치없는 사실만으로 학문의 체계를 정립하고자 하였다.

그러나 자연과 인간의 몸을 가치가 없는 존재로 보는 학문을 연구하고 적용하는 경우에 생겨나는 폐단은 이루말할 수 없다. 오늘날 우리가 공학인에게 공학윤리라는 과목이 생겨나고 가르치는 이유 역시 자연과 인간을 바라볼 때, 가치에 대한 인식이 없는 경우에 얼마나 많은 피해를 양산해 왔는지를 알 수 있다. 그러므로 사실에는 바로 가치가 내재하거나 상호 연관을 갖고 있어야만 제대로 파악하고 이해할 수 있는 것이다.

하지만 이러한 가치는 언제나 영속하고 불변하는 것은 아니다. 가치는 새로운 사실이 등장함에 따라서 지속적으로 증식한다. 생명윤리에서 대리모 논쟁이나, 정자와 난자 구입에 의한 아기의 탄생에 따른 부모의 기준 등은 매우 어려운 선택을 해야 하는 경우가 있다. 이 경우에 사실보다는 사회에서 부모를 보는 기준은 옛날과 같이 정자와 난자라는 것으로 볼 수 없다. 그러므로 사회는 과학의 발전에 의해 발생하는 여러 사실에 대한 논쟁에 새로운 가치를 부여할 필요가 발생한다.

그렇다면 이러한 가치는 누가 어떻게 판단하는가? 전문가 집단인가 아니면 사회의 다수인 비전문가 집단에 의해서 인가? 보통은 전문가 집단이 어떤 사실에 대한 가치여부를 판단한다. 예컨대, 우리 사회를 떠들썩하게 한 광우병 소 문제에 대한 논의는 사실 전문가가 아니면 그 사실을 판단하기는 쉽지 않다. 오직 가축을 연구하는 전문집단만이 광우병소와 연관된 사실을 객관적으로 판단할 것이며, 그 판단하에 우리는 광우병 소에 대한 가치있는 판단을 내릴 수 있다. 이와 마찬가지로 '안전' 에 대한 가치 역시 각 전문가의 집단의 판단에 따라서 정해질 수 있다.

그러나 광우병에 대한 전문가의 집단과 비전문가의 집단 간에는 차이가 내재될 수 있다. 즉 안전과 위험에 대한 상관도가 전문가와 비전문가 사이에서 다를 수 있다. 비자발적 위험으로 다가오는 광우병은 자발적으로 취하는 위험보다 훨씬 가중된 위험으로 느낄 수 있다. 이런 상황을 타개하기 위해서는 어떤 방법이 요구되는가? 필자는 이러한 이유로 윤리강령이 필요하다고 본다. 전문가와 비전문가 집단이 동시에 만족할 수 있는 윤리강령을 설정해서 서로 지키고 감시하는 것이 필요하다는 것이다.

2) 윤리 강령의 목적과 기능(의의)

존 라드(John Ladd)에 의하면 윤리강령의 목적은 크게 다섯 가지로 나누어 볼 수 있다. 즉, 집단 구성원에게 영감을 주는 것, 소속 전문가에게 업무에 대한 도덕적 경각심을 불러오는 것, 징계규정으로 삼는 것, 심각한 윤리적 딜레마에서 지침을 제공하는 것, 부당한 요구에 대해서 거부할 수단을 제공하는 것 등이다.

이것은 윤리 강령의 기능과 거의 동일한 언급이다. 1) 일반 사회와 전문직 집단과의 계약에 관한 명확한 의사 표시, 2) 전문직 집단의 멤버가 지향하는 목표로 해야 할 이상의 표명, 3) 윤리적 행동에 관한 실천적 가이드라인의 제시, 4) 미래의 구성원을 교육하기 위한 툴 5) 지금까지 여러 가지 문제 및 전문직 집단 본연의 자세를 논의할 기회를 제공하기 위한 장소라는 의미가 있다.

1)의 기능에서 '계약' 이라는 의미는 근대사회가 시작된 이후, 신이나 왕에 의해 강제적으로 시민들이 복속되는 것이 아니라, 국가뿐만 아니라 사회에서 모든 관계는 계약에 의해 구성된다는 의미이다. 이때 계약서에는 서로가 지켜야 내용들이 규범적으로 명시되는 것이다.

2)의 기능은 앞에서 말한 가치를 각 전문가 집단마다 가져야 할 방향성을 의미한다. 개인이 추구할 방향과 전문직이 추구하는 방향이 일치하는 쪽으로 가야함을 말한다.

3)의 기능은 윤리적 문제에 봉착된 전문가가 어떤 행동을 하는 것이 과연 적절한 것인가를 판단하는 지침서의 역할을 하기 위함이다. 물론 여기서 판단은 자율적인 판단을 의미한다. 그렇다면 여기서 윤리강령을 따르는 것이 과연 자율적인 행동인가라는 의문을 제기할 수 있다. 그런 의미라면 자율적이라는 말을 적용하기에는 부적절하다. 이 의미는 단순히 맹목적으로 규정집을 따르는 것이 아니라, 자신의 판단에서 정보를 모으고, 사유해서 판단을 내릴 때, 그 규정집이 하나의 정보로 제공된다는 의미이다. 즉 가장 우선적으로 채택해야 할 판단의 지침서라는 것이다.

4)의 기능은 학생들이 전문가가 되었을 때, 전문적 지식과 가치를 함께 가져야 한다는 것을 보여주는 것이다. 선행학습이라는 말이 부정적인 이미지로 퍼져있지만, 그것은 학습효과가 없는 것은 절대 아니다. 학생들은 자신들의 전문적 능력에 수반되는 가치에 대한 이해를 하고 있을 때, 실제 사회 현장에서 부딪히는 문제에 대해 판단을 내릴 때 보다 훌륭한 안내서의 역할을 할 수 있다.

5)의 기능은 앞에서 말한 전체 내용을 총체적으로 검토할 수 있는 장을 제공한다. 정체성이 혼란해지면, 그 사회는 매우 무질서하거나 나아갈 방향이 명확하지 않다는 것을 의미한다. 한 사회나 조직이 구성될 때, 하나의 이념이나 목적을 설정한다. 결혼은 대체적으로 사랑을 전제로 한다. 그러나 사랑을 보다 굳건히 하기 위해 결혼을 했지만, 빈번하게 충돌이 발생하는 경우에 결혼을 왜 했는가라는 정체성에 빠지게 된다. 그래서 이러한 이념과 목적을 자주 상기하고, 보다 나은 방향으로 나아가기 위해 검토한다면, 최초의 목적은 지속적으로 유지될 수 있을 것이다. 이 같은 일을 위해서 윤리강령의 기능이 필요한 것이다.

그러나 라드에 의하면 윤리 강령이 능사는 아니고 그에 따른 부작용도 있다고 한다. 우선 윤리 강령이 전문가에게 자신이 하는 행동은 모두 윤리적이라는 착각을 제공할 수 있다는 것이다. 그것은 최대의 윤리적 행동이 아니라, '최소한' 윤리적 행동이라는 것을 망각할 수 있다는 것이다. 이 점은 사실이다.

또한 전문가의 관심을 거시적 윤리 문제에서 미시적 윤리 문제로 돌리는 것이다. 미시적 문제들에 대한 윤리 지침이 필요한 것은 사실이다. 하지만 기술의 적용, 개발, 이것의 확대 사용, 독성 쓰레기의 처분 등 사회적 비용 뿐만 아니라 기술의 적용과 관련된 이익의 배분 결정을 하는데 있어서 전문가는 무슨 역할을 하는가? 민주주의, 사회적 형평, 자유, 정의의 관점에서 전문가의 역할은 무엇인가와 같은 거시적 문제에 대한 관심을 배제하는 것이다. 사실 이것은 공학윤리 강령에는 거의 있을 수 없는 내용이다. 하지만 이것은 윤리 강령에서 배제되어 있다고 하더라도 사회전체가 보다 긍정적인 방향으로 나아가기 위해 반드시 필요한 경우라고 볼 수 있으므로 결코 간과해서는 안된다. 이 점에 관해서는 구체적으로 윤리강령을 살펴볼 때, 그 예를 들어볼 것이다.

3) 윤리강령의 형식과 내용

윤리강령은 기본적으로 비윤리적 행동을 규제하는 절차가 아니고, 윤리적 행동을 장려, 권장, 지원하는 것으로 만들어져야 한다. 금지하는 행동을 아주 자세하게 규정하고 있는 법령과는 달리 윤리강령은 어떤 행동을 금지하는 소극적 규정이 포함되기도 하지만, 바람직한 모범적 전문활동을 옹호하는 적극적 규정이 되어야 한다. 윤리강령이 지배하는 영역을 전문적 업무와 관련한 행동에 관한 것으로 한정하거나 엔지니어의 윤리적 지침의 모든 것을 포함하는 것으로 여기지 않도록 유의해야 한다. 엔지니어들은 종교, 정치, 기타 일반적 가치 개념은 다양하다. 따라서 윤리강령은 일반적으로 받아들여질 수 있는 요구사항을 규정하며, 각 엔지니어의 도덕적 가치개념에 따라 해석될 수 있는 여지가 많게 규정되어야 한다. 즉 동일한 규정 안에 정치적, 사회적, 종교적 관점이 모두 포용될 수 있는 것이어야 한다.

그러나 윤리강령은 본질적인 내용으로서 실제로 적용될 수 있는 규정을 담고 있어야 한다. 실제로 적용이 가능한 것은 모든 사람이 알고 있는 윤리규범의 핵심에 있는 도덕심 때문이다.

극단적으로 윤리강령은 엔지니어링 어떤 분야에 따라 윤리적 결정이 필요한 모든 상황에 관해 각 사례에 따라 규정하는 것을 시도할 수 있으나, 현대 엔지니어링의 역동적 성격에 비추어 이와 같은 시도를 완성한다는 것은 실현 가능성이 없다. 각 분야에 관해 상세하게 엔지니어링 윤리강령을 만들 경우, 문제는 그것을 읽을 사람이 거의 없다는 것이다. 또 하나의 문제는 규정의 누락이 있는 경우, 윤리강령을 피해 나가는 탈출구를 만들 수 있다는 점이다. 예를 들면, 윤리강령이 공중에 미칠 수 있는 위해(hazards)에 관한 자세한 리스트를 규정했다고 하자. 그러면 그 리스트에서 빠진 위해에 관해 문제가 생기면, 이것에 관해서는 보호할 책임이 없다고 유출할 가능성이 있다. 좀더 일반적인 규정으로 하면, 이와 같은 문제를 피할 수 있을 것이다. 또 장황한 윤리강령의 결점은 중요하지 않은 항목의 더미 속에 중요 부분이 묻혀서 그 효력의 많은 부분을 잃게 된다는 것이다.

와이즐리는 자세한 규정과는 반대로 간결하고 포괄적인 윤리강령을 다음과 같이 제안하고 있다. "엔지니어는 그의 지식과 기술을 항상 대중의 이익을 위해 적용하고 정직, 성실 및 명예를 존중한다." 실제로 모든 윤리강령은 이 의미를 담고 있다. 그러면 이것을 윤리강령으로 채용하지 않는 이유는 무엇인가? 이와 같이 간결한 규정은 윤리강령의 서문 및 요약으로서의 역할은 할 수 있지만, 윤리적 판단이 필요한 상황의 중요성 구분, 고려 요소 사이의 가치 충돌이 있을 때 우선 순위에 관한 지침 등을 구체화하지 못하고 있다. 따라서 좋은 윤리강령이 되기 위해서는 상세함과 포괄성 사이의 균형이 이루어져야 한다.

4) 윤리 강령의 준수

윤리 강령은 특수한 상황에서 무엇을 할 것인가를 말해 줄 수는 없다. 다만 윤리강령은 이러한 상황에서 의사결정시 고려해야 할 요소 및 의사결정 절차에 관한 안내서의 기능을 한다. 윤리적 딜레마는 어떤 행동이 여러 사람들에게 각기 다른 영향을 미치고, 그 결과는 알 수 없다는 데 있다. 무엇이 바른 행동인가를 결정하는 것은 매우 어렵고, 그 결정이 합리적인 사람일지라도 바른 행동으로 보이지 않을 수 있다. 그렇다 하더라도 우리가 할 수 있는 한 최선을 다할 의무에서 해방되는 것은 아니다.

어떤 경우에는 무슨 결정이 옳은 것인가를 알기 쉽다. 그러나 옳은 일을 하는 것이 개인적으로는 고통이 될 수 있지만, 대부분의 사람은 부적절한 행위를 하는 경우 마음이 편치 않으므로 자신의 가치관을 바꾸어서라도 옳은 일을 해서 개인적 고통을 피하려는 강한 잠재의식이 있다. 특수한 경우에 옳은 행동을 선택함으로써 자신이 받는 고통을 피하고 싶다는 것을 인정하는 것이 더 정직할 때가 있다. 그러나 윤리적 행동을 받아들임으로서 얻는 중요한 이점은 장기적으로 봐서 다음에서 논의되는 어떤 심리과정을 통해 이와 같은 윤리적 행동의 고통을 감소시키는 행동을 촉진시킬 수 있다는 것이다.

명확한 윤리적 행동이 지향하는 목적은 그 성공이 매우 확실치 않은 경우가 있다. 예를 들면 건설회사에 근무하는 엔지니어가 어떤 댐의 건설 일을 하도록 지시받았으나, 자신이 생각하기에는 그 댐이 투자한 비용만큼 유용한 기능을 하지 못하고 환경 파괴만 초래할 것 같은 경우, 그 일을 거부한다고 해서 그 프로젝트를 중단시키지도 못하고 자신의 직업을 손상시키는 결과만을 초래할 것이 거의 확실한 경우가 있다.

이와 같은 고통스러운 상황에서는 자신의 힘은 하찮은 것이라는 소위 '무익한 주장' 이라는 심리과정에 의존하는 것은 자연스럽다. "내가 하지 않으면 다른 사람이 그 일을 할 것이다." 라고 생각하거나 "다른 사람도 다 그렇게 한다." 든가 "힘있는 관청과 싸울 수 없지 않은가." 라고 생각하는 것이다. 이러한 생각의 밑바탕에서는 개인의 행동에 의지할 수 없고, 불가능한 것에 저항할 이유가 있는가 하는 심리가 있다.

개인은 그 결과와는 관계없이 도덕원칙을 지지해야 한다는 생각에서 이 '무익한 주장' 이라는 생각을 반박하는 사람이 있다. 따라서 앞의 예에서 엔지니어가 충분히 생각한 후에 댐은 건설되어서는 안 된다는 결론에 도달하면, 자기가 반대하더라도 댐이 건설될 것이라고 보지만, 자신의 업무를 거부해야 한다는 것이다. 이렇게 하면 최소한 그 엔지니어는 잘못을 저지르지 않는 것이 된다.

'무익한 주장' 에 관한 또 다른 반대 주장은 윤리적 원칙에 충실한 행동은 타의 모범이 되는 장기적인 효과가 있다는 것이다. 동기가 좋은 비윤리적 행동의 거절은 다른 사람들에게 자신의 위치를 돌아보게 하고 마음을 고쳐먹게 만든다. 그 반대자는 개인적으로 거의 확실하게 동의하게 되고 그의 모범적인 행동에 동감을 가진 사람들이 공개적으로 반대표시를 하도록 만들 것이다. 다시 말하면, 개인의 행동이 연쇄반응을 일으켜 불가능하게 보였던 일을 결국에는 가능하게 만들 수 있다는 것이다. 당장에는 성공하지 못했다 하더라도 이 윤리적 원칙에 충실한 행동은 장래에 일어날 동일한 형태의 일에 큰 영향을 미칠 것이다. 처음에 고립되고 때로는 비난받는 몇 사람의 새로운 아이디어가 결국 합의에 이르는 역사적 일화는 수 없이 많다. 이와 같은 개혁자의 노력은 초기에는 하찮은 것으로 보였을 것이다. 따라서 완고한 현실 상태의 탓으로 돌려진 '무익한 주장' 은 인간의 중요한 발전 요소인 윤리적 행동을 무시한, 그 약함의 변명이라고 하는 것이 더 적합할 수 있다.

엔지니어는 인간의 물질적 발달과정에서 오랫동안 주된 역할을 해왔다. 이제 그들은 자신들의 직무가 좋지 않게 쓰이는 것을 반대하는 데 더욱 용감해야 하고, 더욱 이익이 되는 목표를 지향하도록 해야 한다. (엔지니어 윤리학, 데보라 G. 존슨, 이태식 외 옮김 참조)

5) 윤리 강령의 사례

어떤 직업이 사회에서 인정받기 위해서는 지식과 기술로는 부족하다. 다시 말해서 개인이나 집단의 종사자들의 이익에만 기여해서는 안되며, 공동의 이익에 도움이 되어야 한다. 그 예로 기원전 4세기에 히포크라테스의 선서[1)]는 모든 의학도들이 반드시 암송을 해야하는 윤리강령을 작성했다.

Sun Microosystems의 공동 창설자인 빌 죠이(Bill Joy)는 2000년 4월에 발표한 [미래는 우리를 필요로 하고 있을까](Why the future doesn' t need us)라는 논문에서 21세기 과학기술의 위험성에 대해서 경고를 울리고 있다. 그는 앞으로 유전자 공학, 나노테크놀로지, 로봇 분야에서 엄청난 비약적인 발전이 있겠지만, 잠재적인 위험성도 내재되어 있다는 사실을 말하고 있다. 그는 핵무기와 같은 인류를 공포의 도가니로 몰아넣는 일이 더 이상 생겨나지 않도록 하기 위해서는 21세기 과학 기술에 관한 윤리 규범이 필요하다는 점을 역설하고 있다.

빌 죠이가 제창하는 과학기술에 관한 윤리규범

① 의료의 [히포크라스테스의 맹세]를 모방하여 과학자, 기술자가 대량 파괴 병기로 연결되는 연구개발에의 종사하지 않을 것을 맹세한다.

② 신기술의 위험이나 윤리문제를 검토하는 국제적인 장소를 만든다.

---

1) 이제 의업에 종사할 허락을 받으매
나의 생애를 인류봉사에 바칠 것을 엄숙히 선언하노라.
나의 은사에게 존경과 감사를 드리겠습니다.
나의 양심과 위험으로써 의술을 베풀겠습니다.
나는 환자의 건강과 생명을 첫째로 생각하겠습니다.
나는 환자가 알려준 모든 내정의 비밀을 지키겠습니다.
나는 의업의 고귀한 전통과 명예를 유지하겠습니다.
나는 동업자를 형제처럼 여기겠습니다.
나는 인종, 종교, 국적, 정당 또는 사회적 지위 여하를 초월하여 오직 환자에 대한 나의 의무를 지키겠습니다.
나는 인간의 생명을 그 수태된 때로부터 지상의 것으로 소중히 여기겠습니다.
비록 위협을 당할지라도 나의 지식을 인도에 어긋나지 쓰지 않겠습니다.
이상의 서양을 자유의사로 나의 명예를 받들어 지키겠습니다.
(http://med. chungbuk.ac.kr/~sohnyun/kma/khtml/kma2.html)

③ 제조자 책임의 개념을 넓혀 민간 기업도 기술의 결과에 책임을 진다.
④ 위험이라고 판단된 기술이나 지식을 국제적으로 관리한다.
⑤ 위험한 지식의 탐구나 기술 개발을 하지 않는다.

이러한 윤리규범은 매우 거시적이고, 모든 과학자와 기술자가 동참해야 하는 규정이다. 이러한 규정을 발표하는 이유는, 그 만큼 그들이 다루는 내용이 전 인류의 삶과 복지에 지대한 영향을 미친다는 것이다. 하지만 이 내용은 너무 거시적이어서 각 기술자 단체들이 전문 분야에 따라서 수행해야 할 내용을 다루지는 못한다. 이 점을 염두에 두고 오래전부터 각 기술자 단체들은 윤리강령을 제정하였다.

엔지니어단체의 윤리 강령은 1910년대부터 제정되기 시작했으며 몇 차례의 개정을 거쳐 오늘에 이르고 있다. 세계 최대의 기술계 협회인 전기전자기술자협회(IEEE)의 윤리강령 작업에 참여했던 스테픈 웅거(Stephen H. Unger)에 따르면, 엔지니어가 도덕적으로 인지할 대상을 크게 네 가지로 본다. 1) 일반사회(미래 세대, 환경), 2) 고용주 및 의뢰인, 3) 같이 일하는 상사, 부하, 동료, 4) 엔지니어의 전문직 집단이다. 또한 윤리 강령이 포함해야 할 기본 개념을 1) 진실, 성실, 신뢰의 중시, 2) 후세대를 포함한 인류의 생명과 복리의 존중, 3) 공정한 경쟁, 4) 정보의 공개, 5) 업무를 수행하는 전문 능력의 보증, 유지, 향상으로 본다.

국내외적으로 소개할 몇 가지 사례를 제시하면 다음과 같다. 한국과학기술단체총연합회, 한국엔지니어링진흥협회, 미국전문공학자협회(NSPE), 오스트레일리아엔지니어협회(IEAust), 미국전기전자공학협회(IEEE), 미국컴퓨터장비협회(ACM) 등의 윤리강령이다. NSPE와 IEAust는 엔지니어 전체를 대표하며, IEEE와 ACM은 특정 분야의 엔지니어를 위해 윤리 강령이 만들어졌다는 차이점이 있다. 윤리강령의 형태 면에서는 NSPE와 ACM은 상세한 조항을 담고 있는 반면에 IEEE와 IEAust는 간결한 조항을 담고 있다. 국내의 윤리강령은 외국의 간결한 조항의 윤리 강령과 비교해도 너무 초라한 느낌이 든다. 다시 말해서 공학인들이 윤리적 문제에 봉착했을 때 해결을 위해 참고할 만한 내용이 없다. 이것은 공학인들이 여전히 시민을 위한 사회적 책임에 대한 의식이 부족하다는 것이다. 이에 반해 외국의 윤리 강령은 사회적 책임에 대한 인식을 명확히 하고 있다. 이와 같은 점을 명확히 인식해서 국내의 공학인들도 보다 체계적인 윤리강령을 구성할 필요가 있다.

한국과학기술단체총연합회의 "과학기술인의 신조"(1990)

우리 과학기술인은 과학기술의 창달과 진흥을 통하여 국가발전과 인류복지가 이룩될 수 있음을 확신하고 다음과 같이 다짐한다.

① 우리는 창조의 정신으로 진리를 탐구하고 기술을 혁신함으로서 국가발전에 적극 기여한다.
② 우리는 봉사하는 자세로 과학기술 진흥의 풍토를 조성함으로써 온 국민의 과학적 정신을 진작한다.
③ 우리는 높은 이상을 지향하여 자아를 확립하고 상호 협력함으로서 우리의 사회적 지위와 권익을 신장한다.
④ 우리는 인간의 존엄성이 숭상되고 그 가치가 보장되는 복지사회의 구현에 헌신한다.
⑤ 우리는 과학기술을 선용함으로써 인류의 번영과 세계의 평화에 공헌한다.

한국엔지니어링진흥협회의 윤리요강(1990)

국가발전에 미치는 기술산업의 역할과 중요성에 비추어 기술용역업을 영위하는 자의 행동지침이 될 윤리요강을 제정하고 이를 지킴으로써 조국에 이바지할 것을 명심하고 상호발전을 위한 우리의 이념으로 삼는다.

(1) 기술의 개발과 축적

우리는 고도 기술산업의 지속적 성장을 위하여 신기술의 개발 연구 및 기술축적에 전력을 경주한다.

(2) 품위유지

우리는 기술산업을 영위하는 자로서, 신의 성실로 사회에 봉사한다. 우리는 법률과 공공복리에 어긋나는 어떠한 행위도 하지 아니하며, 동업자간의 신의를 지키고 상호존중한다.

(3) 기술용역의 독립성

우리는 독립된 업무수행에 영향을 미치는 기술상의 상거래나 상업적 활동과 관계를 맺지 아니한다. 우리는 모든 기술용역업무를 수행함에 있어 엄정중립을 지키고 제 3자의 영향을 받지 않고 영향을 끼치지 아니하며 업무에 관계된 기밀을 누설하지 않는다.

(4) 적정보수

우리는 기술의 향상과 사업의 책임을 보장하기 위하여 적정한 기술보수료를 받을 것이며, 수의 계약을 원칙으로 수주한다.

오스트레일리아엔지니어협회의 윤리강령(1993)

① 사회의 복지, 보건, 안전을 위한 회원들의 책임은 다른 회원들에 대한 책임이나 다른 개인적, 분파적 이해관계에 대한 책임보다 항상 우선된다.

② 회원은 본 협회의 구성원으로서 그리고 엔지니어로서의 명예, 고결함, 위엄을 유지하고 향상시키기 위해 행동해야 한다.

③ 회원은 자신의 능력을 발휘할 수 있는 분양에 대한 업무만 해야 한다.

④ 회원은 업적에 따라 평판을 얻어나가야 하며 불공정한 경쟁을 해서는 안 된다.

⑤ 회원은 자신의 숙련과 지식을 고용주나 고객의 성실한 대리인이나 고문으로서 그들의 이익을 위해 사용해야 한다.

⑥ 회원은 객관적이고 진실한 태도로 적절한 지식을 기반으로 해서 의견을 표명하거나 증거를 제출하고 결론을 내려야 한다.

⑦ 회원은 자신의 지식, 숙련, 전문성의 지속적인 발전을 도모해야 하며 자기보다 뒤쳐진 동료들을 격려하고 적극적으로 도와주어야 한다.
⑧ 회원은 다른 회원들이 조항을 위반하는 데 협력하거나 조장하거나 연류되어서는 안 된다.

전기전자공학협회의 윤리강령(1990)

IEEE 회원인 우리는 우리의 기술이 전세계의 삶의 질에 영향을 미치고 있다는 중요성을 인지하고 있고, 우리의 직업과 회원, 그리고 우리가 봉사하는 공동체에 대한 개인적인 의무를 인정하고 있으며, 다음과 같이 가장 높은 수준의 윤리적이면서 전문적인 행위를 할 것을 인정한다.

① 대중들의 안전, 보건, 복지에 부합하는 공학적 결정을 하는 책임을 수락하며 대중 또는 환경에 해로운 요인들을 즉시 공개한다.
② 어떤 경우에도 개인적인 이익을 앞세워 공적인 지위를 이용하지 않겠으며 이러한 가능성이 있으면 영향을 받을 수 있는 당사자에게 이런 사실을 공개한다.
③ 가용한 자료에 근거한 추정치나 주장을 발표할 때는 정직하면서 동시에 현실적이어야 한다.
④ 모든 형태의 뇌물을 거부한다.
⑤ 기술, 기술의 적절한 활용, 기술의 잠재적인 결과에 대한 이해를 증진한다.
⑥ 우리들의 기술력을 유지, 발전시키고 숙련이나 경험에 의해 입증되거나 관련된 제한 요소들이 완전히 알려진 경우에만 다른 사람들을 위한 기술업무에 착수한다.
⑦ 기술적 활동에 대한 정직한 비판을 추구하고 인정하고 제안하며, 이와 관련된 오류를 인정하고 교정하며, 다른 사람들의 기여에 대해 공정하게 평가한다.
⑧ 인종, 종교, 성별, 장애, 연령, 국적에 관계없이 모든 사람들을 공평하게 대우한다.

⑨ 사실이 아니거나 악의적인 행위로 다른 사람들의 신체, 재산, 평판, 일자리를 손상시키지 않는다.

⑩ 전문직업인으로서의 성장을 위해 동료와 협력자들을 돕고 그들이 이 윤리강령을 준수할 수 있도록 지원한다.

공학인증원 윤리 강령

엔지니어들은 자신들이 종사하는 직업의 청렴과 명예와 존엄성을 다음과 같은 행위를 함으로써 제고하고 발전시킨다.

① 우리의 지식과 기술은 인류의 복지를 고양하는데 사용한다.

② 공정하고 편견을 가지지 않으며, 공익과 우리의 고용주와 고객을 위해 성실히 봉사한다.

③ 전문 기술자의 자격과 명성을 증대시키는 데 노력을 다한다.

④ 우리 교육의 전문적이고 기술적인 단체들을 후원하는 데 노력을 다한다.

전문 공학자 협회(NSPE)의 엔지니어 윤리강령(1987)

(1) 전문(前文)

공학(engineering)은 중요한 학식을 요하는 직업이다. 전문직업인은 그들의 직무가 모든 사람의 삶의 질에 직접적인 중대한 영향을 미친다는 것을 인식한다. 따라서 엔지니어들에 의해 제공되는 서비스는 정직, 공평무사, 공정과 공평을 요구하며, 공공의 건강, 안전 그리고 복지를 지키는데 헌신해야 한다. 엔지니어는 자신의 직무를 수행함에 있어, 공중, 의뢰인, 고용주 그리고 직업을 위하여, 최고의 윤리행동 기준을 따르도록 요구하는 직업행동 기준에 따라야 한다.

(1) 기본강령

엔지니어는 자신의 직무상 의무를 수행함에 있어,

① 공공의 안전, 건강, 복지를 최우선으로 고려한다.

② 자신이 자격을 가진 분야에서만 서비스를 수행한다.
③ 객관적이고 진실한 방식으로만 공적으로 진술한다.
④ 전문적인 일에 있어서 자신의 고용주 혹은 의뢰인의 성실한 대리인 혹은 수탁자로서 행동한다.
⑤ 전문직무에 고용되기 위해 기만적인 행동을 하지 않는다.

(2) 업무규칙

① 엔지니어는 자신의 직무상 의무를 이행함에 있어서 공중의 안전, 건강 그리고 복지를 최우선으로 고려할 것이다.

a) 엔지니어는 언제나 자신의 일차적 업무가 공중의 안전, 건강, 재산 및 복지를 보호하는 것이라는 것을 인식한다. 공중의 안전, 건강, 재산, 복지가 위험하게 되는 상황에서 전문가로서 자신의 판단이 기각될 때는 자신의 고용주, 의뢰인 그리고 해당관청에 알릴 것이다.

b) 엔지니어는 허용된 기준에 맞게 공중의 건강, 재산 및 복지에 안전한 공학 서류만을 승인할 것이다.

c) 법과 이 강령이 인정하고 요구할 경우를 제외하고는 의뢰인 혹은 고용주의 사전 동의없이, 직무수행과 관련하여 얻은 사실, 자료, 정보를 공개하지 않을 것이다.

d) 엔지니어는 타인이 자신의 이름 혹은 회사의 이름을 사용하도록 허용해서는 안 되며, 남을 속이거나 부정직한 기업이나 전문직무에 관여하는 것으로 믿을 만한 이유가 있는 개인이나 회사와 업무 제휴를 하지 않을 것이다.

e) 엔지니어는 이 강령을 어긴 것을 알게 되었을 때는 필요한 정보와 지원를 제공함에 있어 해당관청과 협력할 것이다.

② 엔지니어는 자신이 자격을 가진 분야에서만 서비스를 제공한다.

a) 엔지니어는 특수한 기술 분야에 관련된 교육과 경험에 의해 자격이 주어질 때만 직무를 맡을 것이다.

b) 엔지니어는 자신의 능력이 미치지 못하는 내용을 다루거나, 자신의 감독이나 통제 하에서 준비되지 않은 어떠한 계획이나 문서에도 서명하지 않을 것이다.

c) 엔지니어는 각각의 기술적 부분마다 그 부분을 준비한 자격있는 엔지니어에 의해 서명되고 날인된 경우에만 직무를 맡고, 전(全) 프로젝트에 책임을 지며, 전 프로젝트를 위한 공학문서에 서명과 날인을 할 것이다.

③ 객관적이고 진실한 방식으로만 공적으로 진술한다.

a) 엔지니어는 직업상의 보고, 진술, 증언을 함에 있어 객관적이고 성실히 할 것이다. 엔지니어는 보고, 진술, 증언함에 있어 적절한 모든 정보를 포함시킬 것이다.

b) 엔지니어는 사실에 대한 충분한 지식과 사안에 대한 능력이 있을 때만 기술적 사안에 대해 전문적 의견을 공적으로 표현할 것이다.

c) 엔지니어는 이해당사자로부터 보수를 받은 기술적 업무에 관해, 자신들의 편에서 말한 것에 관해 이해당사자에게 명확히 확인시키고, 자신들이 그 사안에 대해 가질 수 있는 모든 이해관계를 숨김없이 드러내어 자신의 비평을 사전에 언급할 경우 외에는, 어떤 진술이나 비평 혹은 논쟁을 제시하지 않을 것이다.

④ 전문적인 일에 있어서 자신의 고용주 혹은 의뢰인의 성실한 대리인 혹은 수탁자로서 행동한다.

a) 엔지니어는 자신의 판단이나 자신의 서비스의 질에 영향을 미칠 수 있거나 그럴 가능성이 있는 기업제휴, 이해관계 혹은 다른 사정들에 관해 고용주나 의뢰인에 게 신속하게 알림으로써, 그들과 이미 이해가 상충된 것으로 알려진 것이나 알려질 가능성이 있는 모든 것을 숨김없이 알릴 것이다.

b) 엔지니어는 사정이 모든 이해당자사에게 공개되거나 동의를 얻지 않는 한, 해당 프로젝트의 업무 혹은 직접 관련있는 업무에 의뢰인이 아닌 다른 사람으로부터 금전적 혹은 다른 방식으로 보상을 받지 않을 것이다.

c) 엔지니어는 그들이 책임을 지고 있는 고용주나 의뢰인을 위한 업무와 관련된 계약자나 그들의 대리인 혹은 다른 관계자에게 금전적 혹은 다른 가치있는 대가를 직접적으로든 간접적으로든 간청하거나 받지 않을 것이다.

d) 정부기관이나 준-정부기관에 소속된 자문인 혹은 종업원으로서 공적 업무를 담당하는 엔지니어는 자신들이나 사적 혹은 공적으로 공학적 업무를 하는 자신들의 조직에 의해 요청되고 제공된 직업적 서비스에 관한 결정에 관여하지 않을 것이다.

e) 엔지니어는 자신들의 조직의 대표나 임원이 소속원으로 되어 있는 정부기관으로 부터 직업상의 계약을 간청하거나 계약을 하지 않을 것이다.

⑤ 전문직무에 고용되기 위해 기만적인 행동을 하지 않는다.

a) 엔지니어는 자신 혹은 동료들의 학력이나 직업자격에 관해 잘못 전달되는 것을 알고 그것을 숨기거나 그대로 두지 않을 것이다. 엔지니어는 이전에 맡았던 업무에 있어 혹은 업무에 대해 그들이 져야할 책임 수준을 거짓 진술하거나 과장하지 않을 것이다. 일자리를 얻는데 필요한 팜플렛이나 제출물이 자신들의 자격이나 업무를 높이 평가받을 목적으로 고용주, 종업원, 제휴자, 제휴 기업과 관련된 사실을 거짓 진술하지 않을 것이다.

b) 엔지니어는 공공기관에 의한 계약 낙찰에 영향을 미칠 의도로 혹은 공중이 그 계약의 낙찰에 영향을 미칠 효과나 의도가 있는 것으로 충분히 인지할 수 있는 어떠한 정치적 헌금도 제안하고 제공하지 않을 것이고 간청하고 받지도 않을 것이다.

엔지니어는 일을 담보받기 위해 선물이나 가치있는 대가를 제안하지 않을 것이다. 엔지니어는 자신에 의해 고용된 종업원이나 중개인 혹은 마케팅 상사(商社)에 선의로 제공하는 경우 이외는, 일을 담보받기 위해 수수료나 구전을 제공하지 않을 것이다.

(3) 직업적 의무

① 엔지니어는 자신의 모든 직업적인 관계에서 최고의 성실성으로 대할 것이다.

a) 엔지니어는 잘못으로 드러나면 자신의 실수를 인정하고 수용하고 자신의 결정을 정당화하기 위해 사실을 왜곡하거나 변경하지 않을 것이다.

b) 엔지니어는 의뢰인과 고용주가 어떤 프로젝트가 성공적일 가능성이 없다고 믿을 때, 그들에게 조언을 할 것이다.

c) 엔지니어는 자신의 일상적 업무나 관심에 방해가 될 정도의 외부고용을 받아 들이지 않을 것이다. 어떠한 외부 고용을 받아들이기 전에, 엔지니어는 자신의 고용주에게 알릴 것이다.

d) 엔지니어는 다른 고용주에게 소속된 엔지니어를 거짓 위장을 해서 데려 오지 않을 것이다.

e) 엔지니어는 파업, 농성 혹은 다른 집단 강제 행동에 능동적으로 참여하지 않을 것이다.

f) 엔지니어는 전문직업인의 품위와 정직성을 볼모로 자신의 이익을 증진시키려는 어떠한 행동도 하지 않을 것이다.

② 엔지니어는 항상 공익에 봉사한다.

a) 엔지니어는 공적 일이나 그가 속한 공동체의 안전, 건강 그리고 복지을 증진하기 위한 일에서 건설적인 봉사를 할 수 있는 기회를 찾을 것이다.

b) 엔지니어는 인정된 공학 기준에 부합하는 공중의 건강과 복지를 위한 안전한 디자인이 아닌 계획이나 계획서를 완성하고 서명하거나 날인하지 않을 것이다. 만약 의뢰인이나 고용주가 전문직으로서 옳지 않은 행동을 강요한다면, 엔지니어는 해당관청에 알리고 그 계획에 더 이상 참여하지 않을 것이다.

c) 엔지니어는 공학과 공학의 업적에 관한 일반시민의 지식과 올바른 인식을 넓혀 갈 것이고, 공학이란 직업에 관해 거짓 진술을 하거나 오해를 하는 것을 방지하는 데 노력을 기울일 것이다.

③ 엔지니어는 공학이란 직업을 더럽히거나 공중을 속일 가능성이 있는 모든 행동이나 업무를 하지 않을 것이다.

a) 엔지니어는 사실을 거짓으로 표현하거나 정당하지 않은 기대를 낳을 것이라고 의도적으로 오도하거나 그럴 가능성이 있는 진술을 피하는 데 필요한 사실을 빼버리는 그런 진술이나 장래의 성공을 예측하는 그런 진술을 하지 않을 것이다.

b) 엔지니어는, 종전의 광고와 일관성을 유지하는 한에서, 인적 자원을

모집하기 위해 광고를 할 수 있다.

c) 엔지니어는, 종전에 쓴 내용과 일관성을 유지하는 한, 일반출판물이나 기술관련 출판물에 논문들을 게재할 수 있다. 그러나 그런 논문들의 경우, 다른 사람에 의해 수행된 작업에 대해서는 해당 저자의 것으로 평가하지 않을 것이다.

④ 엔지니어는 현재 혹은 과거의 모든 의뢰인이나 고용주의 기업업무나 기술적 절차에 관한 비밀정보를, 그들의 동의없이, 누설하지 않을 것이다.

a) 다른 사람에게 고용된 엔지니어는 모든 이해당사자의 동의없이, 업무를 추진하기 위한 작업이나 협상에 개입하지 않을 것이고, 주동자로서 다른 업무를 준비하지 않고, 혹은 그 엔지니어가 특수한 전문지식을 갖추고 있는 특수한 프로젝트에 참여하지 않을 것이다.

b) 엔지니어는, 이해당사자의 동의없이, 특정한 엔지니어가 이전의 의뢰인이나 고용주의 이익을 위해 특수한 전문지식을 취득한 그 특수한 프로젝트나 프로시딩과 연관된 이해관계에 손상을 주는 것에 참여하거나 그런 것을 제안하지 않을 것이다.

⑤ 엔지니어는 이익이 상충된다는 이유로 자신의 직업적 의무를 게을리하지 않을 것이다.

a) 엔지니어는 제조하고 있는 생산품의 특정 자재를 공급하는 자로부터 무상으로 설계를 해주고, 금전적 혹은 다른 대가를 받지 않을 것이다.

b) 엔지니어는 자신이 책임을 지고 있는 업무와 관련있는 엔지니어의 의뢰인 혹은 고용주와 거래관계가 있는 계약자 혹은 다른 당사자로부터 수수료나 수당을 직접적으로나 간접적으로 받지 않을 것이다.

⑥ 엔지니어는 공학 업무에 종사하는 자에게 적당하고 충분한 대가를 지불해야 한다는 원칙을 지킬 것이다.

a) 엔지니어는 종업원 혹은 직업 소개인으로부터 고용을 알선해주었다는 이유로 대가를 받지 않을 것이다.

b) 엔지니어는 다른 엔지니어를 고용할 경우, 직업적인 자격조건에 따라 임금을 지불할 것이다.

⑦ 엔지니어는 다른 엔지니어들을 부정직하게 비판하거나 혹은 다른 부적절하고 의심스러운 방법으로 일자리를 얻거나 승진하거나 업무를 의뢰

받으려고 애쓰지 않을 것이다.

a) 엔지니어는 자신의 전문적 판단이 손상될 수 있는 상황 하에서 일어날 수 있는 우연적인 것을 토대로 직무상의 수수료를 요청하지도, 제안하지도 받지도 않을 것이다.

b) 임금직에 고용된 엔지니어는 고용주의 정책에 일치하고 윤리적 규범에 부합하는 범위 안에서만 시간당 업무를 할 것이다.

c) 엔지니어는 개인적인 용도로 고용주의 동의없이, 고용주의 장비, 소모품, 실험실, 사무실 등을 사용하지 않을 것이다.

⑧ 엔지니어는 직접 혹은 간접적으로, 다른 엔지니어의 평판, 전망, 업무 혹은 고용에 관해 악의적으로 혹은 그릇되게 손상을 입히지 않고, 다른 엔지니어의 작업에 대해 불성실하게 비판하지 않을 것이다. 다른 엔지니어가 비윤리적이고 위법적인 업무 수행을 하고 있다고 믿어질 때는 관계당국에 적당한 조치를 취해 줄 것을 바라며 그러한 정보를 제공할 것이다.

a) 개인 사무소를 개설한 엔지니어는 동일한 의뢰인이 의뢰한 업무를 맡고 있는 다른 엔지니어의 작업에 대해, 그 엔지니어를 알고 있는 경우이외는 혹은 다른 엔지니어와 함께 하는 업무가 종료되지 않은 경우에는, 검토하지 않을 것이다.

b) 정부, 기업, 혹은 교육기관에 고용된 엔지니어는 자신의 직무 상 필요한 경우에 만, 다른 엔지니어의 작업을 검토할 자격이 있다.

c) 판매회사 혹은 기업에 고용된 엔지니어는 납품된 제품을 다른 공급자의 제품과 비교할 자격을 갖는다.

⑨ 엔지니어는 업무상 중대한 과실 때문에 생기지 않은 직업적 서비스에 대해서는 다른 방법으로 자신의 이해관계를 보호할 수 없기에, 면책을 요구할 수 있다는 전제 하에서, 엔지니어는 자신의 직업활동에 대해 개인적 책임을 질 것이다.

a) 엔지니어는 공학업무를 수행함에 있어 국가의 등록법을 따를 것이다.

b) 엔지니어는 비윤리적 행동을 은폐하기 위해, 엔지니어가 아닌 자나 조합과 제휴하거나 동맹관계를 갖지 않을 것이다. 그렇지 않으면 모

든 직업적 행동에 대해 개인적 책임을 져야 한다.

⑩ 엔지니어는 공학적 업무에 있어서, 신뢰가 있는 사람을 믿을 것이며, 타인의 재산권을 인정할 것이다.

a) 엔지니어는, 가능하다면, 설계, 발명, 문서처리, 혹은 기타 업무에 대해 개인적으로 책임을 질 사람 혹은 사람들을 지명할 것이다.

b) 의뢰인에 의해 제공된 설계를 이용하는 엔지니어는 그 설계가 의뢰인의 재산임을 인정하고 의뢰인의 명시적 허가없이 복사하지 않을 것이다.

c) 엔지니어가 만든 개선안, 계획안, 설계안, 발명품 혹은 다른 기록 등 저작권이나 특허권이 필요한 것과 관련된 타인의 일을 착수하기 전에, 관련 소유권에 대해 확실한 협정을 할 것이다.

d) 엔지니어가 한 설계, 자료, 기록 등이 전적으로 한 사람의 고용주와 관련된 것이면, 고용주의 재산이다.

⑪ 엔지니어는 다른 엔지니어나 학생들과 정보를 교환함으로써 직업의 효율성을 신장하는 데 협력하고 자신의 감독 하에 있는 엔지니어들이 직업적으로 발전하고 진전할 기회를 제공하도록 힘쓸 것이다.

a) 엔지니어는 자신이 고용한 종업원이 그들의 교육을 발전시키려고 노력하는 것을 격려할 것이다.

b) 엔지니어는 자신이 고용한 엔지니어가 직업 협회나 기술협회에 참석하거나 논문을 제출하도록 격려할 것이다.

c) 엔지니어는 자신이 고용한 엔지니어가 가능한 한 빠른 시일 안에 (협회에) 등록하도록 촉구할 것이다.

d) 엔지니어는 가능한 한, 전문가 엔지니어에게 충분한 훈련과 경험을 활용하기 위해 본래의 의무를 맡기고, 보다 낮은 수준의 직무는 하부 전문가 혹은 기술자에게 위임할 것이다.

e) 엔지니어는 고용을 원하는 종업원에게 작업조건과 제안된 고용지위에 관한 완전한 정보를 제공해 주고, 고용 후에는 종업원이 모든 변화에 대해 알도록 할 것이다.

(이 강령은 NSPE(National Society of Professional Engineer)에서 인용한 것임. 1993년 수정본. 출판물 #1102)

6) 윤리 강령의 한계

윤리강령은 구체적 상황에 직면해 있는 개인의 책임문제를 명확하게 규정하지 못한 다는 한계가 있다. 강령은 모든 상황에 대해 모두 다 언급하지 않고 다만 그럴 수 있는 일반적 상황에 대해 언급하고 있다. 동시에 강령의 표현이 모호한 것이, 새로운 기술의 발전과 변화하는 사회적 · 조직적 구조가 화해될 수 있는 유일한 방법이기도 하다. 그리고 다양한 강령 조항들이 서로 모순을 일으킬 때 강령의 불확실성이 발생한다. 보통 도덕적 딜레마를 일으키는 경우에 어떤 조항이 우선권을 가져야 하는지에 대해 어떤 지침도 제시하지 않는다.

강령의 보다 더 큰 한계는 여러 갈래로 갈라진 전문공학협회의 강령들이 급증하면서, 협회의 회원들이 윤리적 행동들이 실제보다 더 상대적이고 가변적이라는 인상을 가진다는 사실이다. 그러나 다양한 공학 강령들 사이에 실질적인 일치를 발견할 수 있다고 주장하는 사람도 있다. 하나의 통일된 강령을 채택할 때가 왔다고 믿는다. 실제로 미국공학협회(AAES)나 미국 공학기술위원회(ABET)는 이런 방향으로 애를 쓰고 있다. 이미 미국전문엔지니어협회(NSPE)는 전문엔지니어로 등록한 개인을 위한 통일된 강령을 제시했다.

가장 중요한 것은 강령이 직업적 행동을 위한 최종적인 도덕적 권위로 여기지 말아야 한다는 사실이다. 강령들은 결점을 가질 수 있다. 그러므로 강령들은 다양한 판단들 사이의 타협안을 제시하고 때로는 위원회간의 과열된 의견의 대립을 통해서 발전하기도 했다. 강령은 그 자체로서는, 도덕적 결정을 내리면서 당황할 수 있는 경우, 위대한 길잡이가 될 수 있는 가치를 가진다. 그러나 동시에 강령은 건강한 도덕적 논쟁을 잠재우는 신성한 강령으로 취급되어서는 안 된다.

강령의 바로 이러한 한계는 전문가 집단이나 전(全) 협회가 자신들을 위한 권위있는 도덕적 기준을 만들 수 있는지 어떤지 혹은 집단의 기준이 항상 보다 넓은 가치의 관점에서 세밀하게 검토를 받는지 어떤지 하는 것과 관련되어 있다. 이것은 윤리적 상대주 의라는 복합적인 문제이다. 그러므로 강령의 이러한 근본적 한계를 전제한다면, 개인으로서의 엔지니어가 강령에 따라 어떻게 행동해야 하고 자신의 행동에 대해 개인적으로 어떤 책임을 져야 하는가에 대한 논의는, 강령의 형식적 규정에 의하기보다는 그 엔지니어가 처해 있는 상황을 충분히 고려하여 보다 넓은 맥락 속에서 이루어져야 한다.

이러한 상황을 고려하여, 윤리학자 라드(John Ladd)는 공학윤리를 협의의 윤리학(micro-ethics)과 광의의 윤리학(macro-ethics)으로 나눈다. 협의의 윤리학이 주로 엔지니어, 의뢰인 그리고 동료 엔지니어와 고용주사이의 관계에 초점을 맞추는 반면, 광의의 윤리학은 보다 넓은 맥락, 즉 사회적 맥락에서 전문가의 책임문제에 초점을 맞춘다. 특히 윤리학자 죠지(De George)는 ethics in engineering와 ethics of engineering을 구분한다. 전자가 주로 개인의 행동에 초점을 맞춘다면, 후자는 직업 내의 관계와 공학이란 직업의 사회적 책임을 다룬다. 그러므로 죠지의 ethics of engineering개념은 라드의 micro-ethics와 macro-ethics를 함께 포괄하는 개념이다.

최근에 와서 공학과 관련하여 광의의 윤리학적 문제를 언급하기 시작한다. 그러나 협의의 윤리학과 광의의 윤리학을 통합하는 체계가 아직은 완성되지 않은 상태이다. 앞으로는 윤리강령을 단순히 공표하는 것을 넘어 공학협회의 사회적 역할을 강조하는 데로 나아가고 있다. 특히 개인윤리와 직업윤리 그리고 직업윤리와 사회윤리를 통합하는 데 있어서 전문가 협회의 역할이 강조되고 있다.

2. 고발

1) 고발의 종류

고발(whistleblowing)은 종업원이 고용주나 상관의 비윤리적이고 비합법적인 행동을 일반 시민이나 상부에 알리는 행동이다. 공학협회에 의하면 엔지니어는 시민의 건강과 안전을 보호할 의무가 있다. 그렇기 때문에 엔지니어는 이러한 가치를 손상하는 행동이나 프로젝트를 고발할 의무가 있다. 그러므로 엔지니어는 그들의 조직 내에서 일어나는 잘못된 행동들을 폭로하고 바람직한 행동을 원할 권리를 갖는다.

우선 고발은 내부 고발과 외부 고발로 구분된다. 내부 고발은 종업원이 고위직에게 문제를 보고하기 위해 직접 상관의 책임자에게 정보를 알리거나, 아니면 최고 책임자에게 직접 보고하는 경우이다. 하지만 내부 고발은 어디까지나 조직 내에서만 이루어진다. 반면에 외부 고발은 종업원이 기업 외부의 신문이나 법률 당국에 고발하는 경우이다. 내부 고발이든 외부 고발이든 일종의 항명(disloyalty)과 같은 것으로 인정된다. 그러나 외부 고발에 비하면 내부 고발은 덜 심각한 결과를 초래한다.

그리고 실명 고발과 익명 고발로 구분된다. 익명 고발은 고발을 하는 종업원이 자신의 이름을 밝히기를 거부할 경우이다. 이것은 주로 익명의 메모나 전화를 통해서 이루어진다. 실명 고발은 자신의 이름을 밝히고 고발 이후 자신에 대한 조사에 떳떳이 나서는 경우이다. 물론 이 고발은 기업의 관점에서는 매우 심각한 영향을 미칠 수 있는 행동이다. 그러므로 종업원 역시 어떤 경우에 고발을 해야할지를 신중하게 고려해야 한다. 다음과 같은 4가지의 조건을 고려해볼 수 있을 것이다.

첫째, 고발을 결정할 경우 종업원은 균형감각을 가질 필요가 있다. 충분히 자체 내에서 해결할 수 있는 자그마한 문제에 대해서까지 외부에 고발함으로써 오히려 고발하지도 않아도 될 일을 고발하지 않으면 안 될 정도로 일을 거르치는 경우가 있을 수 있다. 동시에 이런 자그마한 일이 반복적으로 일어나는 경우에도 고발을 하지 않는다면, 그리고 고발을 함에도 불구하고 어떤 조치도 취하지 않는다면, 심각한 상황으로 커질 수도 있다. 그러므로 고발할 충분한 필요성에 대한 신중한 고려가 반드시 요구된다.

둘째, 고발자는 충분한 정보를 가지고 있어야 하고, 상황을 판단할 수 있는 전문지식도 필요하다. 풍문으로 들은 것은 고발해서는 안 된다.

셋째, 고발자는 고발 때문에 자신에게 가해질 어떤 행동으로부터도 보호될 수 있어야 한다.

넷째, 고발은 다른 수단에 호소할 방법이 없을 경우, 마지막 수단으로 사용해야 한다. 즉 고발 이외에는 문제 해결을 위한 다른 수단이 없을 경우에만 가능하다. 이것은 고발의 남용을 막기 위해 중요한 사실이다.

우리는 이 4가지 조건에 의한 고발이 윤리적일 수 있다는 사실을 인정한다. 그러나 엔지니어는 언제 고발을 할 의무가 있는가? 엔지니어인 당신이 무언가 잘못 되고 있음을 인지하고 위의 4가지 조건에 의해서도 고발할 상황은 많을 것이다. 이런 경우, 만약 당신이 문제가 매우 중대하다는 것을 인식한다면, 고발을 할 수는 있다. 그러나 다른 사람에게 막대한 해를 입힐 가능성이 있다면 의무적으로 고발을 해야만 한다.

그리고 고용주의 입장에서 고발의 문제를 생각해 볼 필요가 있다. 고용주 역시 기업의 이미지 손상을 막기 위해 종업원 고발을 최소화할 필요가 있다. 물론 어떤 조직도 비리를 완전히 제거할 수는 없다. 매우 강한 윤리적 풍토가 조성되어 있는 조직이라도 이런 문제로부터 자유로울 수는 없다. 그렇다고 고발자를 협박하는 방식으로 제지해서는 안 된다.

조직 내부에서 고발문제를 해결하는 방법은 주로 4가지의 방법이 있다.

첫째, 윤리적으로 강한 풍토가 조성되어야 한다.

둘째, 조직 내부의 의사소통이 잘 이루어져야 한다.

셋째, 모든 종업원은 자신의 관심사를 개진하기 위해 자신의 상사에게 진솔하게 접근해야 한다. 개진된 의견에 대한 어떠한 보복이 있어서도 안 되며, 오히려 합당한 보상이 있어야 한다.

마지막으로, 경영자는 실수를 기꺼이 인정해야 한다. 필요하다면 공개적으로 인정해야 한다. 많은 엔지니어들은 연구소나 대학 혹은 직장이나 아니면 어떤 유형의 조직에서 많은 연구와 실험을 한다. 이와 관련하여 엔지니어가 연구자로서 지켜야할 연구윤리(research ethics)를 생각해 보자. 연구와 관련된 중요한 두 개의 윤리적 문제가 있다. 하나는 연구하는 문제에 접근하는 데 있어서의 정직성이고 다른 하나는 그 결과를 발표하는 데 있어서 정직성이다. 첫 번째는 연구를 성공적으로 수행하기 위해 필수적인 것이다. 이것은 연구 결과를 앞서 판단함으로써 연구 수행 자체를 성공적으로 수행하지 못하게 하는 것을 막기 위한 것이기도 하다. 물론 이러한 연구 자세를 유지하기가 쉬운 것은 아니지만, 유용한 연구와 그 결과를 얻기 위해서는 필수적인 자세이다.

2) 고발에 대한 윤리적 논증

말린과 스티브는 캘리포니아 주의 클로틸다라는 인구 8만 명의 도시에 살고 있다. 스티브는 EMC라는 그 지역 화화공장에서 좋은 보수를 받고 근무하는 설계공학자다. 그들에게는 3개월 된 아기가 있는데, 최근에 그 아기는 치유 여부가 불투명한 희귀한 간암을 앓고 있다는 진단을 받은 상태다. 몹시 충격을 받은 젊은 부부는 아이의 질병을 일으켰을 원인을 찾기 위해 지역 기관들에 의문을 제기했다. 그들은 다음과 같은 놀라운 사실을 몇 가지 알아냈다. 지난 7년간 클로틸다에서는 비정상적으로 많은 수의 간암 발생 사례가 보고되었는데, 그 환자들은 특히 평소대로라면 이 특정 질병에 걸리지 않는 영유아들이다. 게다가 그 지역에 거주하는 젊은 여자들의 지난 6년간 자연 유산율은 평균치에 비해 3배나 높았으며, 지난 6-7년 사이 기형아 출산율은 평균보다 3.5배 높았다.

스티브는 물을 채취해서 그 지역 오염 관리소 직원에게 검사를 의뢰했다. 검사 결과 발암물질로 알려진 상당한 양의 다이옥신이 물에 녹아 있었던 것으로 밝혀졌으며, 이를 토대로 스티브는 그 오염원은 EMC가 지난 10-11년 동안 화학공장 근처의 쓰레기 매립지에 폐기해 온 화학물질이 아닐까 생각했다. 그는 화학 쓰레기로부터 새어 나온 물질이 클로틸다 시의 상수도로 유입되고 있다는 의심을 갖게 되었다. 그 후 이어진 조사 결과를 통해 이러한 의심은 사실임이 밝혀졌다.

스티브는 EMC의 회사 관계자들에게 그 문제를 알리고자 자신의 직장 상사를 만났는데, 그의 목적은 쓰레기하치장을 깨끗이 하고 오염 문제를 근본적으로 없애기 위해서 할 수 있는 일이 있다면 그것이 무엇인지 알아보는 데 있었다. 갈수록 불안해하는 상사를 계속 조사하면서 스티브는 회사가 그 문제를 이미 알고 있었지만 대수롭지 않게 '은폐' 해 온것을 알아챘다. 스티브의 상사는 그에게 "입을 다물"고 "본연의 일에 충실하지 않으면 일자를 잃는다!" 고 강력히 경고했다.

스티브는 집에 돌아와 아내 말린과 함께 어떤 선택을 할지에 간해 논의했다. 무엇보다도 그들은 옳은 일을 하고 싶어 했다. 다음은 그들이 생각해 낸 선택지들이다.

① 상사의 충고에 따른다.
② 직장을 그만두고 다른 곳으로 이사한다.
③ 직장을 잃을 것이 분명하지만, '내부 고발' 을 통해 회사로 하여금 물과 매립지를 깨끗이 하도록 한다. 회사가 정화 조치를 취할 경우 회사의 이익은 줄어들고 그로 인해 다른 사람들도 함께 일자를 잃을지 모른다.

④ 직업을 그만두고 화학공장을 폐쇄시키기 위해 EMC를 고소한다.

이 젊은 부부는 어떻게 해야 하는가?

스티브와 말린은 세 번째 선택지를 선택하기로 결정했다. 그들의 추론은 이렇다. 〔대안 1〕은 타산적이지만 윤리적이지 않다. 더구나 개인적 측면에서는 그들이 무엇을 하는지 알고 있으면서 마치 아무일도 일어나지 않은 것처럼 지내기는 힘들다는 것을 알게 될 것이다.

〔대안 2〕는 **부부만의** 문제는 해결하지만 **본연**의 문제는 해결하지 못한다. 클로틸다에 사는 많은 이웃들은 오염된 물을 마시며 살아야 한다. 〔대안 4〕는 현실성이 없는데, 왜냐하면 스티브는 변호사 수임료와 부유한 화학회사와 맞서 장기간 법정 투쟁을 벌이는 데 들어갈 소송비용을 감당할 능력이 없기 때문이다.

〔대안 3〕이 윤리적 관점에서 볼 때 유일하게 받아들일 만한 선택이다. 스티브는 직장을 잃고 EMC의 직장 동료들도 상당수 해고를 당하겠지만, 스티브와 말린은 회사가 나쁜 평판을 듣도록 함은 물로 지방과 연방 공무원들이 매립지를 깨끗이 하고 누출물의 상수도 유입을 중단하도록 회사를 강제할 것으로 판단했다. 더욱이 클로틸다의 주민들은 지금껏 몰랐던 상황을 잘 인식하게 될 것이다. 그들은 그 충돌을 한편으로는 일자리와 다른 한편으로는 도시의 건강 사이에서 벌어지는 것으로 보고 있다.

윤리적 관점에서 볼 때 스티브는 다른 이들이 청결하고 건강한 환경에서 살 권리에 대해 우려하고 있으며, 규칙과 관련된 최대다수의 행복을 최대화할 그러한 규칙을 채택하고 있다.

현재 시점에서 스티브의 논증은 다음과 같아 보인다.

유독성 화학물질이 배출되는 현재 상황은 윤리적 관점에서 용인될 수 없다.
내부 고발만이 효과적인 선택으로 보인다.
나는 적절한 증거들을 가지고 있으며 현재의 상황이 개선될 것이라고 믿을 만한 좋은 이유가 있다.
그러므로 나는 고발을 해야 한다.

상황은 물론 앞서 설명한 것처럼 다소 단순하다. 보기에 따라서는 가족에 대한 스티브의 의무는 어떻게 되는 것인지 의아해할 수 있다. 앞서 말했듯이 스티브와 말린이 함께 결정을 내렸으며, 추측컨대 그들은 더 넓은 공동체에 대한 의무감을 공유하면서 새 일자리를 찾아 아이의 엄청난 치료비를 마련해야 하는 고단한 현실에 기꺼이 맞설 준비가 되었을 것이다. 하지만 나는 아이에 대한 의무는 고려하지 않았다. 그 의무에 대해서는 어떻게 생각하는가?

아이에 대한 의무라는 이 새로운 차원은 이 예에서의 윤리적 우선성을 변화시키지 않는다. 결국에는 틀림없이 일자리를 잃을지언정 스티브에게는 여전히 내부 고발의 의무가 있다. 현실적인 어려움들은 매우 생생하고도 절박한 문제이긴 하지만 어디까지나 그것은 윤리와 무관한 일이다. 이 상황에 대한 찬반양론을 비교 평가하면서 스티브와 말린은 아이에 대한 사랑과 충분히 숙지하고 있는 장래의 현실적인 어려움도 함께 고려해 넣을 것이다. 그러나 젊은 부부가 아이에 대한 의무를 소홀히 하고 있다는 반론, 또는 아이에 대한 의무가 오염된 물을 계속 마실 경우 암에 걸릴 많은 사람들에 대한 의무에 우선한다는 반론에 동의하지 않을 수 없는 하등의 좋은 이유도 제시되고 있는 것 같지 않다. 윤리적 관점(여러분은 이것이 중립적인 것임을 기억하고 있을 것이다)에서 볼 때, 의무란 인격에 대해 성립하는 것이지, 그가 누구인지 그리고 도덕적 행위자와 그가 어떤 관계에 있는지에 좌우되지 않는다. 스티브와 말린은 친인척이 아닌 클로틸다의 7만 9,997명의 시민보다는 자신의 아이에 대해 더 강한 의무를 느낄 것이다. 그러나 이러한 감정이 아이에 대한 의무를 윤리적 관점에서 더 강력하게 만들지는 않는다. 왜냐하면 윤리적 관점은 중립성을 필요로 하기 때문이다.

하지만 내가 아기의 권리를 무시했다는 주장도 분명 제기될 것이다. 아기의 권리가 다른 모든 사람들과 동등하게 고려되어야 할 테지만, 어쨌든 그들의 권리는 반드시 고려되어야 한다! 아기의 권리가 무시된 지점은 단지 여기까지다. 의학적 치료가 설령 도움이 되지 않을지라도, 분명히 아기에게는 치료받을 권리가 있다. 2장에서 말했듯이 인간의 권리란 윤리적 행위의 필요조건이다. 나는 비일관성 내지 모순에 대해 책임질 수 없을까? (스티브와 말린은 아기의 권리를 무시할지언정 고발이라는 옳은 일을 할 것이다. 그런데 지금까지 말한 아기의 권리는 윤리적 행위의 필요조건이다. 이는 실제로 모순으로 보인다.)

깊이 생각해 보자.

내가 아기의 권리가 무시된다는 데에 동의할 수 있는 경우는 단지 스티브와 말린이 아기를 치료하지 않았을 경우뿐이다. 왜냐하면(일반적으로 인정되듯이) 모든 사람은 자신의 생명을 구할 가능성이 아주 적은 경우라도 의학적 치료를 받을 권리가 있기 때문이다. 하지만 비록 치료를 하지 않는 것은 반드시 아기의 권리를 무시하는 처사라 할지라도, 이 예에서 스티브가 **현재의 직업**을 유지하지 않으면 스티브와 말린이 아기를 치료**할 수 없다**는 점은 분명하지 않다. 바꿔 말하면 스티브가 고발을 해서 직업을 잃기 때문에 아기의 권리가 무시되지는 않는다.(스티브는 직업을 유지**하거나 아니면** 그는 아기의 치료받을 권리를 부정한다와 같은 이분법을 조심하라. 이는 지나친 단순화다.) 이러 일련의 사건들로 인해 아기의 치료가 반드시 부정되는 경우에만 아기의 권리는 무시되는데, 그들은 아기의 치료를 부정하지는 않는다. 여기에는 모순이 없다.

이 지점에서 스티브와 말린이 논증을 제시한다면 아래와 같을 것이다.

유독성 화학물질이 배출되는 현재의 상황은 윤리적 관점에서 용인될 수 없다.
내부 고발만이 효과적인 개선책으로 보인다.
내게는 클로틸다의 주민들에 대한 의무가 있지만 내 가족에 대한 의무 역시 있다.
가족에 대한 의무를 다하자면 생계를 유지하고 아이를 위해 치료 방법을 모색해야 한다. 아마도 다른 마을이라야 이 두 일을 할 수 있을 것이다.
클로틸다의 주민들에 대한 의무를 다하자면 고발이 필요하다. 그것을 통해 주민들에게 수돗물의 위험을 알리고 그 화학회사로 하여금 상황을 개선하도록 할 수 있다.
따라서 나는 고발을 해야만 한다.

물론 나는 스티브가 현재의 직업을 유지하지 않는다면 아이를 치료할 방도가 전혀 없다고 주장함으로써 이 예를 수정하자고 고집할 수 있다. 그러나 만일 이 주장이 성립한다면 우리는 스티브와 말린은 이 경우에 옳은 행위를 할 수 없다는 결론을 내려야 한다. 왜냐하면 옳은 일(아기를 위해 치료를 해주거나 수돗물이 오염된 사실을 알리는 것)도 한 가지 해야만 하기 때문이다. 2장 1절에서 본 것처럼 리처드 M. 헤어는 동의하지 않을지 몰라도 이것이 바로 근본적으로 비극적인 상황, 즉 옳은 행위가 존재하지 않아 보이는 상황이다.

다행히 관련된 당사자들에게 큰 괴로움을 주는 이런 상황은 그리 흔하지 않다.

저 상황이 상당히 나쁘지는 않아서 만일 문제의 화학물질이 클로틸다의 시민들에게 건강상의 위험을 일으키지 않는다거나 잠재적인 위험만 있을 분이라면 방금 기술한 문제는 더 복잡해질 수도 있다. (앞서 말했듯이 이와 같은 우연적인 일이 어떻게 해서 스티브와 말린이 제시한 논증의 갖가지 전제들을 약화시키는지 살펴보라.) 만약 그 화학물질이 인간 아닌 존재들에게 건강상의 위험을 일으킨다면 그 또한 문제를 더 복잡하게 만들 것이다.

켄 피터슨(Ken Peterson)이 묘사한 「나비 대 산업」(『산호세 머큐리(Sas Jose Mercury)』, 1979년 10월 25일자)을 예로 들어 보자.

시너텍스라는 대형 반도체 회사가 4천만 달러의 연구비 출연과 캘리포니아 주의 산타크루즈 시에 제조 공장을 설립하자는 제안을 했다. 공장 부지는 '내추럴 브리지(Natural Bridge)국립공원 맞은편 길 건너다. 그곳에 제조 공장이 들어서면 350-400명이 일자리를 얻을 것이다. 그런데 그 공장이 가끔 (연중 약 80일 가량) 방출하는 소량의 탄화수소와 유황, 그리고 산화질소가 국립공원에서 그 부지 쪽으로 부는 바람을 타고 약 9만 5천 마리의 왕나비가 연례이동을 할 때마다 모이는 곳으로 날아간다는 사실이 알려지면서 문제가 발생했다. 그 공장에서 배출되는 가스가 그 나비들에게 해를 끼치는지 여부는 알려져 있지 않다.

윤리적 관점에서 볼 때 공장이 거기에 세워져야 하는가? 한 가지 타협안이 문제를 해결할 수도 있다. (예컨대 그 가스가 나비들에게 미치는 영양을 더 조사해 보고 공장을 공원에서 부는 바람을 등지고 세우는 것 등등.) 하지만 타협점을 찾기가 어려울 경우 윤리적 갈등은 딜레마 형태를 띠기 마련이다. 즉 350-400명의 일자리를 선택할 것인가, 아니면 왕나비들은 물론 그들이 속한 생태계에 피해를 줄것인가를 두고 충돌이 일어난다.

이 갈등에서의 쟁점은 '동물의 권리' 라는 주장이 제기될 수 있지만, 엄밀히 말해서 '동물의 권리' 라는 개념이 무엇을 의미하는지 분명하지 않기 때문에 나는 그 개념을 여기에 끌어들이지 않았다. 게다가 우리는 미래 세대를 포함한 인간 전체의 행복을 최대화할 규칙을 선택해야 한다는 근거를 들어서 인간은 자연과 그 안에 존재하는 인간 아닌 존재들을 보호할 의무를 가진다는 주장도 제기될 수 있다.

더 나아가, 비록 한 사람이 '생계를 유지할' 권리 내지는 적어도 생존에 필요한 수단을 확보할 권리를 가진다 해도, 한 사람이 **특정한** 직업을 가질 권리가 있다고 주장할 수 있는지는 분영하지 않다. 여러분의 생각은 어떤가? (커틀러, 맹주만 · 김진형 옮김, 2009 참조)

3. 연구 윤리

연구 결과 역시 정확하게 보고되어야 한다. 실험이나 테스트가 수행되고 난 후 그 결과가 과장되어서는 안 되며, 데이터에 대한 정확한 평가와 해석이 내려져야 한다. 대부분의 연구자들이 일하고 있는 환경이 연구 결과를 과대 평가하도록 유혹한다. 대학 교수들 역시 자신의 임기 연장을 보장받기 위해 중대한 연구 결과를 발표해야 한다는 강박감에서 자유롭지 못하다. 실험이 마무리되지 않을 경우, 교수는 원하는 결과를 조작하거나, 일반 기업에서 새로운 상품개발에 쫓겨 데이터를 조작할 유혹을 받는다. 캘리포니아 의과대학교수인 폴 프리드먼은 투자효율의 극대화와 경제적 이익의 최대화를 선호하는 연구기관이 연구자들의 경쟁을 지나치게 부추기고 있기 때문에, 단순한 과실과 착오에서 생긴 정직한 실수를 넘어 선 의도적 부정행위가 급증하고 있다고 경고한다. 1953년 크릭과 함께 DNA의 이중나선구조를 발견한 왓슨은 그의 저서 〈이중나선〉에서, 노벨상을 타기 위해 자신의 연구상황을 거짓으로 흘리거나 경쟁적인 연구팀의 연구결과를 알아내기 위해 고도의 술책을 사용했었다.

물론 의도적으로 조작하는 경우와 단순히 잘못된 결과나 해석을 구분하는 것은 필요하다. 가끔은 발표된 결과가 계속된 연구로 그 잘못이 드러나는 경우도 있다. 이런 경우는 결과를 의도적으로 속이는 경우와는 달리 윤리적으로 덜 심각한 것이다. 물론 그 결과가 옳지 않다는 사실이 밝혀지지 않으면 전혀 윤리적 문제가 되지 않는다. 그리고 연구프로젝트에 참여한 모든 사람에게 골고루 공이 돌아가도록 배려하는 것도 중요하다.

물론 연구에 있어서 사기와 같은 바람직하지 않은 일들이, 일부 몰지각한 연구가들을 제외하고는, 일어나지 않기를 원한다. 하지만 이런 생각은 착각일 수 있다. 예를 들어 노벨상을 수상한 유명한 과학자 역시 그의 연구와 관련하여 윤리적 판단을 잘못 하는 경우도 있다. 예를 들어 1923년 노벨 물리학상을 수상한 시카고대학의 로버트 밀리컨(Robert Millikan)은 그가 발표한 논문에서 실험 데이터 중 일부를 의도적으로 제외시켰다. 만약 이 결과들을 포함시키면 자신이 의도한 결과를 얻을 수 없다는 생각 때문이다.

이상의 논의에도 불구하고, 어떤 행동이 연구상의 불법행동(research misconduct)인지에 대해서는 논란이 있을 수 있을 것이다. 어떤 연구 수행 활동이 윤리적으로 책임져야 할 행동이고 혹은 칭찬받아야 할 행동인지를 결정하는 것은 매우 미묘하고 복잡한 문제이다. 특히 요즈음의 연구 활동은 주로 공동연구 활동이기에 그 활동의 결과에 대한 책임 문제를 결정하기에는 어려움이 있다.

우리는 연구 윤리의 범위를 정하는 데 있어서, 일련의 연구 활동과정에서 일어나는 행동들 중 윤리적으로 비난할 만한 행동이라고 해서 모두가 다 연구 윤리를 위반하는 것으로 규정해서는 안 된다. 연구 윤리의 범위를 지나치게 넓게 이해해서는 안 된다. 예를 들어 연구자가 개인적인 용도로 사용하기 위해 실험 기구 일부를 자신의 집으로 가져왔다면, 그것은 절도나 재산의 불법 전용이지, 연구 윤리를 어기는 것으로 규정하지는 말아야 한다. 연구 윤리는 단지 연구자의 직무(업)상의 책임문제와 관련된 것만을 다룬다. 예컨대 실험실의 안전문제도 연구자를 위한 직업상의 책임문제이기는 하지만, 이것을 연구 수행의 직무상의 불법행동으로 생각하지는 않는다. 이와 관련된 환경보호의 문제 역시 보통 연구 윤리의 영역으로 분류하지 않는다. 그러므로 연구 윤리의 범위를 정하는 것은 바로 "연구 상의 불법행동"을 어떤 행동으로 규정하는가에 달려 있다.

먼저 대표적인 사례는 과학적 사기(scientific fraud)라 불리는 행동이다. 이것은 연구자 자신이 거짓으로 알고 있거나 적어도 참이라고 생각할 수 없는 어떤 것을 다른 사람이 믿도록 유인할 목적으로 의도적으로 속이는 경우이다. 그리고 가장 많이 비난받는 불법행동은 표절(plagiarism)이다. 이것은 다른 사람의 사상이나 작품을 자신의 것으로 위조하는 행동이다.

그리고 실제로 관찰하지 않는 데이터를 조작하는 행동(fabication)이다. 특정한 가설을 확실한 것으로 제기하기 위해 경험적 관찰에 의해 얻어지지 않은 데이터를 조작하는 행동이다. 그리고 데이터를 임의적으로 변경하거나 조정하는 행동(falsification)이다. 또한 자신의 가설에 적합한 데이터만 가려서 선택하고 다른 것은 버리는 일종의 "데이터를 요리하는 행동(cooking the data)" 등이 있다.

특히 데이터를 의도적으로 관리하는 행동이 문제가 된다. 물론 데이터의 관리는 필요하다. 연구 수행에 있어서 경우에 따라 데이터를 철회할 필요가 있다. 예컨대 다른 사람과 경쟁하고 있는 과학자가 자신의 데이터가 아직 충분히 확증되지 않는 예비적 데이터에 지나지 않아서 그 데이터가 다른 사람에게 도움을 주기보다는 오히려 오도할 가능성이 있다고 생각될 경우에는 그 데이터를 철회할 수 있을 것이다. 그리고 연구 계약 조건상 다른 사람과 공유할 수 없는 데이터는 관리되어야 한다. 그러나 과학자가 다른 동료 과학자, 비록 경쟁자라고 하더라도 다른 과학자에게 실제적으로 도움을 준다는 확실한 신념을 가지고 있으면서도 그 데이터를 독점하는 것은 윤리적으로 옳지 않다.

그리고 이외에도 연구 수행 과정 중에 일어날 수 있는 불법행동은 직접 연구에 참여하지 않은 사람이 그 연구 성과의 저자가 되는 경우이다. 이런 경우는 아마 공동 연구자가 자신의 교수나 선임자에게 예의상 돌려주는 저작권(courtesy authorship)의 경우이다. 실제로 공동연구를 하지 않았음에도 연구 성과물에는 공동 저자가 되는 경우를 종종 확인할 수 있을 것이다. 그리고 교수와 학생간의 사제관계를 이(악)용하여 학생에게 마땅히 돌려주어야 할 경제적 보수나 사례 등을 황령(?)하는 행동이다. 그리고 연구 수행 과정에서 일어날 수 있는 성희롱이나 차별행위(예를 들면 학력이나 집안 배경, 학연이나 지연 등과 같은 것에 따른 차별) 등과 같은 경우도 이에 해당될 것이다.

연구자로서 엔지니어는 결국 과학자의 범위에 속한다. 따라서 연구자인 엔지니어를 포함한 과학자들에게 요구되는 연구윤리를 살피는 것 역시 중요하다. 오늘날 과학자(엔지니어를 포함하여)에게 요구되는 윤리적 원칙들이 무엇인지에 대해 과학사회학자인 로버트 머턴은 다음과 같이 요약한다. 그는 오늘날 과학자 공동체가 지켜야 할 윤리적 규범을 첫째, 공유주의(communism)를 든다. 과학자들이 데이터와 연구결과를 사적 정보로 독점할 수 없고 다른 과학자들과 함께 공유해야 하고 그 결과를 공개해야 한다는 원칙이다. 둘째, 보편주의(universalism)로 과학적 성과를 평가함에 있어서 과학이외의 다른 정치적 및 사회적 요인이 평가에 영향력을 행사해서는 안 된다는 원칙이다. 과학적 성과는 오로지 과학적 성과 그 자체로만 평가되어야 한다. 셋째, 무관심(disinterestedness)으로서, 과학자는 오직 진리추구 에만 관심을 가질 뿐, 그 이외의 어떤 개인적 및 정치적 이해관계로부터도 자유로워야 한다. 물론 이 무관심은 어떤 것에도 관심을 갖지 말라는 것이 아니라, 오히려 과학적 진리 추구에만 몰두하라는 적극적 규범이다. 마지막으로 조직화된 회의주의(organized skepticism)이다. 이것은 과학자들은 충분한 증거가 없어서 의심의 소지가 있는 것에 대해서는 엄밀한 증명을 요구하고, 타당한 근거가 없는 그 어떤 것도 받아들이지 말아야 한다는 규범이다.

그러나 머튼의 이러한 규범들은 사실상 현실적으로는 지나치게 이상적이라는 공격을 받기도 한다. 과학자 역시 한 사회의 구성원이고, 그렇기에 그가 속한 사회로부터 자유로울 수 없다면, 예컨대 머턴이 제시한 '무관심' 이란 규범은 지나치게 비현실적 규범이라는 비판을 받기도 한다. 현실적 경험을 고려한다면, 연구결과의 완전한 공유나 공개성의 원칙 역시 하나의 이상적 규범일 뿐이라는 지적이 있을 수 있다. 또 다른 과학사회학자인 멀케이는 어느 과학자가 자신의 정보를 다른 사람들과 공유하지 않고 독점했다고 해서 그를 무관심의 규범을 지키지 않았다고 비판하기는 힘들다고 말한다. 그 과학자가 자신의 정보를 공개하기 전에 자신이 속해 있는 연구팀 내에서의 후속연구 수행을 위해 정보를 공개하지 않을 수도 있다. 그러므로 머턴이 제시한 공유주의나 무관심 등의 규범들이 현실적인 과학자 공동체에 요구되기에는 지나치게 이상적이다. 물론 과학자는 진리추구라는 궁극적 목적이외에 명예, 권력, 부 등 정치적이고 사회적인 관심으로부터 중립적이어야 한다는 요구 자체가 문제가 있는 것은 아니다. 그러나 오늘날과 같이 산업화된 과학의 시대에 순수한 학문적 과학의 이념을 지나치게 강조하는 것이 현실적으로 설득력을 담보받기는 힘들다. 과학이 산업이나 기업으로부터 자유로울 수 없고 과학자 역시 돈벌이로부터 전적으로 자유로울 수 없다면, 오히려 돈벌이를 잘하는 과학자가 진정한 과학자로 불려지는 것이 현실적 에토스라는 점을 무시할 수 없을 것이다. 예컨대 오늘날 진정한 예술은 기업예술(business art)이고 진정한 예술가는 돈벌이를 잘 하는 예술가라고 말하는 엔디 워홀(Andy Warhol)의 말처럼, 진정한 과학자는 기업가적 과학자일지도 모른다. 순수예술과 기업예술이 구분될 수 없듯이, 순수과학 역시 산업적 과학과 구분될 수 없는 것이 현실과학의 모습이다. 과학자 역시 한 사회의 구성원이고, 실험실 역시 사회 속의 실험실인 이상, 과학의 사회학적 성격을 전적으로 무시할 수는 없는 것이다. 과학의 이러한 사회학적 성격을 토마스 쿤은 '과학의 패러다임적 성격' 으로 정의한 바 있다.

물론 머턴 제시한 규범이 비록 이상적이라고 할지라도, 어떻든 과학자들에게 윤리적 규범이 필요하다는 사실은 인정하지 않을 수 없다. 최근 미국의 와이오밍대학의 철학교수이며 윤리학자인 레닉스는 12개의 과학연구 윤리를 제시한 바 있다. 이는 다음과 같다.

(1) 정직성(honesty)

과학자는 데이터나 연구 결과를 조작, 위조 또는 왜곡하지 말아야 한다. 과학자는 연구과정의 모든 측면에서 객관적이고 비편향적이며 정직해야 한다. 만약 이러한 정직성이 담보되지 않는다면, 과학연구의 목적 자체가 무의미하게 된다. 동시에 정직성은 과학자들 사이의 상호신뢰성을 담보해주는 원칙이다.

(2) 조심성(carefulness)

과학자는 연구에 있어서나 연구결과를 제시함에 있어서 신중해야 한다. 이는 바로 가능한 한 실험적 · 방법론적 · 인간적 오류를 최소화하기 위한 원칙이다. 물론 이 조심성의 결여인 부주의가 의도적인 비정직성만큼 심각한 범죄는 아닐지라도, 부주의에 의해 초래되는 자원의 낭비와 과학자간의 신뢰성 결여 등 심각한 사회적 결과를 피할 수 없다. 특히 의학이나 공학연구상의 부주의는 자칫 엄청난 인명피해를 초래할 수도 있다.

(3) 개방성(openness)

과학자는 데이터 · 결과 · 방법 · 아이디어 · 기법 · 도구를 공유해야 한다. 과학자들 상호간의 건전한 비판의 통로가 열려있어야 하고, 새로운 아이디어도 독점되어서는 안 된다. 개방성의 원칙은 학문 발전에 긍정적으로 기여하고, 과학연구가 독단적으로 이루어지는 것을 막는다. 과학 연구가 개인의 사적 연구로 독점됨으로써 편향된 결과를 초래하게 되고, 이는 연구결과에 대한 공적 신뢰를 담보해주지 못한다. 다만 아직 완성되지 않은 진행중인 연구를 보호하기 위한 일시적 비밀성은 보장되어야 하지만, 연구가 완료되면 공적 자산으로 발표되어야 한다.

(4) 자유(freedom)

과학자는 자신의 연구수행에 있어서 자유를 보장받아야 한다. 과학자에게 담보되는 자유는 바로 과학자가 새로운 아이디어를 추구하고 새로운 문제를 연구하도록 촉진한다. 그리고 과학적 창의력을 촉진시키고, 건전한 비판을 할 수 있는 자유를 허용함으로써 과학적 지식의 학문적 타당성을 보장해준다.

(5) 명예(credit)

과학자의 연구결과에 대한 적절한 명예를 인정해주어야 한다. 과학자에게 적절한 학문적 권위를 인정해주어야 한다. 과학자에게 적절한 명예를 인정해주는 것은 연구를 촉진시키는 동기가 될 뿐만 아니라, 학문적 권위를 인정해줌으로써, 지적 재산권을 공적으로 인정하는 결과가 된다. 그렇지 않으면 과학자는 정보공유를 꺼릴 것이다. 그리고 과학자에게 주어지는 명예는 동시에 과학자에게 책임을 물을 수 있는 근거가 되기도 한다. 명예가 주어지는 만큼 연구 결과에 대한 책임 역시 동시에 주어지는 것이다. 즉 과학자는 자신의 연구결과에 대해 스스로 책임을 질 수 있을 때, 그에 합당한 명예도 주어질 수 있는 것이다.

(6) 교육(education)

과학자는 피교육자를 가르칠 의무가 있다. 더나아가 과학자는 공중에게 과학에 대해 교육하고 알려줄 의무가 있다. 과학자는 지적 재산을 일반공중과 함께 공유할 의무가 있다. 따라서 일반 공중을 대상으로 한 교육 및 공식적인 지도나 훈련이 지속적으로 이루어져야 한다.

(7) 사회적 책임(social responsibility)

과학자는 사회에 해를 끼치는 것을 피해야 하며, 사회적 이익을 창출하도록 노력해야 한다. 과학자는 자신의 연구결과들에 대해 책임져야 하고, 공중에게 그러한 결과들을 알려주어야 한다. 이 경우 '사회적 책임' 이란 과학자들이 사회적으로 가치 있는 연구를 수행하고, 공공토론에 참여하며, 요청이 있을 경우, 전문가의 증언을 제언하고, 사이비과학의 정체를 폭로할 의무가 있다는 점을 의미한다. 과학자의 사회적 책임에 대해 논란이 있을 수 있다. 어떤 과학자들은 과학자는 단지 자신의 연구에만 몰두하면 되고, 그 결과들에 대한 책임은 언론, 정치가, 공중이 져야 한다고 말하기도 한다. 그러나 특히 공중의 생명에 직접적으로 영향을 미치는 의학이나 생명공학이나 다수의 인명 피해를 가져올 수 있는 건축공학이나 기계공학 등은 사회적 책임으로부터 자유로울 수 없다. 과학자 역시 사회의 한 구성원이기에 공동선을 구현하기 위한 도덕적 책임은 피할 수 없다. 특히 과학자는 전문직에 종사하는 사람이기 때문에 전문가로서 사회적 이익을 증진시킬 의무를 가진다.

(8) 합법성(legality)

연구 과정에서 과학자는 자신의 작업에 적용되는 법을 준수할 의무가 있다. 과학자가 연구 과정에서 위해한 물질을 사용하거나, 인간 및 동물을 대상으로 실험을 하거나 폐기물을 불법처리하고 연구자금을 불법적으로 관리하고 저작권을 불법적으로 사용하는 행위 등을 금해야 한다.

(9) 기회(opportunity)

자원을 사용할 기회나 승진의 기회가 모든 과학자들에게 공정하게 주어져야 한다. 공정한 기회를 부여하는 것은 과학적 지식이 객관적 타당성을 갖기 위해 필요한 조건이다. 과학자는 인종, 성, 출신국가, 연령 그리고 과학적 능력에 관련되지 않은 특징들에 기초하여 동료를 차별해서는 안 된다.

(10) 상호존중(mutual respect)

과학자는 동료들을 존중해야 한다. 과학공동체는 협력과 신뢰에 의해 세워진 것이기 때문에, 상호존중은 기본적인 것이다. 이에는 과학자들이 서로를 신체적 혹은 심리적으로 해치지 않고, 개인적 프라이버시를 존중해주며, 각자의 실험 또는 연구결과에 간섭하지 않아야 한다는 것 등이 포함된다.

(11) 효율성(efficiency)

과학자는 자원을 효율적으로 사용해야 한다. 과학자가 동일한 논문을 약간의 수정을 가하여 여러 번 발표하는 것은 자원을 낭비로서 윤리적이지 못하다.

(12) 실험대상에 대한 존중(respect for subjects)

과학자는 인간을 실험대상으로 사용할 때는 인권 또는 존엄성을 침해해서는 안 된다. 또한 동물을 실험대상으로 사용할 때도 역시 조심스럽게 다루어야 한다. 동물 역시 인간 못지 않은 도덕적 지위를 가진다고 생각한다면, 동물 역시 적절한 권리존중이 있어야 한다.

쟁 점 토 론

과학자와 기술자는 연구 결과에 책임을 져야하는가? 20세기의 과학의 발달은 더 이상 과학과 기술을 구분하지 않는다. 2차 대전 당시에 핵무기 개발과 원자폭탄의 투하에 의해 엄청난 살상이 일어났다. 과연 이 원자탄을 개발한 기술자는 정치인의 명령에 의해 만들었기에 전혀 책임이 없다고 할 수 있는가? 러셀? 아인슈타인 선언 이후 과학자들은 다양한 방식으로 연구 결과에 대해서 책임을 질 필요가 있음을 절감하고 있다. 생명공학기술, 줄기세포 연구, 동물실험 등 다양한 연구 영역에서 연구 윤리를 제정하고 있다. 이와 같은 점을 미루어 볼 때, 과학자의 연구 결과에 대해서 살펴볼 필요가 있다.

명제 1 과학은 온전히 가치중립적일 수 없는 만큼 책임으로부터 자유로울 수 없다.

Yes 입장

과학이 가치중립적이라면 과학 법칙은 모든 현상에서 예외 없이 적용되어야 한다. 하지만 대부분의 과학 법칙들은 예외가 존재해왔고 뉴턴의 법칙 역시 마찬가지다. 이는 과학이 그 자체로 온전히 객관적일 수 없으며 가치중립적일 수 없다는 의미다. 인간이 완벽한 존재일 수 없듯이 과학자에 의해 연구되는 과학의 산물 역시 절대적일 수 없다. 실험과 관찰은 가설을 통해 진행되며 그 과정에서 가치판단이 개입될 수밖에 없기 때문이다. 또한 실험과정에서의 관찰 역시 과학자의 주관적 감각기관에 의존할 수밖에 없으며 연구결과의 정리에도 가치 판단이 개입된다. 이처럼 과학의 연구 과정에 가치판단이 개입될 수밖에 없다는 것은 과학자가 자신이 벌인 연구결과에 대한 책임으로부터 자유로울 수 없다는 것을 의미한다. 특히 오늘날의 과학 연구는 연구자금을 지원하는 측에서 연구의 방향을 결정하는 경우가 적지 않고 기술적 응용을 미리 감안하는 경우가 많다. 그 과정에서 인류에게 해를 끼치는 제품이나 무기는 얼마든지 개발될 수 있다.

No 입장

과학은 자연현상의 객관적인 원리나 법칙을 탐구하는 학문이다. 과학은 주관을 최대한 배제하고 객관성과 정합성을 추구한다. 자연현상을 파악하는 데 사용되는 과학의 법칙이나 이론들은 개인의 취향이나 가치판단 기준에 따라 취사선택될 수 없다. 객관성과 정합성이 인정되는 결과만 과학으로서 인정받는다. 마찬가지로 그렇게 연구된 과학의 결과물도 가치중립적인 성격을 띠고 있다. 물론 연구대상과 연구과정, 방법의 선택에서 과학자의 관심이나 경험, 주관의 영향을 피할 수 없다. 하지만 그것이 과학적 성과로 인정받기까지는 수많은 객관적인 검증 과정을 거쳐야 한다. 유전학과 진화론의 결과가 곧바로 히틀러의 유대인 학살을 낳은 것이 아닌 것처럼 과학이 문제를 낳는 것처럼 보이는 것은 그 성과를 이용하는 사람에 의해 왜곡되기 때문이다. 인간복제 논란도 생명의 신비를 밝혀내라는 연구과정에서 얻어진 산물을 응용하는 과정에서 빚어진 것이다. 따라서 객관적인 자연현상을 이해하려는 과학의 탐구에 책임이 부여될 수 없다.

명제 2 사회적 해악을 끼치는 연구에 참여하는 것은 결국 과학자의 선택이다.

Yes입장

과학자는 연구 수행과정에서 양심에 따른 결정을 내릴 수 있다. 즉 연구 진행과정과 그 결과가 인간이나 환경에 해를 끼친다면 양심에 따라 연구를 중단하거나 거부할 수 있다. 그런 현실을 감안할 때 과학자는 연구결과에 대한 책임을 강하게 느껴야 한다. 물론 과학자 대부분은 정부, 기업, 대학 등 연구소에 소속되어 연구를 진행한다. 하지만 그런 현실이 양심과 윤리의식을 거스르면서까지 연구하는 것을 합리화시켜주지 못한다. 부정적인 결과가 예상되어도 피고용인이었기 때문에 고용주의 지시에 따를 수밖에 없다고 주장하는 것은 하나의 윤리적 주체로서 과학자 집단을 무시하는 태도다. 법률가, 의사, 교사, 종교인 등에 적용되는 높은 도덕적 기준과 윤리 의식은 과학자에게도 필요하다. 원자폭탄을 개발하는 데 참여했을 뿐 원자폭탄의 투하 결정에 참여하지 않았다고 해서 책임을 면할 수 있는 것은 아니다. 과학자는 자신의 연구결과가 악용되는 것에 대해 수수방관해선 안 된다. 그러한 상황을 사회에 적극 제기하면 악용되는 상황을 충분히 막을 수 있다.

No입장

현대의 과학자들은 대학, 기업, 국책 연구소 등에 소속된 피고용인의 위치에 있다. 즉, 연구대상과 내용을 선택, 결정하는 것은 해당 고용주이지 과학자 개인이 아니다. 연구 진행과정에서도 과학의 전문화와 세분화가 심화되면서 연구 활동 대부분은 공동 협업과 분업에 의해 이루어진다. 때문에 과학자 개인은 전체 연구과정에서 극히 일부분만을 담당하는 경우가 많다. 과학자내에서도 직급과 위치에 따라 연구과정에 대한 결정권이 다르다. 이런 현실을 고려할 때 일률적으로 과학자에게 연구결과에 대한 책임을 강조하는 것은 지나치다. 설사 연구과정에서 사회에 부정적인 영향이 예상되었더라도 하급의 과학자가 연구를 중단시키는 것은 현실적으로 불가능하다. 연구결과를 현실에서 어떻게 활용할 것인가의 문제는 개별 과학자가 아니라 기업인이나 정치인 등 연구소가 소속된 특정집단의 최고 결정권자에 의해 결정된다. 결국 과학자는 연구만 할 뿐 연구결과의 활용은 다른 사람의 몫이다. 연구결과에 대한 책임은 연구자가 아니라 결과를 응용하는 주체에 있다.

명제 3 과학자 윤리강령의 제도화 등 과학자의 사회적 책임은 강화되어야 한다.

Yes입장

과학의 궁극적인 목적은 인간을 위함에 있다. 과학자 개인의 호기심 해결이 중요한 것이 아니다. 과학자의 사회적 책임의 강화는 과학이 낳은 사회적 문제의 해결에 반드시 필요하다. 과학자가 공익보다 개인과 소속집단의 이익을 우선할 때, 과학기술은 환경오염, 무분별한 생명복제 등 여러 사회적 문제를 양산할 것이다. 특히 과학자가 사기업에 소속되어 있을 경우, 사회적 책임 의식마저 없다면 제품의 단가를 낮추기 위해 환경에 유해한 물질을 개발하고 사용하는 일이 다반사로 일어나지 않겠는가. 이를 방지하기 위해서라도 과학자 윤리강령을 제도적으로 확립하고, 사회적 책임을 높여가야 한다. 과학자들이 윤리강령을 작성하고 토론하며 투표하는 행위는 충분한 교육적 효과를 가져올 수 있다. 물론 윤리강령이 복잡한 문제를 해결할 궁극적인 도구가 되긴 힘들다. 하지만 윤리강령을 사회적 제도로 정착하고 과학자의 사회적 책임을 강화하는 각종 수단을 도입하면 현대사회에서 벌어지는 과학의 폐해를 줄여나갈 수 있을 것이다.

No입장

엄밀하고 정확한 것을 추구하는 과학자에게 실체가 분명하지 않은 사회적 책임을 강조하는 것은 적절치 않다. 과학자에게 연구결과에 대해서까지 사회적 책임을 과도하게 요구할 경우 오히려 과학의 발달을 저해할 수 있다. 실제 과학의 출발은 과학자 개인의 사소한 호기심과 알고 싶은 욕구에서 비롯된 측면이 많은데, 명확히 확인되지도 않은 부정적 영향이 예상된다고 하여 연구가 중단된다면 과학 발전에 큰 장애가 될 것이다. 이는 사회 전체의 이익 측면에서도 손해다. 음식을 만들 때 사용하는 식칼이 살인에 이용되었다고 해서 칼을 발명한 과학자에게 책임을 물을 수는 없는 일 아닌가. 특히 윤리강령의 제도화는 큰 효과를 보기 힘들다. 윤리강령은 대개 추상적이어서 다양한 방식으로 해석될 수 있으며 이에 따라 오히려 개인의 행위를 정당화하거나 특정 조직의 이익을 위해 악용될 소지가 많기 때문이다. 사회적 책임은 과학적 산물의 응용 주체에 묻고 과학자에게는 연구에 매진할 수 있는 환경을 조성해주는 것이 타당하다.

(유레카 논술, 2008, 130호 참조)

과학기술자의 역할이 오늘날 매우 중요해졌다. 여러분은 자신들의 전문 분야에 연구된 결과에 책임을 가질 필요가 있다고 보는가? 만약 사회적으로 해악을 끼칠 수 있는 분야에도 취업을 할 것인가? 위의 내용을 참조해서 각자의 입장을 1000자 이내로 기술해 보시오.

專門家

이사온 그는 이상한 사람이었다
그의 집 담장들은 모두 빛나는 유리들로 세워졌다
골목에서 놀고 있는 부주의한 아이들이
잠깐의 실수 때문에
풍성한 햇빛을 복사해내는
그 유리담장을 박살내곤 했다
그러나 얘들아, 상관없다
유리는 또 갈아끼우면 되지
마음껏 이 골목에서 놀렴
유리를 깬 아이는 얼굴이 새빨개졌지만
이상한 표정을 짓던 다른 아이들은
아이들답게 곧 즐거워했다
견고한 송판으로 담을 쌓으면 어떨까
주장하는 아이는, 그 아름다운
골목에서 즉시 추방되었다
유리담장은 매일까지 깨어졌다
필요한 시일이 지난 후, 동네의 모든 아이들이
충실한 그의 부하가 되었다
어느 날 그가 유리담장을 떼어냈을 때, 그 골목은
가장 햇빛이 안 드는 곳임이
판명되었다. 일렬로 선 아이들은
묵묵히 벽돌을 날랐다

04

윤리이론과 사례

이 장의 목적

이 장에서는 공학윤리에 적용될 수 있는 윤리이론들을 살펴볼 것이다. 일반적으로 사건이 발생한 경우에는 어떤 형태로든 그 사건을 되짚고 문제의 원인 및 사후 대책을 논하는 것이 정석이다. 그런 점에서 여기서 논의될 다양한 윤리 이론들은 사고의 사실적 원인을 분석한 후, 그것을 어떤 관점으로 보는 가에 대한 중요한 이론적 토대가 된다. 그러므로 여러분이 고등학교 시절에 배운 윤리 이론이 공학 문제에 구체적으로 어떻게 적용될 수 있는지를 검토해 볼 수 있을 것이다.

윤리적 논증

태희는 한 지역 병원 응급실의 야간 간호사다. 응급실이 텅 비어 있던 어느 날 늦은 밤, 한 경찰관이 치명적인 자상을 입은 한 젊은 남자를 데리고 들어왔다. 경찰관은 이 병원이 가장 가까우며 또 다른 병원으로 갔다가는 이동 중에 사망할 것 같았기에 이리로 데려왔다고 말했다. 문제는 이 젊은 남자의 신원이 확인되지 않을뿐더러 의료보험에 가입되어 있는지조차 알 수 없다는 것이었다. 외관상 그는 보험에 가입되지 않는 것으로 보였다. 태희는 제대로 된 신분증 혹은 보험증 없이 환자를 받아들였던 사실로 이미 여러 번 경고를 받은 상태였다. 만약 한 번 더 이러한 일이 있다면 직장을 잃을 것이 분명했다. 그녀는 어떻게 해야 하는가?

고려사항: 단기적 이기심과 윤리적 문제를 분리하라. 태희가 세 자녀를 부양하고 있다거나 미혼일 경우에는 어떻게 달라지는지를 보라. 태희 자신에 대한 의무, 젊은 남자에 대한 의무, 병원에 대한 의무를 모두 고려하라. 태희가 젊은 남자의 치료를 거부해서 사망한다면, 그것은 살인방조죄가 되는가? 이 경우에 그녀의 행위는 정당화될 수 있는가?

의무들이 상호 충돌하고, 개인적인 단기 이익의 문제가 함께 충돌할 때, 여러분은 어떻게 할 것인가? 윤리적 원칙과 관점을 고려해서 500자 이내로 논증하시오.

1. 윤리

"양심이란 손끝의 가십니다. 빼어버리면 아무렇지도 않은데 공연히 그냥 두고 건드릴 때마다 깜짝깜짝 놀라는 거야요. 윤리요? 윤리. 그건 나이롱 빤쓰 같은 것이죠. 입으나 마나 불알이 덜렁 비쳐 보이기는 매한가지죠. 관습요? 그건 소녀의 머리 위에 달린 리본이라고나 할까요? 있으면 예쁠 수도 있어요. 그러나 없대서 뭐 별일도 없어요. 법률? 그건 마치 허수아비 같은 것입니다. 허수아비. 덜 굳은 바가지에다 되는대로 눈과 코를 그리고 수염만 크게 그린 허수아비. 누더기를 걸치고 팔을 쩍 벌리고 서 있는 허수아비. 참새들을 향해서는 그것이

제법 공갈이 되지요. 그러나 까마귀쯤만 돼도 벌써 무서워하지 않아요. 아니 무서워하기는 커녕 그놈의 상투 끝에 턱 올라앉아서 썩은 흙을 쑤시던 더러운 주둥이를 쓱쓱 문질러도 별일 없거든요."

-이범석의 '오발탄' 부분발췌-

윤리, 관습, 법을 지킬 필요가 있을까? 이 소설에서 동생 영호는 가난하고 양심적으로 사는 형 철호의 삶에 회의를 느낀다. 영호는 법과 윤리를 어기면서 우리도 부와 권력을 얻기 위해 양심과 윤리를 버려야 한다고 주장한다. 정말 윤리는 지키는 것은 손해인가? 힘있는 사람은 지키지도 않는 것을 참새와 같은 우리만 지키고 사는 것은 아닌지? 이 문제는 공자와 소크라테스의 시대부터 있었던 아주 중요한 문제이다. 여기에 대해서 생각해 보는 시간을 가져보자.

1) 윤리란

윤리란 모든 개인에게 세상에서 각자의 자리를 지정해 주고, 삶에서 무엇이 중요한지를 깨닫게 하는 것이다. 모든 인간 사회에서 그런 종류의 기준이 있다. 물론 그것은 시대와 인식의 변화에 의해 새롭게 변화되어왔다. 철학은 그러한 변화 속에서 지속적으로 탐구되어 온 인간의 길을 탐구했으며, 구체적으로는 윤리학을 통해서 탐색해 왔다. 비트겐슈타인(Wittgenstein)에 따르면, 윤리학은 실제로 중요한 것이 무엇인지를 탐구하는 것이며, 중요한 것은 삶의 의미를 찾아내는 것이며, 올바르게 살아가는 방법이 무엇인지를 연구하는 것이라고 한다.

한편 윤리란 사실을 다루는 학문이 아니라 가치를 탐구하는 학문이다. 서양 근대에 접어들면서 모든 학문에 가치를 배제한 학문이 주류를 이루었다. 이것은 학문의 발전에 큰 원동력을 제공하였다. 어떤 신념이나 가치를 접어두고 사실에만 탐구한다는 사실은 기존의 종교나 철학의 이념의 공격에서 벗어나서 자유롭게 원하는 학문을 연구할 수 있는 풍토를 조성하였다. 기존의 서양에서 기독교는 학문의 발전을 옥죄는 감옥의 역할을 한 것은 주지의 사실이다. 물론 어느 정도 학의 계승에 기여한 바가 없는 것은 아니다. 하지만 계승이 아닌 새로운 학의 발전에 걸림돌이 된 것은 물리학의 전개만 보아도 쉽게 알 수 있다.

그러나 학문에서 가치의 일방적인 배제는 얻는 것도 많았지만, 그 만큼 잃은 것도 있었다. 그것은 인간이 동물이나 로봇처럼 프로그램된 방식으로만 활동하지 않는다는 것이다. 인간의 문화는 인간의 사유와 행동을 통해서 전개되어 왔다. 자유와 평등이라는 개념 역시 지난 역사를 되돌아 볼 때, 과거의 형태보다 훨씬 진보된 형태로 나아가고 있다. 이것은 결코 결정론적인 방식으로만 이해될 수 없는 인간의 사유의 모험에 의한 결과이다. 그러므로 가치를 학문에서 배제하는 것은 인간의 문화에서 나침반 없이 엄청나게 큰 배에 전 인류를 실고 남극이나 오지로 질주하는 것과 같다.

고대 철학자 소크라테스는 "우리가 어떻게 살아야만 하는가?"라고 묻는 질문이 도덕의 시작이라고 한다. 인간은 동물과는 달리 자신이 왜 살아야 하는지, 그리고 자신의 삶이 어떤 의미가 있는지를 되묻는다. 이것은 삶이 가치와 분리될 수 없다는 것이다. 가치가 부재된 삶은 힘든 일을 이길 이유를 얻지 못하게 한다. 우리 부모님들이 직장과 집에서 묵묵히 자신들의 일을 즐겁게 수행하는 것은 그들 자신의 개인적인 이유도 있겠지만, 자식들에 대한 무한한 책임의식도 동반되는 것이다. 책임이란 가치있는 삶을 살겠다는 의지의 표현이다.

하지만 가치를 사유하는 윤리는 자연과학의 다양한 분과학문처럼 정확한 정의를 내리기는 어렵다. 왜냐하면 다양한 윤리이론이 있으며, 이 이론들은 각각 어떤 삶이 윤리적인지에 대한 입장이 상반되기 때문이다. 따라서 어떤 윤리이론이 가장 사실에 부합하는가에 대해서는 어느 누구도 명확하게 판단할 수 없다. 다만 각각의 상황에서 논증을 통해서 가장 설득력을 가질 수 있는 윤리이론을 택하는 것이 합리적인 선택이다.

사례

테레스 앤 캄포 피언슨은 1992년 플로리다에서 태어났다. 그녀는 태어난 순간 죽음이 예고되어 있었다. 그녀의 질병은 무뇌증이었다. 이것은 최악의 선천성 질병이라고 할 수 있다.[1] 요즘은 사전 진단을 통해서 그 질병을 알 수 있기 때

1) 이는 뇌없음증이라고도 한다. 중추신경의 기형 중 가장 심한 것으로 뇌 자체가 없는 것이다. 발생빈도를 따질 때 가장 흔히 보는 기형 중 하나다. 뇌가 없다고 해도 그 정도가 다양해 소뇌까지 완전히 없는 경우도 있으나 상당량의 상당량의 대뇌반구를 가지는 경우도 있다. 무뇌증이라고 할 때는 정의상 두개골 결손을 반드시 포함시킨다.

문에, 대부분의 산모는 낙태를 한다. 미국에서는 매해 300명 정도의 무뇌아가 태어나며, 그들 대부분은 며칠 안에 죽는다.

아기의 부모는 아기가 오래 살지 못하고, 의식도 없다는 것을 알고 나서 장기 이식을 자원했다. 아기가 뇌를 제외하고 장기는 건강하기 때문에 이식을 받으면 살 수 있는 아이들에게 자신의 아이의 것을 제공하려고 했다. 미국에서는 한 해 2,000명 정도가 장기 이식을 필요로 한다. 하지만 당시 플로리다 주 법에 의하면 기증자가 죽기 전에는 장기를 적출할 수 없도록 되어 있었다. 그래서 태어난 지 9 일 만에 죽은 아이의 장기는 어느 누구에게도 기증될 수 없었다. (James Rachels, 2006)

우리는 이 사례를 통해서 볼 때, 어떤 윤리 이론에 따라서 다양한 의견이 도출될 수 있다. 과연 여러분은 어떤 윤리관에 근거해서 이러한 입장에 대해서 찬성과 반대의 논증을 세울 수 있는가? 우리는 간단히 의무윤리, 권리윤리, 공리윤리라는 세 입장에서 각각의 상황을 살펴볼 수 있다.

① 사람을 수단으로 이용해서는 안 된다는 논증
② 각자는 생명의 권리가 있기 때문에, 살인은 옳지 않다는 데 나온 논증
③ 유익과 관련된 논증

2) 메타 윤리학과 규범윤리학

메타 윤리학은 도덕적인 논의의 의미론적, 인식론적, 논리적 구조를 분명하게 이해하려고 노력한다는 측면에서 도덕 자체에 관한 철학이다.

반면에 이와 같이 다소 추상적으로 진행되는 도덕 자체에 대한 철학적 논의와는 별도로 도덕적 개념과 원칙의 문제를 현실 사회의 제반 문제에 적용하는 것과 관련된 도덕철학의 영역을 흔히 규범 윤리학이라고 부른다. 도덕철학의 궁극적인 지향은 인간으로 하여금 어떠한 상황에서 어떻게 행동하는 것이 올바른지에 대한 지침이 될 수 있는 표준과 규칙의 규범윤리적 체계를 제공하는 것이다.

규범 윤리학 내에서도 공리주의, 칸트의 윤리 이론과 같이 특정한 윤리 이론 혹은 체계를 중심으로 이들 이론이 가지고 있는 규범윤리적 체계에 대한 논

의를 진행할 수도 있고, 특정한 이론 체계와는 별도로 현실 사회의 특수한 영역을 중심으로 적절한 윤리적 분석과 대안을 제시할 수도 있다. 전자와 같은 영역을 흔히 순수규범윤리학으로 분류하고, 의료윤리, 환경윤리, 직업윤리, 공학 윤리 등 현실 사회의 특정 영역을 중심으로 전개되는 후자의 윤리학을 응용규범윤리학으로 분류하기도 한다. 그러므로 우리가 이 책에서 다룰 내용은 응용규범윤리학의 범주에 속하는 공학윤리만을 중심적으로 검토할 것이다.

3) 좋은 삶이라는 것은?

우리는 일반적으로 잘 산다는 것을 어떻게 말하는가? 옛날 우리 조상들은 사람에게는 다섯 가지 복이 있다고 한다. 오래 사는 것, 재물, 건강, 덕, 그리고 명대로 사는 것이다. 우리는 재물을 얻기 위해서 건강을 해치는 경우도 보며, 오래 살기 위해서 운동도 하고 좋은 약이나 음식도 먹는 것도 본다. 오래 사는 것, 재물, 건강, 명대로 사는 것[2)]에는 많은 사람들이 관심의 대상이지만, 덕을 갖춰 사는 것은 소홀히 생각하는 경우가 있다. 네 가지 복은 개인에게 매우 도움이 되는 복이라면, 덕은 타인과의 관계를 원활하게 하는 것이다.

과거 우리 시대의 대표적인 사상인 유교의 가장 기본적인 원리는 인과 예이다. 이것들은 모두 타인과의 관계를 염두에 둔 것이다. 어떻게 하면 타인과 좋은 관계를 가질 수 있는가를 고민한 후에 나온 것이 '인'과 '예'이다. 우리는 나와 나자신, 나와 사회, 나와 타인과의 관계에 의해서 행복이 결정되는 경우를 빈번하게 본다. 물론 앞서서 본 덕을 제외한 나머지 복들 역시 좋은 삶을 살기 위해서 필수적인 것들이다. 오래 사는 것이나 건강하게 사는 것은 우리 사회에서 좋은 음식이나 운동을 통해서 가르쳐 주는 곳이 많다. 재물 역시 이전 보다 우리 사회가 발전하면서 과도한 욕심을 내지 않고 검소하다면, 충분히 살아갈 만큼 모을 수 있다.

하지만 어떻게 하면 타인과 사회, 그리고 자신 자신과 관계를 잘 맺을 수

---

2) 민간에서 말하는 오복과 유교에서 말하는 오복이 약간 다르다. 먼저 민간에서 말하는 오복은, 1. 치아가 좋은 것, 2. 자손이 많은 것, 3. 부부해로하는 것, 4. 손님을 대접할 것이 있는 것, 5. 명당에 묻히는 것이다.

있는지를 가르쳐 주는 곳은 별로 없다. 이것이 매우 중요하다는 사실은 수능시험이나 취직 시험에서 평가하지 않는다. 그러나 실제의 삶에서는 행복과 직결되는 것이다. 이러한 능력이 부족한 경우에 우리는 자신의 무능력한 존재로 스스로 낙인을 찍거나, 가족이나 친구와의 소통의 부재로 고통을 겪거나, 사회의 조직 속에서 원활한 인간관계를 맺지 못해서 아픔을 당하는 경우를 자주 본다. 이러한 문제를 기본적으로 고려한 것이 복 중의 하나인 덕이다. 달리 표현하면 이것은 공학윤리에서 윤리이며, 가치에 해당하는 것이다.

우리는 태어나는 순간에 부모와의 관계 여부에 따라서 행복과 불행이 결정되고, 학창시절에는 선생님과 친구들과의 관계에 의해서 행복과 불행이 어느 정도 결정되고, 직장 생활에서는 직장 상사, 동료, 후배들과의 관계에 의해서 자신의 생활이 결정되고, 결혼 후에는 부인과 자식과의 관계에 의해서 결정이 된다고 볼 수 있다. 그런 점에서 볼 때, 우리는 사회, 타인, 나 자신과 어떤 관계를 맺는지가 좋은 삶을 살아가는데 매우 중요한 것이라고 할 수 있다. 그러므로 윤리적인 삶은 꽉 짜인 옷을 입어서 불편함을 감수하는 것이 아니라 자율적인 힘을 얻는 것이다. 이러한 힘을 갖출 때, 개인, 가족, 사회, 국가, 인류는 건강하게 행복한 삶을 살아갈 수 있는 것이다. 강성한 국가나 조직은 모두 이러한 힘을 바탕으로 이루어졌음을 역사를 통해 되짚어볼 수 있다.

사례

수롱이는 노총각이다. 사고무친에다 가난뱅이였으며 볼품없는 외모, 평생 장가 한번 들어보지 못하고 죽을 판이다. 그가 아다다를 아내로 맞아들인 것은 이러한 제 분수를 알고 있었기 때문이다.

아다다는 누구인가. 백치, 벙어리에다가 이혼녀이다. 수롱이는 이런 아다다도 감지덕지로 여긴다. 그녀가 비록 불구였지만 부지런하고 순진해서 수족처럼 움직여주니 더 바랄 데 없다. 거기다가 명색이 김초시 딸 아닌가. 대대로 행랑채를 벗어난본 적 없는 천골의 혈통으로 그녀를 아내로 맞아들이는 것 자체가 대단한 신분 상승이다. 둘은 신미도라는 섬 마을로 도망쳐 살림을 차린다.

사건은 여기서 벌어진다. 이 외딴 섬에서 살아갈 방도를 강구하려는 차에 수롱이가 아다다에게 뭉칫돈을 꺼내면서 밭 한 뙈기 사들이려는 계획을 자랑스럽게 털어놓는다. 그 밭을 사서 둘이 열심히 농사지으면 몇 년 안 가 밭 키우고 논도 사서 마침내는 고래등 같은 기와집에서 나리, 마님 소리 들으며 살 수 있으리라. 수롱이는 마치 그게 지금의 현실이라도 되는 듯 신이 난다. 그러나 아다다의 얼굴에는 깊은 수심의 그림자가 드리워진다.

그녀에게도 행복한 삶이 있었다. 첫 남편과의 짧은 결혼 생활이었다. 싸들고 간 지참금 덕이기는 했지만 남편과 시부모의 사랑으로 꿈결 같은 나날을 보내었다. 그러다가 남편이 어쩌다 대처에서 한밑천 잡게 되면서 모든 것이 변해버렸다. 잔인하게 학대하더니 번듯한 여자를 들여놓고서는 아예 아다다에게 소박을 놓아버린 것이다.

수롱이도 그럴지도 모른다. 저 돈으로 밭을 사고 재산이 불어나기 시작하면 다시 새 여자를 데려올 것이고 자신은 또 매만 맞다가 쫓겨나리라. 돈 없어 가난해도 사랑하며 살 수는 없나.

내일이면 밭 주인을 만나 돈 지불하게 된 날 밤이다. 불안과 초조로 그 밤을 하얗게 밝힌 아다다는 수롱이가 미처 잠이 깨기 전인 새벽에 그 뭉칫돈을 꺼내어 바다로 가서 흩뿌려 던져버린다. 헐레벌떡 따라온 수롱이. 그때의 수롱이가 앞서 말한 그 초상화의 주인공이다. 수영할 줄 모르는 그는 바닷물의 소용돌이 속에 산산이 흩어져 부침하는 지폐를 안타깝게 바라보며 발만 동동 구른다. 아아 돈, 저 돈 돈...하다가 정말 그가 돌아버린 것이다. 돈 수롱이는 마침내 아다다를 개 패듯이 팬 다음 바다에 던져 버린다.

-계용묵의 백치 아다다 중에서-

➾ 어떻게 사는 것이 행복하게 사는 길인가? 아다다의 행동을 이해할 수 있는가? 현대인들은 가족과 개인 자신을 위해 돈을 벌어야 한다고 생각하지만, 혹 돈을 위해 자신을 희생하고 있는 것은 아닌지?

2. 윤리 이론들

우리에게 당장 필요한 것은 사용-가능한 윤리 문제 해결 기술의 개발이다. 이를 위해, 먼저 몇 가지 윤리 이론들을 고찰할 필요가 있다. 참조할 이론들의 수는 대단히 많고 다양하다.

그러나 다양성은 윤리적 문제의 복잡성을 의미하는 것이지, 윤리 이론의 약점 또는 혼란을 의미하지 않는다. 오히려 윤리 문제들을 이해하는데 대단히 큰 도움이 되며, 문제 해결을 다방면으로 접근하게 해 준다.

그러므로 많은 윤리 이론에서 우리가 가져야 할 바람직한 태도는 이들 중 어떠한 한 이론을 선택할 것이 아니라, 이들 이론들을 모두 감안하여 어떤 윤리적 문제를 해결하는데 가장 좋은 해결책을 찾아내는 기본적인 기술, 즉 윤리 문제 해결의 기본 기법을 마련하는 것이다.

1) 신성한 명령설(이슬람교, 기독교, 유대교 등)

낙태, 장애아, 안락사, 체외 수정, 환경 문제 등에 종교인들의 목소리는 오늘날에도 큰 영향력을 미치고 있다. 그 이유는 무엇인가? 앞에서 제기한 문제에는 인간의 선택과 판단이 들어간다. 그 경우에 의사, 기술자, 복지사들이 주장하는 사실만으로는 그러한 문제의 해결 방안을 제시하는 것이 쉽지 않다. 왜냐하면 그들은 사실만을 다룰 뿐 가치에 대해서 배운 것은 아니기 때문이다. 이는 버트란트 러셀(B. Russell)이 무신론을 믿는 입장에 대해서 밝힌 내용에서 확연히 드러난다. 그에 의하면, "인간은 자신이 추구하고 있는 결과에 대해 아무런 선견지명도 없는 원인들의 산물이라는 점, 인간의 기원과 성장, 희망, 공포, 사랑, 그리고 믿음은 단지 원자들의 우연히 배열된 결과라는 점, 그 어떤 열정도, 영웅주의도, 강력한 사상과 감정도 죽음 이후까지 한 개인의 삶을 유지해 줄 수 없다는 점"(Russell, 1902)이다. 이것은 현대 서구 교육에서 일반적인 방식이며 방향이다. 그런 점에서 인간에게 가치와 의미가 있다고 역설하는 종교인들이 현대의 제반적인 문제에 대해서 자신들의 입장을 피력하는 것은 당연한 일이다. 따라서 종교인들은 자신들의 종파의 원리와 이론에 근거해서 도덕적인 판단을 내리기 때문에, 사람들은 종교인들이 가장 도덕적인 인물이라고 생각한다.

신명론(Divine Command Theory)

선생님! 어떤 사람이 예수에게 다가와 묻기를, 제가 영생을 얻으려면, 무슨 선을 행해야 합니까? 예수가 그에게 말하였다. 어찌하여 너는 나에게 선을 묻느냐? 아무도 선할 수 없다. 오직 신만이 선하다. 네가 영생을 얻고자 한다면, 계명을 지켜라. 그가 예수에게 물었다. 어느 계명을 말하는 것입니까? 예수가 대답하였다. 〈살인하지 말라, 간음하지 말라, 도둑질 하지 말라, 거짓 증언을 하지 말라, 아버지와 어머니를 공경하라〉 그리고 〈네 이웃을 네 몸과 같이 사랑하여라.〉 그 젊은이가 예수에게 말하였다. 저는 이 모든 것을 다 지켰습니다. 아직도 부족한 것이 무엇입니까? 예수가 그에게 말하였다. 네가 온전하고자 하면, 가서 네가 소유하고 있는 것을 팔아서 가난한 사람에게 주어라, 그리하면 네가 하늘에서 보화를 차지하게 될 것이다. 그리고 와서 나를 따르라.

(마태복음 19장 16~21절)

여기에 교회에 다니는 학생들도 있겠지만, 예수의 말에 따라서 우리 자신이 가진 전부를 버리고 따라갈 수 있을까? 물론 목사, 신부, 수녀 등은 그런 길을 가시는 분들이지만, 보통 사람은 그런 윤리적 행동을 수행하는 것은 대단히 어려운 일이다. 수세기에 걸쳐서 수많은 종교인들은 윤리가 창조주 신의 명령에 기원하며, 윤리를 수행하는 것이 신의 명령에 순종하는 방식이라고 하였다. 다시 말해서 옳고 그름을 판단하는 것은 신에 의해 결정이 난다. 이 이론의 장점은 윤리의 객관성이라는 문제로 고민할 필요가 없게 된다. 이미 신이 인간이 선택할 길을 제시해 놓았기 때문에, 그 길을 가는 경우는 윤리적이며, 가지 않는 경우는 비윤리적인 행위를 한 것으로 판결이 난다. 그래서 이것은 이성적으로 고민할 필요가 별로 없다는 장점이 있다. 이미 주어진 길이 놓여 있기 때문이다.

문제점: 이 이론의 가장 심각한 난제는 신을 믿지 않는 경우에는 아무런 설득력이 없다는 것이다. 특히 공학문제는 전 세계가 공통적으로 다루는 문제들이기 때문에, 각 민족마다 믿고 있는 신의 관점에서 그 사건의 옳고 그름을 판단하는 것은 적절하지 못하다. 또한 이것은 신의 명령이 선하다는 도덕적인 추론을 할 수 없다. 계명은 다른 사람의 행복을 지향하며, 다른 사람에게 피해를 주는 것을 금지한다. 이 계명에는 훌륭한 사람을 영위하고자 하는 나의 꿈이나

이상은 빠져 있다. 즉 주체 자신의 행복과 타인의 행복이 일치하는 방식으로 윤리를 제기하지 않는다. 오직 타인의 행복에만 초점이 맞추어져 있다. 이런 점 때문에 근대에서는 '나' 혹은 '주체'를 상정하는 윤리이론이 제시된다.

하지만 예수는 여기서 자기를 완전히 비우는 순전한 증여의 윤리를 말한다. 과연 이 정도로 개인이 결단할 수 있는가? 소유하고 있는 것을 모두 버리는 것. 예수에게 질문을 던진 모범적 청년은 과연 예수가 시키는 대로 했을까? 그렇지 않다. 아주 준법적인 이 청년은 소유욕과 탐욕의 본성을 버리지 못한 채 고민하며 돌아갔다. 우리 역시 이 청년과 동일한 행동을 하지 않았을까? 이것은 각자가 자신의 삶에 대한 선택과 결단에 있다고 보인다. 현대 사회가 개인의 소유와 욕망에 너무 치중하고 있다는 점에서, 증여에 대한 예수의 입장은 충분히 수긍이 가는 점이 있다.

2) 이기주의 윤리론: 토마스 홉스(T. Hobbes, 1588-1679)

어떤 사람이든지 이 상호 불신으로부터 자신을 지키는 데 있어서 선수를 치는 것만큼 적절한 방법은 없는 것이다. 즉 폭력이나 간계에 의해서 그를 위태롭게 하는 데 충분한 다른 힘과 맞닥뜨릴 때까지는 그는 할 수 있는 한 많은 사람들을 지배하는 것이다. 이것은 그 자신의 보존을 위해 필요한 것에 지나지 않으며, 일반적으로 허용되는 것이다. 또한 그들의 안전을 위해 필요한 것 이상으로 추구하는 정복행위에 있어, 그들 자신의 힘을 관조하며 기쁨을 느끼는 자들이 있기도 하다. 그렇기 때문에, 만일 그렇지 않고 겸허한 한계 안에서 안락을 즐기려는 사람을 침략하여 그들의 힘을 증대시키지 않는다면, 그들은 단지 수세를 취하는 것만으로는 오래 생존해 나갈 수 없는 것이다. 따라서 그러한 인간에 대한 지배의 증대는 인간의 보존에 필요한 것이기 때문에 그것은 인간에게 허용되어야만 하는 것이다.

인간의 본성에서 우리는 세 가지 주요한 분쟁의 원인을 발견한다. 첫째는 경쟁이고 둘째는 자신 없음(diffidence)이며, 셋째는 영예(glory)이다. 첫째는 인간으로 하여금 목표물을 얻기 위하여 침략하게 만들며, 둘째는 안전을 위하여, 셋째는 명성을 위하여 그렇게 만드는 것이다. 첫째는 그들 스스로를 타인의 인격, 부인, 자녀와 가축의 지배자를 만들기 위하여 폭력을 사용한다. 둘째는 그들을 방어하기 위하여, 셋째는 한 마디 말이나 하나의 웃음, 그리고 상이한 의견과 과소평가의 어떤 징후 같은 사소한 것들 때문에

> 그렇게 하는 것이다. 이런 경우 그것은 직접적으로 자기 일신에 관한 것이거나 간접적으로는 자기의 친구나 친지, 국민, 직업 및 가문에 관계되는 것이다.
>
> -토마스 홉스, 『리바이어던』(1651)에서-

이것은 말 그대로 모든 도덕의 기반은 인간의 이기성에서 비롯된다는 것이다. 인간의 이타적인 행위의 밑바닥에는 이기주의가 깔려 있다. 이기주의 윤리론은 인간의 모든 행위는 자신의 쾌락을 충족시키기 위해서 윤리적 행위를 한다고 본다. 다시 말해서 이 이론에서 이타적 행위는 개인의 의미있는 삶, 만족감, 보상을 얻기 위해서 하는 것이라는 점에서 '자기 중심적인 동기' 에 윤리가 근거해 있다는 것이다.

홉스에 따르면, 인간이 자선을 베푸는 것은 자신의 능력을 타인에게 과시하면서 희열을 느끼기 위함이라고 보며, 타인에게 연민을 느끼는 것은 우리 자신도 언젠가 같은 고통을 당할 수 있다는 우려 때문이라고 한다. 이러한 입장은 인간의 행위가 고결하게 보이지만, 그 속에는 이기심에 비롯된 것으로 보는 것이다.

문제점: "모든 행위는 이기적이다" 라는 명제와 "모든 행위는 자기 이익을 추구하기 위한 것" 이라는 명제들은 이기주의 원리의 근본 명제에 해당한다. 하지만 인간의 모든 행위가 이기적이지는 않다. 몸이 아파 약을 먹는 것은 '자기 이익' 을 위한 행위이지만, 이기적이라고 할 수 없다. 또한 모든 행위가 자기 이익을 도모하지 않는다. 술을 먹는 것은 자기-이익에 도움이 되지는 않으나, 쾌락을 얻게 된다. 따라서 단 하나의 동기, 즉 '이기적' 이라는 동기로 인간의 윤리적 행위를 모두 설명할 수는 없다.

사례

가족을 버린 한 남자가 있었다. 그는 화가로서의 소명을 느낀다. 그는 이를 위해 가족에 대한 모든 윤리적인 의무를 제쳐두고, 남태평양으로 간다. 그곳에서 그는 홀로 예술에 전념한다. 우리는 인상파 화가로 알려진 고갱(Gauguin)의 이러한 인생편력을 어떻게 평가해야 하는가? 도덕이나 윤리의 요구로 볼 때,

그의 태도는 비난받을 소지가 많다. 왜냐하면 그는 한 여자와 결혼을 하고, 자식을 함께 키울 약속을 지키지 않고, 가족들을 불행에 빠뜨렸기 때문이다. 한편 수 많은 사람들은 자신의 삶을 윤택하게 한 고갱에게 감사함을 표현한다. 만약 고갱이 가족에 대한 도덕의 요구를 지켰다면, 많은 사람들은 고갱의 그림에서 느끼는 기쁨을 포기해야 할 것이다.

우리는 여기서 두 가지 문제를 고려해 보자. 첫째, 고갱이 자신의 가족과 살면서 많은 보수를 주는 직장을 다니고 주말에는 가족과 즐거운 소풍을 다니면서 즐긴다. 이것은 그림이라는 취미를 포기한 경우 이상을 의미한다. 그는 그림을 그리고자 하는 자신의 꿈과 이상을 포기한 것이다. 둘째, 고갱이 꿈꾸는 삶은 돈, 권력, 명예과 같은 저급한 혹은 이기적인 목적이 아니라 고상하고 정신적이며, 사회적으로 높게 평가되는 목적을 지향했다. 어떤 사회도 예술을 추구하는 것을 비윤리적이라고 비난하지는 않는다. 물론 우리는 가족을 버리고 조폭이 되겠다고 한다면, 많은 사람들은 그 행동을 비난할 것이다. 이 글에서 우리는 '저급한' 이기주의와 '고급한' 이기주의를 구분할 수 있는가? 또한 우리는 고갱의 행위를 비난할 수 있는가? (버나드 윌리엄스(Williams), 1976)

➡ 우리는 고갱의 행위를 이기적이라고 할 수 있나요? 여러분이 고갱과 같이 위대한 화가가 될 소질을 갖고 있다면, 가족을 버릴 수 있나요? 오직 하나의 길만 선택해야 한다면 말이다.

3) 공리주의(Utilitarianism) : 흄(D. Hume), 벤담(J. Bentham), 밀(Mill)

공리주의 원리는 쾌락과 고통이 우리를 지배함을 인정하며 이것을 전체 체계의 기초로 삼는다. 이러한 체계의 목표는 이성 또는 법률의 손으로 조직적인 행복을 구성하려는 것이다. 이러한 체계를 의문시하는 모든 시도는 진정한 의미가 아닌 시끄러운 소음을, 이성이 아닌 변덕을, 빛이 아닌 어둠을 다루는 것에 불과하다.

……공리주의 원리가 의미하는 바는 곧 그것이 모든 행위를, 어떤 행위든지 간에, 그 행위가 그것과 자신의 이익이 관련되는 사람들의 행복을 증가시키는 경향성을 지니는 듯이 보이는가 아니면 감소시키는 경향성을 지니는 듯이 보이는가에 따라서 그 행위를 시

> 인하거나 부인한다는 점이다. 바꾸어 말하면 어떤 행위가 행복을 증진시키는가 그렇지 않은가에 따라 그 행위를 판단한다는 점이다.
>
> -벤담, 1969-

옛날에 미덕 윤리는 의무를 위해 자신의 이익은 희생해야 한다고 주장한 반면에, 벤담은 공리주의 원리가 각 개인의 이익을 최우선으로 간주한다. 그러므로 정부와 개인은 자신들의 행위에서 행복과 이익을 증진시킬 의무가 있다. 벤담은 인간들 대부분이 자기 이익을 증진시키기 위한 목표에 도달하기 위해 행위를 한다고 굳게 믿었다. 하지만 그는 우리가 전체의 행복, 즉 최대다수의 최대행복을 위해 행위를 해야 한다고 주장했다.

공리주의의 주장은 단순하다. 그것은 우리의 행위가 행복 혹은 불행을 유발하는지에 따라서 행위의 옳고 그름을 판단하는 것이다. 1848년에 있었던 프랑스 혁명 이후에 윤리에 대해서도 전혀 다른 생각이 일어났다. 윤리는 신의 명령을 따르고, 그 명령에서 기쁨을 느끼는 것이 아니라, 현재의 삶에서 어떻게 하면 개인과 조직이 더 많은 쾌락이나 행복을 가져올 수 있는가하는 것이다. 이것은 서양에서 내려온 기존의 초월적인 윤리관과 대립되는 속세적인 윤리관이다.

벤담은 도덕의 궁극적인 원리는 "공리"(Utility)라고 하며, 이 원리란 이해관계가 있는 모든 사람들의 행복을 증가시키거나 감소시키는 정도에 따라서 어떤 행위를 허가하거나 불허하는 원리를 뜻한다. 밀 역시 최대 행복의 원칙은 가능한 한 고통에서 자유롭고 기쁨이 충만한 삶을 누리는 것이다. 이처럼 공리주의는 어떤 행위가 최대다수의 최대 행복을 가져오는지를 가장 중요한 주안점으로 삼는다.

사례

김씨는 한적한 시골에 사는 의사다. 한적하다고 표현했지만 사실상 오지에 가깝다. 반경 200km 이내에는 병원이 없어 사정상 김씨가 응급 구조대의 역할을 해오고 있다. 수혈에 필요한 피를 보유한 채 근방에서 벌어지는 각종 사고에 김씨가 대응하는 식이다.

어느 날 저녁, 김씨의 집으로 긴급한 전화가 걸려왔다. 북쪽으로 10km 떨어져 있는 지점에서 학생 30여 명이 탄 수학여행 버스가 계곡으로 굴러 떨어져 구조를 기다리고 있다는 소식이다. 생명이 위독한 중상자가 많으나 김씨가 자동차를 타고 달려가 응급조치를 취하면 10여 명이 살릴 수 있는 상황이다.

서둘러 각종 응급구조 장비를 갖추고 자동차에 타려는 순간, 또 다른 전화가 걸려왔다. 아내의 전화다. 남쪽으로 20km 떨어진 지점에서 아내가 운전하는 자동차가 나무를 들이받는 사고가 벌어졌단다. 아내는 경미하게 다쳤지만 동승한 아들은 출혈이 심해 빨리 조치를 취하지 않으면 생명이 위급한 상황이다.

김씨는 갈등하기 시작했다. 두 사고 모두 급박한 상황이라 무엇이 우선이라 할 수 없었다. 수학여행 버스의 학생들을 구하러 가면 아들은 목숨을 잃을 것이 분명했다. 하지만 아들을 구하러 가면 10 여 명의 학생들이 목숨을 잃을 것이다.

김씨가 달려가고픈 곳은 분명했다. 아들을 구하러 가는 길. 그러나 아들을 구한다는 이유로 10여명의 학생들을 방치하는 것은 도덕적으로 용인될 수 있을까?

➡ 여러분이 김씨라면 북쪽과 남쪽, 어느 쪽을 택할 것인가요? 그러한 판단에는 도덕적 문제도 없는 것인지 살펴봅시다.

우리는 평상시 가족과 가까운 친구를 위해 행동하는 것을 당연하게 여긴다. 가족이 위험에 처해 있다면 목숨을 걸고서라도 구하려 가는 것이 인지상정이다. 어쩌면 우리는 가까운 사람들에게 보다 많은 책임이 있다고 여긴다. 부모가 자녀에 대해 책임을 느끼는 것은 더 하다. 자식이 건강하게 크도록 돌보아야 하는 특별한 책임이 있다는 것을 부인하기 힘들다.

그런데 이러한 생각이 내 자녀의 행복을 위해 다른 아이의 행복에 무관심해도 좋다는 의미는 아니다. 이웃의 아이들이 굶어 죽어 가는데 내 아이의 행복을 위해 사치스러운 옷을 입히는 것이 도덕적으로 용납되지는 않는다.

하지만 김씨가 처한 딜레마의 상황은 쉽게 판단하기 힘들다. 생명이 달려 있는 긴박한 순간이기 때문이다. 만일 남쪽에서 벌어진 사고가 김씨의 아내와 아들이 탄 자동차의 사고가 아니고 생명부지 사람들이 처한 사고였다면 김씨의 판단은 분명했을 것이다. 한 명의 생명이라도 더 살릴 수 있는 길을 택할 것이다. 그러한 상황에서 김씨를 비난할 사람은 없다. 그러나 김씨의 아들이 생명의 갈림길에 놓인 경우, 김씨가 살릴 수 있는 10여 명의 학생들을 외면하고 자신의 아들을 구하러 갔다면 이는 도덕적으로 비난받을 상황인가? 가족의 행복을 다른 사람들의 행복보다 우선시하는 것이 과연 정당한 일일까?

➡ 여러분이 김씨라면 어떻게 할 것인가? 윤리적 원칙과 관점을 고려해서 500자 이내로 기술해 보시오.

공리주의 사용의 문제점

공리주의는 선한 것이 행복이라고 대답한다. 행복은, "다른 모든 것들은 행복을 얻기 위한 수단으로만 원하게 되면서, 그 자체가 선한 것으로 인식되고 추구되는 것이 아니다. 오히려 그 자체로 선하다고 인식되는 것들을 획득할 때 따라오는 반응이 바로 행복이다. 예를 들어, 우리는 우정이 좋은 것이라고 생각하기 때문에 친구를 사귐으로써 행복해진다. 이것은 먼저 행복을 목표로 하여 계획한 후 친구를 사귀면 행복해질 수 있다고 결정하고, 이러한 목표를 달성하기 위한 수단으로 친구를 사귀고자 하는 것과는 매우 다르다." 또한 결과만을 중시하기 때문에, 만약 한 명의 희생을 통해서 다수의 인명을 구할 수 있다면, 그 행위는 윤리적이라고 본다. 하지만 이것은 정의라는 이상에 부합되지 않는다. 공리주의는 앞에서 말한 '최소한의 도덕적 개념' 과 상치하고 있다. 보다 구체적으로 그 문제점을 드러내 보자.

(1) 소수의 희생

공리주의는 공학적 분석에서, 특히 모험-이득의 분석(Risk-Benefit Analysis)(그 예는 보팔시 사고), 비용 이득의 분석(Cost-Benefit Analysis)에서, 대단히 중요한 기본 도구로 사용된다. 그러나 몇 가지 중요한 문제를 소지하고 있다. 공리주의 원리를 내세우는 경우에, '집단의 행복은 소속 개인의 행복을 내포한다' 는 전제에 의존한다. 그러나 이러한 주장은 '분해의 오류' (Fallacy of division)라는 논리적 오류를 내포하고 있다. 즉 집단을 위해서는 좋은 일이 개인에게는 악일 수도 있다. 집단 이익의 추구는 소수에 대하여 극도의 악을 자행하거나 발생시킬 수 있다.(보팔 시의 예) 미국이 경제적으로 가장 부유한 나라라고 해서 미국 국민 모두가 다 부유한 것은 아니다.

이와 같은 사회적 이득에 비하면, 운반 도로 주변의 거주민에 미치는 약간의 건강에 불리한 잠재성은 비중이 낮다. 우선적으로 공리주의는 개인 혹은 소집단의 희생을 강요한다. 공리주의는 개인들의 요구를, 특히 그것이 비교적 중요하지 않을 경우에 무시한다. 그 결과 다수의 이득에는 반드시 소수의 불이익(손해), 즉 희생이 수반된다. 과연 불이익을 받는 사람들은 어떤 사람들인가, 즉 정치적, 사회적, 경제적 측면을 고려해 보자. 소수의 불이익은 얼마만큼 보상될 수 있을까?

(2) 결과 측정의 모험성

공리주의의 사용은 무엇이 최대선으로 인도하는가에 대한 지식에 결정적으로 의존한다. 그러나 어떤 행동의 결과가 무엇인가에 대하여 정확히 안다는 것은 불가능한 경우가 많다. 모든 잠정적인 결과를 결정하기 위한 테스트는 언제나 불완전하거나 많은 경우 불가능하다. 특히 인간이 실험의 대상이 포함되어 있는 경우가 특히 그러하다.(특히 유전자 조작 식품). 그러므로 사회 이익의 극대화를 위한 결정은 추측물과 그 추측이 맞지 않을 모험을 내포하고 있다.

(3) 비윤리적 결정

공리주의 결정은 비윤리적 결정으로 전락될 수 있다. 이러한 문제점들에도 불구하고 공리주의는 윤리문제의 해결에 대단히 유효한 방법이다. 특히 공학 윤리적 사례들을 분석하는 방법을 제공한다. 그러나 공리주의의 원리의 사용은 위의 두 가지 문제점이 해결되지 않으면 언제나 불완전하고 오히려 더 위험하고 비윤리적 결정으로 전락하게 된다.

그러나 주의할 점은, 만일 예상되는 좋은 결과가 나오지 않은 경우에 적용된 공리주의 자체의 원칙에 따르면 자동적으로 비윤리적, 비도덕적 결정이 된다는 점이다. 그리고 결정에 참여한 사람은 비윤리적, 비도덕적인 행위자로 남게 된다. 이 경우 목적은 수단을 정당화하지 못한다.

쟁점토론

공리주의와 의무주의

명제 1 다수를 위한 소수의 희생은 숭고한 가치이다.

Yes 입장

역사엔 공동체를 위해 희생한 개인의 수많은 사례가 있다. 소수의 영웅적인 희생이 있었기에 그 사회는 위기를 슬기롭게 극복할 수 있었다. 그래서 어떤 공동체이든 소수의 희생을 잊지 않고 후대에 전해 그 뜻을 기린다. 실제 임재왜란 때 왜장과 함께 자기 몸을 던진 논개와 일제로부터 독립운동을 하다 목숨을 잃은 독립투사 등 나라가 위기에 처했을 때 희생을 두려워하지 않은 이들은 본받아야 할 인물로 숭상된다. 이러한 상황은 모든 사회에 공통적인 현상이다. 어떤 사회도 위기가 닥쳤을 때 구성원 개개인이 각자 제 살길만 모색한다면, 그 사회는 유지되기 힘들 것이다. 때문에 위기 상황에서는 자신의 안위보다 전체를 위해 희생하는 공동체의 윤리가 필요하다. 이는 단순히 부귀와 평안을 위해 소수에게 일방적으로 희생을 강요하는 것과는 다르다. 전체를 위한 자기희생이라는 점에서 이타적인 행위이며 이를 도덕적으로 숭고하게 여기는 것은 당연하다.

No입장

희생이 도덕적으로 숭고한 가치로 인정받는 경우는 선의지에 의한 행위로 제한된다. 인류와 가난한 사람들을 위해 평생 봉사한 테레사 수녀나 이태석 신부와 같은 경우이다. 그 외 많은 경우 직접적 혹은 이데올로기적 강압에 의한 경우가 많다. 실제 소수의 희생을 숭상하는 관념은 지배집단에 의해 조성되고 강요되곤 한다. 결국 기득권 세력의 이익에 봉사하도록 조성하는 경우다. 희생을 강요받는 계층은 대부분 사회적 약자들이다. 또한 어릴 때부터 다수를 위한 희생이 숭고한 가치라고 주입받은 사람이 행한 행위 역시 무조건 미화될 수 없다. 역사 속의 인물들이 행한 희생 역시 그 민족의 시각에서 긍정적으로 평가될 수 있으나, 인류 보편의 도덕적 관점에서 평가받기 힘든 경우가 적지 않다. 일본의 자살 비행단인 가미가제를 숭고한 희생이라 보아야 하는가? 가미가제처럼 다수를 위한 소수의 희생을 미화하고 무조건 정당화하는 태도는 전체주의적 사고로 이어지기도 쉽다.

명제 2 공동체의 복리를 위해서 '최대다수의 최대행복' 추구가 바람직하다.

Yes입장

최대다수의 최대행복이라는 공리주의 원리는 모든 개인의 행복을 동등하게 취급한다. 사회 전체의 행복 총량이라는 관점에서 평가하기 때문에 불편부당한 공정성을 유지할 수 있다. 때문에 공공정책을 결정할 때나 사회정책을 입안할 때의 기준으로 가장 타당하다. 공리주의는 이기적인 개인이 자기중심적 관점을 넘어 사회적 존재로서 살아가야 할 방향을 제시하는데 크게 공헌했다. 이기적인 욕심에 휘둘리지 않고 공정한 판단을 내리는 기준인 것이다. 공리주의 원리를 인정하지 않으면 집단이기주의가 팽배할 위험성이 크다. 가령, 사회 전체의 공리 측면에서 쓰레기 유치장이 반드시 필요하지만 개별 지자체와 지역주민 입장에서는 주거환경이 나빠지므로 반대하는 상황이다. 하지만 전체를 위해 소수의 희생은 불가피한 것으로 누군가 감수해야 할 몫이다. 현대사회는 공리주의적 기준을 적용하되 공동체 구성원의 의견을 최대한 수렴하고 피해를 받는 쪽에 보상하는 식으로 절차의 완결성을 갖추고 있다. 자본주의 사회에서 공리주의가 확산되어 왔던 배경이다. 사회 정의나 분배적 정의도 공리의 원리 속에 포함되어 있다.

No입장

공리주의를 강조하는 경우 사회는 도덕규칙에 지나치게 많은 예외를 허용할 수밖에 없다. 더 많은 사람들의 행복이라는 주관적 판단에 근거해 도덕의 근간이 흔들리는 것이다. 무엇보다 최대다수의 최대행복이라는 기준은 공정하지도 명확하지도 않다. 쾌락이나 행복, 고통의 크기는 양적으로나 질적으로 정확히 측정될 수 없기 때문이다. 현실에서 사회의 행복 총량을 계산하는 것은 불가능하다. 또한 공리주의 원리에 입각하면 노예 제도 등 비도덕적인 행위마저 정당화될 수 있다. 노예제도 하에서 사회의 행복 총량이 더 크다면 이를 인정해야 하기 때문이다. 결국 공리주의는 공개 처형이나 독재체제도 얼마든지 정당화하는 방향으로 활용될 수 있다. 이 과정에서 개인의 인권이 무시되는 것은 당연한 결과다. 소수의 희생이 정당화되고, CCTV의 설치나 도청, 인간 복제 등도 인권이나 윤리 문제를 뒤로 한 채 용인될 수밖에 없을 것이다. 이처럼 문제와 한계가 명확한 공리주의 원리는 상황에 따라 제한적으로 적용되어야 한다. 그보다 사회적 약자를 우선적으로 배려하는 '정의' 를 정책 판단의 기준으로 삼아야 한다.

(유레카 논술, 2009, 140호 참조)

각 주장이 담고 있는 내용을 고려해서, 개인적 의견을 제시해 보라.

4) 의무 윤리(duty ethics): 칸트(I. Kant, 1724-1804)

> 어떤 행위를 할 때 그것이 보편적인 원칙이 되어야 마땅하다고 생각할 수 있는 격률에 따라서 하라.
>
> -칸트, 『도덕형이상학원론』(1785)에서

의무윤리는 인간이 지켜야 할 필연적인 도덕 규범이 있다는 것이다. 칸트와 같은 절대적인 규범론자는 어떤 상황에서도 우리는 거짓말을 해서는 안 된다고 주장한다. 이것은 '가언 명령' 이 아니라 '정언 명령' 의 형태를 취한다. 다시 말해서 어떤 조건 때문에 그 행위를 하는 것이 아니라, 그것이 반드시 해야 하기 때문에 그 행위를 하는 것이다. 칸트는 정언적 명령에 의해서 행위를 하는 것이 우리에게 이성이 있기 때문에 가능하다고 본다. 이성은 우리를 언제나 보편적인 원칙에 따라 행동하도록 이끈다. 또한 그는 "당신 자신이나 다른 사람들의 인간성을 절대로 수단으로만 대하지 말고 언제나 목적으로 대하도록 행동하라."고 한다. 이것은 인간이 본래적으로 '가치' 있는 존재라는 함의를 담고 있다. 예를 들어, 어떤 남자가 돈을 빌려야 할 처지에 있는데, 사실 그는 돈을 빌려도 갚을 능력이 안 된다. 그럼에도 불구하고, 그는 자신의 격률에 따라서 '돈이 필요할 때마다 실제로 그 돈을 갚을 능력이 있는지와는 상관없이 갚겠다고 약속한다.' 이러한 규범은 결코 보편적 규칙이라고 할 수 없다. 그리고 이것은 돈을 빌려주는 사람에게 거짓말을 하기 때문에 그를 '수단' 으로 이용하고 있는 것이다. 우리가 친구를 목적이 있는 존재로 대하기 위해서는 진실대로 이야기하는 것이다. 그 후의 판단은 친구가 이성적으로 생각해서 결정을 내리도록 하는 것이다.

도덕적 의무를 수행해야 할 세 가지 원칙

1. 사람들은 도덕적이어야 한다. 왜냐하면 다른 사람들이 그것을 바라기 때문이다.

예: 어떤 행인이 현숙이에게 시간을 묻는다. 현숙이는 시계를 보고, 그 행인

에게 원하는 정보를 준다. 여기서 현숙이의 행위의 근거는 명백히 다른 사람의 바람이나 의지이다. 그러나 그 행인이 현숙이에게 10만원을 요구한다면, 현숙이는 선뜻 그 요구를 들어주기가 쉽지 않을 것이다. 우리는 다른 사람들이 바란다고 다 해줄 수 있을까? 어느 정도의 선에서 우리는 타인이 바라는 요구를 들어줄 것인가?

II. 사람들은 도덕적이어야 한다. 그렇지 않으면 다른 사람들에게 피해를 주기 때문이다.

예: 우리가 운전할 때, 앞선 차량과 어느 정도 거리를 두고 운전할 지를 고민한다. 우리는 차량 간의 충돌에 의해 발생할 결과를 염두에 두고 운전을 한다.

III. 사람들은 도덕적이어야 한다. 왜냐하면 그것이 모든 사람을 위해서 좋기 때문이다.

예: 로버트 액셀로드(Robert Axelrod)는 협력에 대한 좋은 예를 보여준다. 1차 세계 대전 동안 서부 전선의 많은 구역들에서 군인들을 서로 적군임에도 불구하고 계속해서 협력하였다. 군인들은 고의적으로 적군이 피해를 입지 않도록 총을 쏘았다. 이 협력은 서로에게 방해받지 않고 식량을 보급받고 휴식을 취할 수 있게 되었다. 이러한 상생의 체계는 상호성에 근거한 협력을 위해서 우정이 필수적이지 않음을 보여준다. 상황들이 적절하다면 적들과도 협력할 수 있다.(액셀로드 1986: 78)

예: 엄마와 아이의 대화를 통해 다시 한 번 살펴보자.

엄마: 재석아, 당장 그 장난감 호동이에게 돌려줘!

재석: 왜?

엄마: 원래 그 장난감 차는 호동이 거잖아!

재석: 그래서 뺏었는걸.

엄마: 그래선 안 돼!

재석: 왜?

엄마: 호동이가 슬퍼하잖아. 호동이가 자기 거 가지고 놀고 싶어서 울잖아.

재석: 호동이가 울든 슬퍼하든 난 상관없어.

엄마: 얼마 전 놀이터 모래밭에서 너보다 나이 많은 찬호 형이 너의 장난감을 빼앗아갔을 때, 네가 얼마나 슬퍼했었는지 기억하니? 그때 호동이가 지금 우는 것처럼 네가 울었잖아. 너 다시 그런 일이 없었으면 좋겠지?

재석: 당연히 나는 다른 사람이 나의 장난감을 빼앗아가는 것을 원하지 않아요. 그렇다고 해서 어떻게 그것이 내가 다른 사람의 장난감을 빼앗아서는 안 된다는 근거가 될 수 있나요?

➡ 보통 아이들은 이렇게 대답하지 않을 것이다. 우리는 자기와 타인을 '동일화' 하는 능력이 있기에, 장난감을 되돌려주고, 자신의 행동이 잘못되었다고 생각할 것이다. 재석이는 동일화 능력이 부족해 보인다. 이 경우에 교육적으로 두 가지 행동이 초래될 것이다.

엄마 1: 내가 한 말을 정확히 이해했지! 그런데 이해하려고 하지 않는 것 같아. 집에 가자! 가서 네 태도에 대해 다시 한 번 곰곰이 생각해 봐! 정신 못 차리면, 너는 혼날 거야!

엄마 2: 사랑하는 재석아! 정말 내가 한 말을 이해 못했니? 너의 사회성이 걱정되는구나. 우리 내일 아동 상담 전문의한테 가보자.

엄마 3: 재석아! 그 장난감을 그렇게 갖고 싶니? 호동이에게 부탁해서 그 장난감을 갖고 함께 모래밭에서 놀자고 하면 어떠니! 다음에 너가 장난감을 갖고 오면 또 함께 놀면 되지 않겠니? 재석아 어떠니?

➡ 윤리적 원칙과 관점에서 보자면, 엄마는 어떤 태도를 취해야 할 것인가? 500자 이내로 기술해 보시오.

사례

요즘 유행하는 데스노트라는 만화가 있다. 죽기를 원하는 사람을 공책에 적어두면 죽게 되는 것이다. 발자크(Balzac)의 소설 「고리오 영감」에서 전혀 알지도 못하고 멀리 떨어져 있는 사람을 단지 생각만으로 죽여서 그의 재산을 물려받을 수 있는 사람이 있다. 이 문제의 장면에서, 끊임없는 돈 걱정과 부유한 유부녀에 대한 사랑 사이에서 방황하는 젊은 남자 라스티냐크는 뤽상브르 공원에서 그의 친구인 비앙송을 만난다. 그들의 대화는 다음과 같다.

라스티냐크: 나쁜 생각들이 나를 괴롭혀

비앙숑: 어떤 생각들이? 그런 생각들은 치료할 수 있어.

라스티냐크: 어떻게?

비앙숑: 그냥 그 생각을 따르기만 하면 돼.

라스티냐크: 너 그게 무슨 생각인지도 모르면서, 나를 놀리는 거지. 너 루소 읽어봤어?

비앙숑: 응

라스티냐크: 루소가 독자에게 묻고 있는 그 단락 기억해? 거기서 루소가 우리에게 묻잖아. 우리가 파리를 떠나지 않고도 생각만으로 중국에 있는 늙은 고관대작을 죽여서, 부자가 될 수 있다면, 무엇을 할 것인지. 바로 그 단락 말이야.

비앙숑: 응

라스티냐크: 그것 봐!

비앙숑: 체! 그렇다면, 난 벌써 서른 세 번째 중국 고관대작을 죽이고 있겠는걸!

라스티냐크: 농담하지 말고, 그런 것이 정말 가능해서 단지 고개를 끄덕이기만 하면 된다면, 넌 그런 짓을 할 거야?

비앙숑: 그는 이미 아주 늙었지? 그 고관대작 말이야. 이런 개나 미쳤나봐! 그가 젊든 늙든, 마비환자이든 건강한 사람이든 뭐가 중요하겠어. 세상에…! 이럴 수가! 하여간. 아니, 하지 않을 거야!

라스티냐크: 비앙숑, 넌 좋은 녀석이야. 하지만, 네가 어떤 한 여자를 사랑하는데 그녀를 위해서라면 정말 네 영혼을 지옥에라도 보낼 수 있을 정도로 너무 사랑하고, 게다가 그녀의 옷, 자동차, 그녀의 모든 바람과 그녀의 비위를 맞추기 위해서 돈이, 그것도 아주 많은 돈이 필요하다면?

(커틀러, 맹주만 · 김진형 옮김, 2009 참조)

➡ 어떤 의무나 제제가 없다면, 여러분은 돈과 사랑하는 여자를 위해서 그 누군가를 죽일 수 있는가? 비앙숑은 어떤 외부의 제재 없이도 양심에 따라 누구를 죽일 수 없다고 한다. 여러분이 라스티냐크와 같은 상황에서 루소와 같은 능력이 있다면, 어떻게 행동할 것인가? 만약 그런 행동을 한다면, 그 행동을 합리화할 수 있는 근거는 무엇인가? 500자 이내로 기술하시오.

문제점: 우리는 우정이나 사랑, 존중들에 가치를 두며, 사람들과 우리의 관계가 상호존중에 기반을 두기를 원한다. 이는 추상적 의무감이나 '옳은 것을 하고자' 라는 욕구에 따라 행동하는 것과는 다르다. 오로지 옳은 행위만 강조하는 윤리이론은 도덕적 생활에 대해 완벽하게 만족스러운 설명을 하지 못할 것이라는 결론이 나온다. 바로 그 만족스러운 설명을 하려면 우정이나, 사랑, 충실함과 같은 개인적 자질을 강조하는 이론, 덕 이론이 필요하다.

당신은 지병으로 인해 병원에서 요양 중이었다. 따분하면서도 조바심이 나던 차에 스미스가 방문하자 당신은 매우 기뻤다. 그와 수다를 떨면서 즐거운 시간을 보냈다. 그의 방문은 당신에게 활력소가 되었다. 잠시 후 당신은 스미스에게 병문안을 와 줘서 얼마나 감사한지 말한다. 그는 진정 멋진 사람이고, 당신의 병문안을 위해 먼 거리를 달려오는 수고를 마다하지 않은 친구라고 말한다. 그러나 감사의 말을 들은 스미스는 아니라고 이의를 제기한다. 그는 단지 자신의 책임을 다하고 있을 뿐이라고 말한다. 처음에 당신은 그가 단지 겸손하게 행동하는 것이라고 생각하지만, 이야기를 하면 할수록 스미스가 액면 그대로 진실을 말하고 있다는 것이 명확해진다. 그가 당신을 방문한 것은 그렇게 하고 싶어서도 아니고, 당신을 좋아해서도 아니다. 단지 '옳은 일을 하는 것' 이 자신의 의무라고 생각했고, 이번에는 당신을 방문하는 것이 자신의 의무라고 결정했기 때문에 방문한 것일 뿐이다. 아마도 스미스는 당신보다 자신의 위로가 더 필요한 사람이나, 당신보다 더 쉽게 방문할 수 있는 사람을 알지 못했기 때문에 그렇게 했을 것이다.(마이클 스탁커(M, Stocker), 1976) 우리는 이 글을 통해서 윤리가 의무이기만 할 때 가질 수 있는 문제점이 무엇인지 알 수 있다.

5) 사회계약론: (루소)

> 자연상태에서 시민 국가로 나아가는 과정을 통해 인간에게는 아주 주목할 만한 변화가 생긴다.....오직 시민국가 상태에서만, 즉 신체적 충동과 식욕 충족의 권리보다 책임감의 목소리가 높아질 때에야 비로소 지금까지 자신만을 생각해 왔던 인간은 다른 원칙에 따라 행동해야 하고, 자신의 성향에 귀를 기울이기 전에 이성의 자문을 받아야 한다는 것을 깨닫게 된다....인간의 능력은 매우 고무되고, 발달되었고, 그의 생각은 크게 확장되었으며, 그의 감정은 고상해지고, 그의 영혼은 고양되었기 때문에 .....지성적 존재, 즉 인간이 되는 것이다.
>
> -장 자크 루소, 『사회계약론』, (1762)에서-

사회계약은 자연 상태에서는 우리는 다른 인간을 돌볼 여력이 없지만, 계약에 의해 타인에 대한 두려움에서 벗어나는 경우에, 자비로운 행위가 가능하다는 것이다. 루소에 따르면, '책임감의 목소리' 를 내는 지성적 인간이 되었을 때, 우리는 자기 중심적인 이기적 성향에서 벗어나서 모든 사람의 복지를 증진시키는 규칙을 수행할 수 있다는 것이다. 물론 그는 계약에 근거해서 다른 사람들 역시 동일하게 그와 같이 행동할 것을 굳게 믿는다. 이러한 윤리론은 "사람들이 서로를 어떻게 대할지 규정하는 일련의 규칙으로, 다른 사람도 이 규칙을 따를 것이라는 조건하에 합리적인 사람들이 상호이익을 위해 받아들이기로 동의한 일련의 규칙들로 구성된다" 는 것이다.

계약에 의해 도덕적 규칙을 준수하는 것은 개인들의 상호 이익에 도움이 된다. 가끔 개인이 자신의 단기적 이익을 위해 규칙을 위배할 수 있다. 하지만 이것은 결코 합의에 의해 도출될 수 없다. 왜냐하면 사회 계약에서는 각 개인이 자연상태에서 벗어나 시민상태가 되기를 갈망하는 것은 규칙의 준수가 개인뿐만 아니라 사회의 평화와 복지를 가져온다고 믿기 때문이다. 따라서 규칙을 준수하는 것이 사회가 합리적으로 돌아가며, 안전해질 수 있다.

또한 이것은 윤리가 객관적일 수 있다는 토대가 된다. 왜냐하면 합리적 인간이 상호이익을 위해 받아들이기로 동의한 일련의 규칙에 근거해서 윤리가 만들어졌기 때문이다. 이러한 입장은 공학윤리강령을 설정하는데 주된 역할을 하는 이론이다.

문제점: 사회계약론은 기본적으로 상상에 의해 형성된 이론이다. 그 이론은 인간의 사회를 설명하기 위한 공상물이기 때문에, 그것의 이론적 토대가 빈약할 수밖에 없다. 그리고 만약 계약을 할 수 없는 비이성적인 존재들이 있다면, 이들은 어떤 책임감도 공유할 수 없기 때문에 윤리의 적용을 받을 수 있는가? 예를 들어, 동식물은 우리와 계약을 할 수 없지만, 우리는 그것들에 대해서 어느 정도 책임을 져야 한다. 그 뿐만 아니라 계약을 할 수 없는 아이나 치매 걸린 노인 역시 책임감이 결여되어 있지만, 우리는 그들을 윤리적으로 대해야 한다. 사회 계약론은 결국 윤리를 너무 이성적으로만 보는 것이 아닌지?

사례

죄수의 딜레마

당신이 전체주의 사회에서 산다고 가정해 보자. 그리고 어느 날, 놀랍게도 당신은 체포되어 반역죄를 뒤집어 쓰게 되었다. 경찰은 당신이 철수라는 사람과 공모해서 정부 전복의 음모를 꾸몄다고 말한다. 그리고 철수 역시 체포되어 다른 감방에 갇혀 있다. 심문관은 당신이 자백할 것을 요구한다. 당신은 무죄를 주장한다. 당신은 심지어 철수를 알지도 못한다. 그러나 아무런 소용이 없다. 곧 당신을 붙잡은 사람들이 진실에는 관심이 없다는 사실이 점점 명백해진다. 그들은 나름대로의 이유 때문에 단지 누군가에게 유죄를 선고하고 싶어 하는 것이다. 그들은 당신에게 다음 항목 중에서 선택하라고 한다.

1) 철수는 자백하지 않는데 당신은 자백해서 철수에게 불리한 증언을 한다면 그들은 당신을 풀어줄 것이다. 당신은 자유를 얻겠지만 협조하지 않은 철수는 10년형에 처한다.
2) 철수가 자백하고 당신은 자백하지 않는다면 상황은 반대가 된다. 그는 석방되고 당신은 10년 형에 처한다.
3) 그러나 둘 다 자백하면 둘 다 5년 형을 선고받는다.
4) 하지만 둘 다 자백하지 않는다면 둘 중 어느 누구에게도 유죄를 선고할 만한 충분한 증거가 없다. 그들은 1년 동안 당신을 붙잡아 둘 수 있지만,

그 후 둘 모두를 풀어줄 것이다.

물론 당신은 철수에게도 똑같은 선택이 제시되었다는 사실을 전해 듣는다. 하지만 당신은 그와 이야기할 수 없으며, 당신은 그가 어떻게 할 지 알 방법이 전혀 없다.

문제: 당신은 목표가 가능한 한 적은 기간 동안 감옥에 있는 것이라고 가정한다면, 당신은 어떻게 해야 하는가? 자백할 것인가, 말 것인가?
답: 철수의 행동에 관계없이 당신은 자백해야 한다.

1) 철수는 자백할 수도 있고 하지 않을 수도 있다.
2) 철수가 자백한다고 하자. 그러면 당신이 자백할 경우 당신은 5년 형에 처하며, 당신이 자백하지 않을 경우 당신은 10년 형에 처한다. 그러므로 철수가 자백하면, 당신 또한 자백하는 편이 낫다.
3) 반면, 철수가 자백하지 않는다고 하자. 그러면 당신은 다음과 같은 상황에 놓이게 된다. 자백을 하면 풀려나고, 자백을 하지 않으면 1년 동안 구금된다. 따라서 철수가 자백하지 않더라도, 당신은 자백하는 편이 낫다.
4) 따라서 당신은 자백해야 한다. 자백을 하게 되면 철수가 어떻게 하든 상관없이 당신은 가능한 한 빨리 나갈 수 있다.

문제: 합리적 추론을 통해 자신의 이득을 추구하는 행위를 하는 경우에, 양자는 모두 5년 형을 선고받을 것이다. 하지만 둘다 자신의 이익을 추구하지 않는 경우에 1년 형만 살고 나올 것이다. 역설적으로 사람들 각자가 자신의 이익을 추구하면서 행동할 때 보다 오히려 자신의 이익에 부합하지 않는 식으로 행동할 때보다 더 좋지 않은 결과가 나타나는 상황이다. 이것의 죄수의 딜레마이다. 과연 여러분은 어떤 생각을 할 것인가?

문제: 당신은 오로지 자신의 이익만을 추구할 수 있다. 모든 상황에서, 당신은 무엇이든지 자신에게 이득이 되는 것을 하고, 다른 사람이 어떤 영향을 받을지에 대해서는 전혀 신경 쓰지 않는다. 이것을 "이기적으로 행동하기"라고 하자. 다음으로 당신은 자신의 복지 뿐만 아니라 다른 사람의 복지에도 신경을 쓰고, 둘 사이에 균형을 맞추며, 심지

어 다른 사람의 이익을 위해 당신 자신의 이익을 포기하기까지 한다. 이것은 "자비롭게 행동하기"라고 하자. 여기에는 4가지 가능성이 있다.

① 당신은 이기주의자가 되고, 다른 사람은 자비로워지는 경우
② 다른 사람은 이기적이 되지만, 당신은 자비로워 지는 경우
③ 모든 사람이 이기주의자가 되는 경우
④ 모든 사람이 자비로워 지는 경우

이들 각각의 상황에서 당신은 어떻게 살아가게 될까?

1. 무임 승차자, 2 일상의 도덕의 상황, 3 자연상태 4. 얼간이
① 다른 사람들은 당신의 이익을 존중할 수도 있고 존중하지 않을 수도 있다.
② 그들이 당신의 이익을 존중한다면, 최소한 그렇게 하는 것이 자신에게 이익이 될 때만이라도, 그들의 이익을 존중하지 않는 것이 당신에게는 이득이 될 것이다. 이것이 최적의 상황이다. 당신은 무임 승차자가 된다.
③ 만약 그들이 당신의 이익을 존중하지 않는다면, 당신은 그들의 이익을 존중하는 것은 어리석은 일이다. 그렇게 하면 당신은 여러 가능성 중 최악의 상황에 처하게 될 것이다. 이때 당신은 얼간이가 된다.
④ 그러므로 다른 사람이 무슨 행위를 하든 간에, 당신은 자신만을 챙기는 방침을 선택하는 편이 낫다. 즉 당신은 이기주의가 되어야만 한다.

이 경우에 모든 사람은 이기주의가 될 것이며, 결국 '놈놈놈' 영화의 마지막 장면처럼 서로 총을 쏠 것이다. 이 딜레마에서 벗어나기 위해서는 서로 강제적인 협의가 필요하다. 서로간의 이익을 존중할 때 사회는 보다 나은 결과를 얻을 수 있다.

6) 미덕 윤리(virtue ethics)

중궁이 인(仁)에 대해 물으니, 공자께서 말씀하셨다. 문을 나가서 일을 할 때 귀한 손님을 맞듯이 하고, 백성을 부릴 때에는 큰 제사를 모시듯이 한다. 자기가 하고 싶지 않은 일을 억지로 다른 사람에게 시키지 말 것이다. 그리하면 직위에 있더라도 원망이 없을 것이며, 직위에 있지 않더라도 원망이 없을 것이다. 중궁이 말했다. 제가 비록 우둔하나, 이 말씀을 실행하겠습니다.

-공자 안연 편에서-

탁월성 역시 우리에게 달려 있으며, 악덕 역시 마찬가지이다. 행위하는 것이 우리에게 달려 있는 것들의 경우, 행위하지 않는 것 또한 우리에게 달려 있으며, 우리가 '아니로' 라고 할 수 있는 것에는 또한 '예' 라고도 할 수 있기 때문이다. 따라서 실제로 고귀한 일을 하는 것이 우리에게 달려 있다면, 부끄러운 일을 하지 않는 것 또한 우리에게 달려 있을 것이다. 또 실로 고귀한 것을 하지 않는 것이 우리에게 달려 있다면, 정말 부끄러운 일을 하는 것 역시 우리에게 달려 있을 것이다. 이렇듯 만일 고귀한 것이나 부끄러운 일을 행하는 것이 우리에게 달려 있고, 마찬가지로 그런 일을 하지 않는 것도 우리에게 달려 있다면, 그리고 좋은 사람이라는 것이나 나쁜 사람이라는 것이 바로 이것이었다면, 훌륭한 사람이 되는 것이나 비천한 사람이 되는 것도 따라서 우리에게 달려 있는 것이다.

그런데 "자발적으로 악한 사람도 없고, 마지못해 지극한 복을 받는 사람 역시 아무도 없다" 라는 말은 한편으로는 틀린 것 같고, 다른 한편으로는 맞는 것 같다. 마지못해 지극한 복을 받는 사람은 아무도 없지만, 못됨[악함]은 자발적인 것이기 때문이다.

-아리스토텔레스 3권 10-15-

우리는 일을 할 때 '귀한 손님을 맞듯이 하고', 사람들을 대할 때에는 '큰 제사를 모시듯이' 한다면, 그 과학기술자는 대단히 존경받는 인품을 갖는 사람일 것이다. 게다가 자기가 하기를 원하지 않는 일은 다른 사람에게도 시키지 않는다는 것은 타인에 대한 배려심이 충분히 있는 행동이라고 볼 수 있다. 이러한 윤리적 행위를 하는 사람을 우리는 미덕을 갖춘 인물이라고 볼 수 있다.

그리고 위의 아리스토텔레스의 글은 '책임' 에 관한 것이다. 우리는 법에 의해 자신의 행위를 단죄받기 전에, 이미 자신의 행위에 대해서 책임지는 사람이 되어야 한다. 왜냐하면 그 행위의 결과와 과정은 우리 자신이 선택한 것이기 때문이다. 따라서 '자발성' 은 바로 책임을 수반하는 행위임을 알아야 한다.

미덕 윤리는 근대 윤리관과는 차이가 있다. 우선 이기주의 윤리론이나 공리주의 윤리론과는 달리 인간은 근본적으로 '덕' 을 수행할 자질을 품고 있는 것으로 본다. 물론 그런 점에서 의무 윤리와 유사한 점이 있다. 왜냐하면 의무 윤리가 당위인 것처럼 미덕 역시 당연히 수행되어야 할 윤리적 행위로 보기 때문이다. 그러나 미덕 윤리는 공자와 아리스토텔레스가 마찬가지로 중용을 가장 중요하게 생각한다. 즉 적절한 상황에서는 거짓말을 하는 행동도 미덕이 있는 행동으로 본다.

하지만 미덕 윤리는 개인의 품성이나 자질에 초점을 맞추고 있으며, 인간이 본래 갖는 욕구와 쾌락을 너무 도외시하는 경향이 있다. 미덕의 종류에는 '자비', '공정함', '인내', '협동심', '용기', '신뢰감', '충실', '정직', '합리성', '관용', '자립심', '충실' 등이 있다.

근대 윤리의 주된 주제는 공정성이다. 모든 사람이 도덕적으로 동등하며 무엇을 해야 할지 결정할 때 모든 사람들의 이익을 똑같이 중요하게 다루어야 한다는 이념이었다. 이것은 매우 중요한 윤리 개념이다. 그러나 공정성이 과연 윤리적인 행위에서 동일하게 적용될 수 있는가? 가족과 친구의 관계에서 우리는 언제나 공정하지는 않다. 부모님은 다른 아이들보다 자신들의 아이를 더 편애하는 것은 당연하다. 과연 이것을 잘못이라고 비난할 수 있는가? 우리는 형제나 친구들을 위해서 보통 사람들을 위해서는 하지 않는 행위를 한다. 과연 이것을 비난할 수 있는가? 이와 같은 편애를 공정함의 잣대로 설명하기에는 한계가 있다. 그래서 공정함을 강조하는 모든 이론들은 가족과 친구에 대한 사람을 설명할 때 어려움을 겪는다. 이런 점에서 우리는 삼성그룹 회장과 한화그룹 회장이 자식들을 위해서 한 행위를 법이라는 공정성에서는 용서할 수 없지만, 자식에 대한 사랑이라는 입장에서는 어떤 면에서 이해할 수 있다.

하지만 덕을 강조하는 윤리 이론은 이 점을 아주 쉽게 설명한다. 어떤 미덕은 불공정하며 어떤 미덕을 그렇지 않다. 사랑이나 우정에는 사랑하는 사람과 친구들에 대한 편애가 필연적으로 수반된다. 그러므로 공정성을 보편적인 조건으로 삼을 것이 아니라, 서로 다른 미덕의 본질과 이 미덕들이 어떻게 서로 연관되는지를 이해하는 것이 필요하다.

문제점: 도덕적 갈등 상황을 해결하는데 어려움이 있다. 우선 무엇을 먼저 선택할 것인지를 정하는 것이 어렵다. 당신이 1)과 2) 사이에 하나를 선택해야 한다고 하자. 이때 1)를 선택하면 부정직하지만 친절한 것이 되고, 2)를 선택하면 정직하지만 불친절한 것이 된다. 정직과 친절은 둘 다 미덕이며, 그렇기 때문에 이 두 대안 모두 선호할 이유와 배척할 이유가 있는 셈이다. 그러나 당신은 둘 중 하나만을 선택해야 한다. 당신은 진실을 말하는 불친절을 선택하거나, 진실을 말하지 않는 친절함을 선택해야 한다. 이 문제를 해결하기 위해서는 어떤 지침이 우선인지를 결정해야 한다.

사례

플라톤의 대화편 『에우티프론』의 서두에서, 소크라테스는 자기 아버지를 살인죄로 고발하러 온 에우티프론과 법정 입구에서 마주친다. 소크라테스는 이에 대해 놀라움을 표현하며 아들이 아버지를 고소하는 것이 적절한지 의아해 한다. 그러나 에우티프론은 어떠한 부적절함도 발견하지 못하는데, 그에게 있어 살인은 살인일 뿐이다. 이 사례를 통해서 '정의' 가 모든 사람에게 동일하게 적용될 수 있는지 생각해 보라.

가족 구성원 간의 관계는 우정보다 훨씬 친밀하다. 정의에 대한 에우티프론의 열정을 칭찬할 수는 있다. 그래도 우리는 그가 동일한 범죄를 저지른 일반인들에게 취하는 것과 똑같은 태도로 자신의 아버지를 대했다는 사실에 놀라지 않을 수 없다. 이러한 태도는 아들이 아버지를 대할 때 요구되는 존중과 배려와는 상반되고 있기 때문이다. 가족원들 간의 관계는 일반 사람들과의 관계에 비해 각별할 수밖에 없다. 미국에서는 법정에서 아내로 하여금 남편에 대한 불리한 증언을 하도록 강요할 수는 없다.

미덕이 중요한 이유는 덕이 있는 사람이 그렇지 않은 사람보다 삶을 더 잘 살 수 있기 때문이다. 우리는 다른 사람들과 함께 살기를 원하는 동시에 다른 사람들과 함께 교제하면서 살아야 하는 이성적이고 사회적인 존재이다. 그래서 우리는 친구와 가족과 다른 시민들과 함께 공동체를 이루며 살아간다. 이러한 상황에서 다른 사람들과 성공적으로 상호작용하기 위해서는 충실이나 공정함, 정직 등의 자질들이 필요하다. 이런 점에서 모든 미덕은 성공적인 인간 생활을 위해 필요한 자질들이다.

➡ 여러분이라면 이와 같은 경우에 어떻게 행동할 것인가?

이와 같이 모든 이론들을 사용하여 철저히 분석한 후에야 균형 판단이 이루어진다. 그렇다고 어떤 윤리가 더 우월하다는 것을 말하고 있지는 않다. 개인적인 상황, 조직의 상황, 사회, 국가, 인류의 상황을 생각한다면, 다양한 결론이 도출될 수도 있다. 하지만 어떤 문제가 발생하였을 때는, 다수의 의견과 소수의 의견을 수렴해서 합의된 결과가 나올 수 있도록 노력해야 할 것이다.

우리는 삶에서 두려움 때문에 어쩔 수 없이 저지르는 실수들이 많다. 그런 까닭에 우리는 용기라는 미덕이 필요하다. 용기는 강한 영혼의 소유자만이 가질 수 있다. 이것은 눈에 보이지는 않으나, 삶을 이끌어 가는 가장 소중한 미덕이라고 할 수 있다. 삶이나 공학에서 발생하는 여러 가지 문제에서 위험과 대적하고 고통을 이겨내기 위해서는 강한 영혼의 소유자가 되어야 한다. 스피노자에 의하면, "강한 영혼의 소유자는, 올바로 행동하려고 노력하며, 항상 기뻐하려고 노력한다."고 주장한다. 여러분이 윤리적 문제로 갈등을 한다면, 그 상황에서 어떤 결정을 하고자 한다면, 어떤 윤리 이론을 기준으로 행동할 것인가? 스피노자의 이 말을 기억해 두자.

3. 적용사례

공학교과서나 수업시간에는 대개 주어진 답을 얻어내고 구성하는 과정에서 발생하는 문제들에 대해서 돈이나 시간을 들여 해결하려고 하지 않는다. 단지 주어진 답을 얻기 위한 추론적 과정을 통해 문제를 실어 나르는 데만 관심을 갖는다. 공학과 관련해서 일어날 수 있는 윤리적인 문제에 대해 그렇게 심각하게 반성하지 않고 다만 특정한 방법론에 의존해 특정한 결론을 도출하는 방법적 절차에 의존적이다. 경험이 적은 젊은 공학인들은 중요한 계획에 있어서 무엇을 생산하거나 생산하지 않거나를 결정하는 평가를 내리는 데 별로 책임감을 느끼지 않는 것처럼 보인다. 따라서 방법론에 있어서 평가의 단계가 공학수업시간에 종종 생략되어 버린다. 그러나 경험이 적은 젊은 공학인일지라도 스스로 중대한 윤리적 결정을 내려야 한다. 그리고 적어도 평가하고 결정하는 단계를 통해 윤리적 실천의 문제가 뒤따라야 하는 것은 중요한 일이다.

공학적인 문제를 해결함에 있어서 평가의 단계에는 다음과 같은 물음이 속한다. 그 일을 할 것인가? 안전한가? 돈벌이가 될까? 왜 이런 방법으로 해야 하나? 왜 지금 해야 하나? 등 등. 특수한 문제에 좋은 평가를 내릴 수 있기 위해서는 다음과 같은 사실을 염두에 두어야 한다.

① 평가하고 일치된 의견을 얻어내는 데는 자격을 갖춘 많은 사람들이 참여해야 한다.
② 충분한 시간을 가지고 나서 평가해야 한다.
③ 유사한 문제에 대해 이전에 내렸던 평가를 다시 평가한다.

공학적인 문제를 평가하는데 있어서 나타나는 가치판단은 분석이나 디자인과정에서 내렸던 계산만큼 그렇게 정확할 수도 명확할 수도 없다. 비록 평가의 문제가 복합적이고 답을 얻기가 쉽지 않을지라도, 공학인은 매일 매일 그것들에 대한 답을 내려야 한다. 다음의 예들은 공학인이 설계를 완성해서 공사를 시작하기 전에 자동차가 강을 건너다니게 할 목적으로 철골 트러스 다리를 건설하는데 필요한 예비 설계를 마치고 경비를 평가하고 난 후에 물을 수 있는 평가 물음들이다.

사례 분석; 가능한 두 가지 접근

① 건축경비는 조달될 수 있는가?
② 다리는 안전한가?
③ 다리가 기능적이고 아름다운가?
④ 필요한 자료를 필요할 때 이용할 수 있는가?
⑤ 자격있는 건축인력과 장비를 이용할 수 있는가?
⑥ 건축하는 동안 자격있는 검열관을 이용할 수 있는가?

⑦ 건물유지를 위한 재정과 자격있는 인력을 이용할 수 있는가?
⑧ 주어진 공기 안에 다리를 완성할 수 있는가?
⑨ 주어진 공기가 현실적이고 적절한가?
⑩ 다리를 놓아도 강을 지금 혹은 미래에도 사용할 수 있는가?
⑪ 그 다리는 송유관이나 동력선을 잇는 것과 같은 다른 목적으로도 사용할 수 있는가?
⑫ 앞으로 증가할 교통량과 현대화에 대해 충분하게 고려했는가?
⑬ 다리는 현재의 그리고 계획된 인접도로와 만족스럽게 연결되었는가?
⑭ 보다 경제적인 새로운 철 합금물을 이용할 수 있을 것으로 기대된다면 다리건축을 다음 해로 연기할 수 있는가?
⑮ 건축 경비를 절감하는 새로운 디자인 규약이 채택될 때까지 건축을 연기해야 하는가?
⑯ 다리 위로 차가 많이 다님으로써 다리가 강바닥 쪽으로 처지게 된다면 다리 건축을 포기해야 하는가?
⑰ 경제적인 이유로 다리의 설계를 변경해야 하는가?
⑱ 오래 가고 아름답고 오래 이용할 수 있다는 이유로 다른 재료로 만들어진 다른 유형의 다리를 사용하는 것이 더 좋은가?
⑲ 목적을 완성하기 위해 다른 방법, 예컨대 터널공법과 같은 것을 이용하는 것이 더 좋은가?

공학적 문제와 관련하여 윤리적 평가를 내리는 데 있어 크게 두 가지의 접근모델이 가능할 것이다. 하나는 공리주의적 입장이고 다른 하나는 -칸트의- 의무론적 입장이다. 그 두 경우를 다음의 사례를 통해 제시해 보자.

사례 I

이에 대해 엔지니어가 10%의 커미션을 받는다고 가정해 놓고 이에 대한 윤리적 분석을 해보자. 분석은 우선 공리주의적 모델을 취해 보자.

1) 공리주의적 분석

(1) 가정

① 상담 엔지니어는 안전을 도모하고 저비용 고효율로 그리고 고객이 원하는 만큼 오래 사용할 수 있는 것을 생산할 수 있는 디자인을 선택할 책임을 위임받고 있다.

② 상담 엔지니어는 자신의 의무를 수행하면서 든 노력과 시간에 대해 고객으로부터 보상을 정당하게 받을 수 있을 것이다.

③ 독점을 피하고 최종소비자의 욕구를 만족시키는 데 필요한 개방경제를 유지하는 것이 이익이다.

이러한 선택된 가정을 근거로 다음과 같은 예상되는 결과를 도출할 것이다.

문제인식

제조회사가 고객이 맡긴 업무와 관련해서 사용되는 그들의 재료의 경비 중 10%의 커미션을, 그 재료를 지정한다는 조건으로, 상담 엔지니어에게 제공했다. 만약 그 엔지니어가 그 재료가 시장에서 팔고 있는 유사한 재료와 질적인 면에서 동등하고 그 유사한 재료보다 경비가 더 드는 것이 아니라는 것을 알거나 혹은 믿는다면, 그는 커미션을 받아야 하는가?

(2) 이득과 손실:

① 이득

a) 엔지니어의 수입이 증가한다.

b) 커미션을 제공하는 제조업자의 업무가 늘어난다.

c) 재료주문이 간단해진다.

② 손실

a) 다른 제조업자에게도 동등한 기회가 주어지지 않는다. 독점에 의해 앞으로 질이 저하되고 가격이 오를 경향이 있다.

b) 엔지니어와 상담원으로서의 그의 지위에 손상을 줄 위험이 있다.

c) 앞으로 제조업자가 커미션을 의무적으로 제공하도록 만들 경향이 있다.

재료와 가격이 경쟁사의 재료와 가격과 등등하지 않을 경우, 다른 커미션을 쉽게 받도록 만든다.

d) 모든 일을 과도하게 단순화할 경향이 있고 경비를 상승시킬 경향이 있다.

e) 엔지니어는 지금 두 주인에게, 즉 고객과 제조업자에게 봉사한다.

f) 다른 사람의 눈치를 봄으로써 마음의 평화를 잃는다. 스스로 합리적 이유를 가지고 있으면서도 다른 사람이 어떻게 해석할 지에 대해 걱정한다.

(3) 이에 대한 평가물음은 다음과 같다

① 만약 제조회사가 10%의 커미션을 줄 수 있다면, 그 대신 그들의 판매가격을 더 낮출 수는 없는가?

② 고객이 커미션에 대해 눈치챌 가능성은 무엇이고, 그럴 경우 그들의 태도는 어떨 것인가?

③ 다른 고객들이나 엔지니어들 그리고 제조업자들이 커미션에 대해 눈치챌 가능성은 무엇이고, 그리고 그들의 태도는 어떨까?

④ 엔지니어의 명예에 미칠 영향이 무엇인가 그리고 만약 명예에 손상을 입는다면, 평생 입게될 수입의 손실은 얼마나 될까?

⑤ 평생 동안 입게될 수입의 손실액과 받은 커미션이 그 양에 있어서 얼마나 비교되는가?

⑥ 만약 스캔들이 일어난다면, 엔지니어의 가족에 미칠 영향이 무엇이고 크게는 직업에 미칠 영향이 무엇인가?

⑦ 커미션을 받는 것이 그의 고객에 대한 엔지니어의 의무와 상충하는가?

⑧ 제조업자의 상품에 관한 엔지니어의 판단에 커미션이 영향을 줄 수 있지는 않는가?

⑨ 이것이 커미션인가 아니면 뇌물인가?

⑩ 윤리 강령에 일치하는가?

(4) 결론

엔지니어는 그의 개인적 용도로 커미션을 받아서는 안 된다.

2) 칸트의 의무론적 분석

(1) 가정 : 위와 동일함

이 가정을 근거로 다음과 같이 추리할 수 있다.

① 커미션을 받는 것은 모든 사람이 어떤 생산적인 기여를 하지 않고서도 보상을 받을 수 있는 사회를 인정하는 것이다. (엔지니어는 이미 고객으로부터 자신의 노력에 대한 대가를 보상받았다는 사실을 주목하라).

② 만약 영향력있는 위치에 있는 모든 사람이 모든 구매상품을 조건적으로 지정할 수 있다면, 모든 사업은 최종소비자보다는 영향력 있는 사람의 마음에 들려고 애쓰는 그런 상황에 이를 것이다.

③ 만약 모든 명세서에 하나의 동일한 제조업자가 기입되어 있다면 이것은 결국 독점적 제국을 만들어 낼 것이다.

(2) 이에 대한 평가물음은 다음과 같다.

① 예측된 보편적 조건이 목적, 가정 그리고 인정된 행동 기준과 일치하는가?

② 10%의 커미션이 고객에게 직접 제공되기를 요구하는 그런 다른 대안이 있는가?

(3) 결론

엔지니어는 그의 개인적인 용도로 커미션을 받아서는 안된다.

사례 II

엔지니어는 제조업자가 경비를 제공해주는 여행을 하기로 하였다.

문제인식

자기 회사에서 사용될 고가의 기계 구매를 책임진 한 엔지니어가 있다. 그는 쓸모있는 좋은 기계를 모처에서 구입하는 데 매우 정통해 있다. 그 많은 제조업자 중 한 군데만이 필요한 질 좋은 장비를 생산하는 것으로 믿었다. 동등한 대우를 받기를 원하는 이 한 군데의 제조업자는 그 회사가 사용하고 있는 기계설비와 몇 군데의 시설을 돌아볼 수 있도록 엔지니어에게 모든 여행경비를 지불하겠다는 제안을 했다. 엔지니어는 이런 정보가 필요하다고 생각하며 그리고 여행할 시간적 여유도 있다. 그는 자신이 여행경비를 지불해야 하는가, 경비를 지불해 주는 제조업자의 초청에 응해야 하는가, 혹은 그 제조업자를 고려 대상에서 당장 제외시켜야 하는가?

1) 공리주의적 원리에 따른 분석

(1) 가정

① 엔지니어가 최대한 손쉽게 이용할 수 있는 지식을 토대로 기계를 선택하는 것이 이득이 되는 일이다.

② 제조업자가 자신의 상품을 다른 사람에게 알리는 것은 이익이 되는 일이다.

③ 엔지니어는 공평해야 하고 기계를 선택할 때 의무감에서 벗어나야 한다.

이러한 선택된 가정을 근거로 다음과 같은 예상되는 결과를 도출할 것이다.

(2) 이득과 손실

① 이득

a) 엔지니어는 쓸모있는 기계에 관해 보다 더 많이 알게 될 것이다.

b) 제조업자는 그들의 기계에 대해 동등한 대우를 받는다.

c) 엔지니어는 낮은 가격으로 질 좋은 기계를 얻을 가능성을 높인다.

② 손실

a) 제조업자에게 부담을 준다.

b) 엔지니어는 제조업자에게 빚진 느낌을 가질 수도 있다.

c) 엔지니어는 여행하는 데 시간을 빼앗긴다.

(3) 이에 대한 평가물음은 다음과 같다:

① 우리 경제에 있어서 광고가 반드시 필요한 것인가 그리고 이것이 광고의 한 형태인가?

② 복잡한 고가의 기계를 위한 최상의 광고는 어떤 형태인가?

③ 엔지니어가 공개된 광고정보를 받아들일 어떤 의무감을 느껴야 하는가?

이러한 정보를 얻기 위해 시간을 투자할 가치가 있는가?

④ 이 기계가 가장 최상의 가격일 가능성이 무엇인가? 이 가능성이 여행을 위해 투자해야 할 시간을 정당화시켜주는가?
⑤ 엔지니어가 충분한 정보 없이 적당하게 그의 책임을 면할 수 있는가?
⑥ 기계에 대해 정보를 가질 수 있는 더 좋은 다른 방법이 있는가?
⑦ 윤리강령에 일치하는가?

(4) 결론: (이 기계가 최상일 가능성이 높다는 가정 하에서)
엔지니어는 경비를 제공해주는 여행을 받아들여야 한다.

2) 칸트의 의무론적 분석

(1) 가정: 위와 동일함.
이 가정을 근거로 다음과 같이 추리할 수 있다:

① 제조업자들에 대한 보편적 적용은 모든 제조업자들은 상품을 선택할 책임이 있는 모든 사람에게 적합한 실제적인 정보를 주어야 하는 그런 조건을 만들어야 한다.
② 모든 엔지니어들은 상품을 추천하기 전에 손쉽게 얻을 수 있는 최대한의 정보를 얻을 것이다.

(2) 이에 대한 평가물음은 다음과 같다
예측된 보편적 조건들이 목적, 가정, 그리고 인정된 행동기준들과 일치하는가?

(3) 결론
엔지니어는 경비를 제공해주는 여행을 받아들여야 한다.

윤리적 논증

체르노빌 사고 후 소비에트 당국은 중무장한 80만명 이상의 병력을 투입했다. 싸울 대상은 방사성 물질임에도 불구하고. 군인들은 모든 기계들이 작동을 멈췄는데도 불구하고 군인들은 집단자살을 하듯이 묵묵히 일을 하였다. 그들은 원자로 지붕을 닦아냈고, 양탄자 말듯 지표를 깎아냈다. 흙에 묻었다. 삽으로 핵을 퍼냈다. 그들이 없었다면 원자로가 폭발해 유럽은 이미 폐허가 됐을지도 모른다. 이때 투입된 군인 수만 명이 사망했고, 그들 중 40% 가까이가 자살한 것으로 알려졌다. 버려진 개와 고양이는 서로를 잡아먹다가 인간에 대한 적개심에 불타올랐다. 너무나 그 적개심이 두려웠던 인간은 풍뎅이와 거미와 같은 곤충까지도 시멘트 벙커에 함께 묻어버렸다. 여러분은 이 군인들의 행동을 어떻게 보는가? 어떤 윤리이론으로 이것을 정당화할 수 있는가? 여러분에게 한국의 원전에서 이러한 사고가 나서 투입된다면, 어떻게 행동할 것인가? 500자 이내로 기술해 보시오.

쟁점토론

칸트는 어떤 상황이라도 거짓말을 하지 말라고 한다. 만약 친구를 죽이려는 암살자가 추격해 와서 집안으로 달아나지 않았냐고 물었을 경우에도 거짓말을 하지 말라는 도덕법칙을 어겨서는 안 된다고 한다. 왜냐하면 결과가 어떠할지는 아무도 미리 알 수 없기 때문이다. 하지만 우리는 많이 아픈 환자에게 건강해졌다고 거짓말을 하기도 하고, 타인의 피해를 줄이기 위해서 살리기 위해서 거짓말을 하는 경우도 있다. 과연 거짓말은 절대로 해서는 안 되는 것인가? 여러분의 생각은 어떤가?

명제 1 선의의 거짓말은 타인에게 좋은 결과를 가져다준다.

Yes입장

살다보면 때로 선의의 거짓말이 필요한 상황을 맞는다. 예를 들어 내 친구의 행방을 알아내어 해치려는 적이 있다고 하자. 그런 적에게 우리는 거짓말을 할 수밖에 없다. 만약 내가 거짓말을 하지 않는다면 친구의 생명이 위험해지기 때문이다. 다른 예로 불치병에 걸린 환자에게 이를 숨기는 거짓말도 좋은 결과를 가져다 줄 수 있다. 불치병에 걸린 환자가 치료에 대한 희망을 가지고 치료에 매진할 수 있게 되기 때문이다. 오 헨리의 단편소설, '마지막 잎새' 와 같은 경우가 누구에게나 있을 수 있다. 실제로 설탕을 진짜 약처럼 보이게 만들어 이를 속이고 환자에게 먹게 했을 때 호전되거나 유익한 현상이 나타나는 경우가 있다. 이를 '플라시보 효과' 라고 하는데 이는 처방에 대한 믿음이 신체에 영향을 미치는 결과이다. 환자는 의사가 거짓말을 해도 믿는다. 이처럼 불치병에 걸린 환자에게 하는 의사의 거짓말은 좋은 의도로 시행된 것이며 좋은 결과를 가져다 줄 수 있다. 선의의 거짓말은 타인에게 삶의 행복이나 희망을 주거나 좋은 결과를 준다. 정직함이 아무리 올바른 도덕규범이라 할지라도 때로는 그러한 정직함이 상대방에게 오해와 고통을 준다. 그럴 때의 정직함은 현명한 방법이라고 할 수 없다. 때문에 모두가 행복해지고 좋은 결과를 주는 선의의 거짓말은 허용되어야 한다.

No입장

선의의 거짓말의 결과가 타인에게 좋을지는 장담할 수 없다. 친구를 해치려는 적에게 거짓말을 했다고 해서 그 친구의 생명을 구할 수 있다고 단언하기 힘들다. 오히려 거짓말이 들통 났을 경우 친구뿐 아니라 자신의 생명까지 위험해질 수 있다. 어떤 행위라도 그 결과는 인간의 의지와는 무관하게 수많은 변수에 의해 좌우된다. 선한 동기의 거짓말이라 하더라도 그 결과가 또 다른 어떤 문제를 야기할지 모르는 일이다. 또한 불치병에 걸린 환자에게 하는 의사의 거짓말은 아무리 선한 의도라고 하더라도 그 환자에게 좋은 결정이라고 말하기 힘들다. 그것은 환자가 자신의 삶을 정리하며 생을 마감할 수 있는 권리를 빼앗는 것이기 때문이다. [장발장]에서 신부는 장발장에게 은촛대를 줬다고 거짓말을 한다. 하지만 이는 오히려 장발장에게 해가 되는 결과를 낳을 수도 있다. '바늘 도둑이 소도둑 된다' 는 속담처럼 이후 장발장이 더 큰 것을 훔치는 범죄를 저지를 가능성을 무시할 수 없기 때문이다. 이처럼 선의의 거짓말은 그 결과를 누구도 예측할 수 없으며 그 결과가 타인에게 좋을 것이라고 장담할 수 없다. 근거없는 결과를 가정하여 '거짓말 하지 말라' 는 도덕법칙을 어겨서는 안 된다.

명제 2 선의의 거짓말은 그 자체로 선한 행위다.

선의의 거짓말은 그 자체로 선한 행위다. 타인이나 많은 사람들의 행복을 기대한 선한 의지의 행동이기 때문이다. 대체로 선한 의도가 있는 경우 좋은 결과를 가져오기 마련이다. 이를 테면 천안문을 보고 싶어하는 불치병 소녀에게 어느 대학 운동장을 꾸며 천안문 광장이라고 속여 소녀의 소원을 들어주는 것은 소녀는 물론 이 이야기를 듣는 사람들 모두에게 행복함을 전해줬다는 점에서 아름다운 거짓말이며 선한 행동이다. 물론 선한 거짓말이 나쁜 결과를 가져올 때도 있다. 하지만 설령 그 결과가 좋지 않더라도 선한 거짓말은 그 자체로 선한 행위다. 의도하지 않는 결과가 나타났다고 해서 선한 거짓말에 책임을 물을 수는 없다. 그런 결과를 야기한 다른 요인에 궁극적인 책임이 있는 것이다. 설사 거짓말을 했다는 윤리적 문제가 있더라도 가능한 많은 사람들에게 행복을 주는 것이 가장 선한 행위이다.

No입장

아무리 선한 의도로 한 거짓말이라고 하더라도 그 자체는 선한 행위가 될 수 없다. 어쨌든 그것은 남을 속이는 잘못된 수단을 사용했기 때문이다. 설사 선의의 거짓말이 좋은 결과를 낳았다고 해도 달라질 것은 없다. 사람들은 흔히 좋은 목적을 위해서는 수단이 잘못되어도 된다고 생각한다. 그렇다면 사람들의 돈을 훔쳐 가난한 사람들에게 나눠주는 것도 결국엔 좋은 결과를 가져왔기 때문에 괜찮다는 것인가? 게다가 선의의 거짓말이 담고 있는 좋은 의도라는 것이 과연 좋은지 나쁜지를 구분하기도 쉬운 일이 아니다. [토끼전]에서 토끼는 간을 빼앗기지 않기 위해 간을 집에 놓고 왔다고 거짓말을 한다. 토끼 입장에서 보면 자신의 목숨을 구하기 한 선의의 거짓말이라고 할 수 있다. 하지만 그 때문에 토끼를 놓쳐 용왕에게 혼이난 거북이의 입장에서 보면 그것은 나쁜 거짓말일 뿐이다.

명제 3 도덕에도 예외는 존재한다.

Yes입장

우리는 도덕적으로 살아가기 위해 노력한다. 하지만 예외적인 경우도 있다. 때로는 몇몇 도덕규범을 지키는 것보다 더 중요한 어떤 것을 해야 할 때가 있다. 선의의 거짓말을 할 때가 대표적인 경우다. 한 여성이 성폭력하려는 치한에게 자신은 에이즈 환자라고 말해 위기를 모면했다고 가정해보자. 과연 이 여성의 거짓말이 잘못됐다고 할 수 있을까? 위기에 처한 주변 사람을 구하기 위해 어쩔 수 없이 하는 거짓말은 또한 어떤가? 이처럼 현실에서 모든 도덕규범을 그대로 따르는 것이 가장 바람직하다고 할 수는 없다. 거짓말을 하지 말아야 한다고 하는 도덕규범보다 생명을 중시해야 한다는 도덕규범이 더 우위에 있기 때문이다. 몇몇 도덕적 가치가 충돌할 때 가치가 덜한 도덕규범을 지키지 못하는 것은 어쩔 수 없다. 게다가 도덕은 사회마다 다르며 시대에 따라 변한다. 인류의 역사 속에서 절대적인 도덕이란 있을 수 없다. 사회적으로 유용한 결과를 낳는 행위가 도덕인 것이다. 따라서 '거짓말을 해서는 안 된다'는 도덕규범을 절대시 할 것이 아니라 예외적인 상황이 있을 수 있음을 인정해야 한다.

No입장

도덕에 예외란 있을 수 없다. 도덕에 조금이라도 예외를 두기 시작하면 도덕의 힘은 약해지고 가치가 떨어지게 마련이다. 예를 들어 아주 가난한 사람이 배고픔에 지쳐 슈퍼마켓에서 빵을 훔쳤을 때 그를 가엽게 여겨 용서해 주었다고 하자. 하지만 다른 사람이 그 소식을 듣고 또 빵을 훔쳐다면 이 문제를 어떻게 형평성에 맞게 풀 수 있을까? 이처럼 아주 사소한 예외라도 두기 시작한 다면 도덕규범의 힘은 사라질 수밖에 없다. 마찬가지로 거짓말에도 예외는 있을 수 없다. 거짓말을 해서는 안 되는 것처럼 선의의 거짓말을 해서는 안 된다. 선한 거짓말도 결국엔 거짓말일 뿐이다. 거짓말은 나쁘지만 선의의 거짓말은 좋다는 식의 생각은 도덕을 송두리째 무너뜨릴 위험이 크다. 또한 선의의 거짓말을 예외로 인정하면 세상의 진실이 사라질 수밖에 없다. 또한 선의의 거짓말은 자기 합리화에 빠지게 된다. 우리는 거짓말을 하면 양심의 가책을 받게 되는데 선의의 거짓말은 좋은 의도라 하여 죄의식을 덜 갖게 한다. 결국 선의의 거짓말을 허용하면 양심에 따른 도덕이 무너지고 사회 혼란은 더욱 가중될 것이다.

(유레카 논술, 2007, 78호 참조)

인간은 하루 평균 200번 거짓말을 하는 상습 거짓말쟁이다. 의도하지 않은 거짓말, 선의의 거짓말을 포함해서 말이다. 스미스는 인간을 '호모 팔라스(Homo Fallax; 속이는 인간)라고 부른다. 우리는 ' 풍문 '에 따른 기호를 받아들인다. 그 경우에 거짓말이 자연스럽게 확대되고 참으로 받아들이게 되는 경우도 있다. 이 쟁점을 보고, 여러분은 어떤 생각을 갖게 되는가? 공학에서 선의의 거짓말을 하는 경우가 있는지를 생각해 보고, 그것을 적용해서 각자의 입장을 500자로 정리해 보시오.

상상력 키우기

저문 강에 삽을 씻고

흐르는 것이 물뿐이랴
우리가 저와 같아서
강변에 나가 삽을 씻으며
거기 슬픔도 퍼다 버린다
일이 끝나 저물어
스스로 깊어가는 강을 보며
쭈그려 앉아 담배나 피우고
나는 돌아갈 뿐이다
삽자루에 맡긴 한 생애가
이렇게 저물고. 저물어서
샛강바닥 썩은 물에
달이 뜨는구나
우리가 저와 같아서
흐르는 물에 삽을 씻고
먹을 것 없는 사람들의 마을로
다시 어두워 돌아가야 한다

— 정희성

05

윤리문제의 해결 기법

이 장의 목적

윤리 문제가 발생하면 이것을 어떻게 해결할 것인지는 가장 중요하면서도 어려운 문제이다. 윤리적 갈등이나 문제에 봉착하게 되면, 수학문제처럼 풀 수 있는 것은 아니다. 하지만 우리는 그것을 보다 정확하게 이해하고 파악할 수 있는 몇 가지 방법을 제시해볼 것이다. 이를 통해 과학기술자들은 자신들의 문제를 푸는 원칙을 가져보기 바란다.

윤리적 논증

마이클 베일즈의 「직업윤리」에 나오는 다음 사례를 보자.

아서 브라운은 성공한 변호사로서 매우 바쁘다. 에이스 아이스라는 회사는 한 소비자가 제기한 소송에 대처하기 위해 그를 고용했다. 소비자의 불만 사항은 27일 전에 이미 제출되었고 브라운은 2주 이상 사건을 맡아 왔음에도 불구하고 아직 답변서를 제출하지 않은 상태다. 에이스의 대표가 브라운에게 전화를 걸자, 브라운은 의료비 2만 달러를 받아야만 답변서를 제출하겠다고 말했다. 주법에 따르면 답변서는 30일 이내에 제출되어야 하며 그렇지 않을 경우 당사자들은 불만 사항에 관한 모든 혐의를 인정하는 것으로 간주된다. 에이스의 대표는 한 건의 재판 비용으로는 너무 비싸며, 그 소송은 정식 재판에 들어가기 전에 해결될 수 있을 것으로 생각한다. 다른 변호사를 구할 시간적 여유도 없는 탓에 그는 퀵서비스를 이용해 브라운에게 수표를 보냈다. 브라운의 행위는 비윤리적인가? 만일 비윤리적이라면, 왜 그런가? 그렇지 않다면, 또 그 이유는 무엇인가?

이 예는 윤리적 충돌을 포함하지 않기 때문에 아주 간명한 사례라고 할 수 있다. 찬반양론의 이유를 고려할 경우, 브라운의 행위에 대한 '찬성' 쪽 이유는 전적으로 단기적인 이기심 문제일 것이다. 일종의 금전 갈취로 보이는 행위를 지지할 좋은 윤리적 이유를 찾기는 어렵다! 윤리적 관점에는 증거라는 것이 존재하지 않는다. '반대' 쪽 이유들은 이 책 2장에서 내가 옹호한 세 가지 원칙 모두를 위반하는 형태를 취한다. 이 예를 통해 우리는 그들 세 가지 원칙이 특정한 사례에 어떻게 적용되는지를 알 수 있다.

〔**원칙** 1〕(인격 존중에 관한 원칙)을 위반한다. 왜냐하면 브라운은 에이스의 대표를 속임으로써 그 대표가 당연히 받아야 할 존중을 침해하기 때문인데, 에이스의 대표는 정해진 절차에 소요되는 (누구든 알 수 있는) 비용에 비해 상당히 터무니없는 수임료를 지불하도록 강요받고 있다.

〔**원칙** 2〕(공정성에 관한 원칙)을 위반한다. 이와 같은 금전 갈취는 브라운의 고객에게는 완전히 불공정하며, 그 고객은 브라운을 다른 변호사로 대체할 자유로운 선택을 행사할 수 없다. '원초적 입장' 속에 있는 누구도 다른 사람을 이와 같이 대우하는 것에 찬성하지 않을 것이며, 우리는 브라운 자신도 그럴 것이라고 추정한다. 바꿔 말하면 브라운 자신이 이와 같은 악용 행위의 희생자라면, 그 역시도 이에 찬성하지 않을 것이다. 따라서 브라운의 행위는 윤리적 관점에서 문제가 된다.

〔**원칙** 3〕(해당 규칙을 따르는 사람들의 행복을 증가시키는 규칙의 채택에 관한 원칙)이 훼손되는

데, 그 이유는 자신의 행위가 자신을 제외한 다른 어느 누구도 행복하게 만들지 못하는 까닭에 브라운은 이런 식의 거래를 하면서 윤리적 규칙을 채택할 수 없을 것이기 때문이다. 역설적으로 그것이 브라운 자신도 행복하게 만들어 주지 못할 것이다. 이 주장을 입증할 수 있는지 알아보자.

브라운의 본분에 비추어 볼 때 그 행동은 단기적 이익은 가져다줄지언정, 최선의 이익이 되지는 않는다. 장기적으로 볼 때, 브라운은 자칫하면 실직을 당하기 십상이다. 브라운이 에이스의 대표에게 행한 태도는 쉽게 알려질 것이며 결국 그는 부패한 변호사라는 평판을 들을 것이다. 잠재적 고객들은 브라운의 공정하지 못한 처사에 희생되기보다는 차라리 다른 곳에 일을 맡길 것이다. 윤리적으로 행동하기로 선택하든 말든(그렇게 해서는 '바쁘고 성공한 변호사' 로 살아남기 어렵다)브라운은 자신의 장기적 혹은 '최선' 의 이익에 따라 행동하는 것이 현명할 것이다.

지금까지의 내용을 강력한 윤리적 논증의 형태로 제시해 보자.

인격 존중과 공정성을 어기지 않으면서, 우리는 그 규칙을 따르는 모든 사람들에게 이익을 가져다주는 규칙을 채택해야만 한다.
　브라운이 고객을 대하는 방식은 비인격적-금전 갈취의 경우처럼-이며 불공정하기 때문에 이 경우에 그는 그와 같은 규칙을 채택할 수 없다. 그러므로 브라운은 자신의 고객을 그와 같은 방식으로 대우해서는 안된다.

첫 번째 원칙을 이 예에 적용하는 것과 관련해서 한 가지 흥미로운 물음이 생겨난다. 권리 존중의 원칙은 사람들은 그들이 요구하지 않은 정보를 제공받을 권리가 있음을 뜻하는가? 이 사례에서 에이스의 대표는 질문할 필요가 없다고 생각했는지 브라운에게 소송 사건의 답변서를 언제 제출할 것인지 묻지 않았다. 그와 같은 부주의로 인해 에이스의 대표는 비싼 대가를 지불했고, 우리는 그가 정보를 알려 하지 않은 탓에 결국 터무니없는 비용을 지불하게 되었다고 주장할 수 있다. 하지만 누군가에게 정보를 알리지 않는 행위가 그를 이롭게 한다면 어떻게 되는가? 의학에서 위약(placebo)을 사용하는 경우는 어떤가?

예컨대 위약은 만성질환을 앓고 있는 환자를 효과적으로 치료하며 그 과정에서 환자의 치료비 부담을 크게 덜어 준다고 가정해 보자. 설탕으로 만든 알약을 복용 중이라는 사실을 환자가 안다면, 알약은 효과가 없을 것이므로 위약 치료가 성공하기 위해서는 비밀 유지가 필수적이다! 비밀을 지키는 것이 환자 치료에 성공의 관건이 되는 이와 같은 경우에 정보를 알리지 않는 행위는 윤리적으로 옳은가?

이는 퍽 복잡한 예로서, 그와 같은 행위-효과가 있다 하더라도 -는 첫 번째 원칙을 위반하기 때문에 나는 그것을 어떻게 정당화 할 수 있을지 모르겠다. 바꿔 말하면 위약이 효과가 있든 없든(그리고 위험도 있다), 환자는 정보에 근거해 선택할 권리를 보장받지 않았으며 따라서 강제로 인한 희생자다.

이와 같은 경우를 보호할 적절한 규칙, 즉 그 규칙과 관련된 대부분의 당사자들의 행복을 최대화할 규칙을 찾기가 왜 어려운지를 보자. 위약 실험은 논쟁의 소지는 있으나 대부분의 경우 효과적이다. 하지만 그 규칙이 치료에 필요한 가능한 수단임을 들어 강제를 허용한다면, 윤리적 관점에서 볼 때 그 규칙은 채택될 수 없다.

그러나 이 예에는 매우 중요한 또 다른 면이 있다. 환자와 의사 사이에 암묵적인 협약은 당연히 위약 사용을 윤리적으로 정당화하는 토대가 된다. 환자는 치료를 위해 의사에게 가며 치료에 꼭 도움이 되는 것이라면 어떤 것이든 괜찮다고 생각할 정도로 의사를 믿을 것이다. 만일 "꼭 도움이 되는 처치라며 어떤 것이든" 속임수도 들어간다면 환자는 속임을 당하는 것을 선택했다는 주장이 얼마든지 성립할 수 있다. 이런 시각에서 보면 환자는 그 약의 효과 여부에 관련된 철저한 정직과 완전한 정보에 대한 자신의 권리를 유보한 것이 된다. 이는 다소 당황스러운 일이지만 우리 역시 어떤 화학약품이 들어 있는지, 혹은 효과가 어떨지 모르는 채 약을 처방 받으면서 이와 똑같이 행동한다. 심지어 자유 선택과 자율성을 가장 큰 목소리로 옹호하는 사람들조차도 의사/환자 관계는 예외적이라는 데 동의한다.

이와 같은 추론 노선을 택할 경우, 우리는 환자가 자기 건강을 위해서는 정보에 근거해 선택할 권리를 유보할 수도 있다는 규칙을 공식화해서 채택할 수도 있겠지만, 이는 환자의 선택으로 남아 있어야 하며, 의사가 환자에게 강요하지 않도록 해야 한다. 그렇지 않으면 환자의 권리는 부정되고 말 것이다.

논증은 다음과 같을 것이다.

일반적으로 강제는 윤리적으로 그른 것이다.

환자가 자신의 건강을 위해 결정을 내릴 권리를 의사가 부정할 때 강제가 발생한다.

다른 한편, 환자가 자신이 받는 치료에 대한 지식이 성공적인 치료를 방해하며, 때문에 치료에 관한 모든 것을 알 권리를 유보한다면, 강제는 발생하지 않는다. 위약을 이용한 의학적 치료는 환자 자신이 의약을 복용 중이라는 사실을 모르는 경우에만 성공할 수 있다.

따라서 환자가 전면적인 공개를 요구할 권리를 유보하는 상황에서 위약을 사용하는 것은 강제가 아니며 다른 어떤 윤리적 규칙들도 위반하지 않는다.

그러므로 그와 같은 상황에서 위약을 사용하는 행위는 윤리적으로 허용될 수 있다.

(커틀러, 맹주만 · 김진형 옮김, 2009 참조)

1. 윤리문제 내의 쟁점 분석

윤리 문제 해결의 첫 단계는 문제 자체를 이해하는 것이 필요하다. 왜냐하면 문제의 잘못된 해결책의 시행은 문제의 해소가 아니라 문제를 증폭시키며, 결과적으로 문제를 악화시키기 때문이다. 이것은 바로 문제 자체에 대한 미비한 이해에서 비롯되는 경우가 많다. 따라서 쟁점들에 대한 충분한 선행 연구가 요구된다. 문제에 대한 이해에서 발생하는 쟁점은 세 가지가 있는데, 각각 사실적 쟁점(factual issues), 개념적 쟁점(conceptual issues), 도덕적 쟁점(moral issues)이 있다.

사실적 쟁점은 말 그대로 관련된 사실을 주도면밀하게 분석하는 일이다. 이 쟁점의 분석에는 전문가들의 전문지식이 요구된다. 물론 전문가들 역시 동일한 문제에 대해서 다른 결과를 예측할 수는 있다. 하지만 사고가 난 경우에는 거의 동일한 결과가 전문가들에 의해서 예견될 수 있다. 다음으로는 개념적 쟁점은 사실적 쟁점이 해결되고 난 후에도 그것에 대한 법적, 경제적 해석이 다를 수 있다. 그리고 동일한 사실에 대해서 다른 개념들을 적용하는 경우도 있다. 특히 안전이나 뇌물에 대한 개념 정의는 법에 의해 규정된 측면이 있음에도 불구하고 다르게 논의되는 경우도 있기 때문에, 이 부분에 대한 입장 정리가 필요할 것이다. 마지막으로 사실적 쟁점과 개념적 쟁점이 어느 정도 견해의 일치에 도달하게 되며, 그것이 과연 윤리적으로 타당성과 부당성을 짚어볼 필요가 있다. 즉 어떠한 행위/사업을 결정할 때, 그것이 권리 혹은 의무인지가 분명한지 않는 상황을 분명히 이해하는 것이 필요하다. 또한 사고가 났을 경우에 법에 의해 처벌되지는 않는다고 하더라도, 기술자들의 행위가 상식과 공공복지에서 어긋나는 경우에는 이해관계자들에 의해서 비난을 받을 수도 있다.

한편 우리는 각 쟁점을 파악하는 방식이 반드시 순서대로 구성되는 것은 아니지만, 그러한 순서에 의해 쟁점을 풀어가는 것이 순리에 맞다. 왜냐하면 기술자에게 우선적으로 요구되는 것은 사고발생 후에 기술적으로 분석하는 것이며, 그 후에 과연 그 사고를 발생시킨 기술자의 행위가 법적으로 윤리적으로 무슨 문제가 있는지를 알아보는 방식이 합리적이라고 볼 수 있기 때문이다.

1) 사실적 쟁점들

이 쟁점에서 중요한 것은 관련된 사실을 지적으로 이해하는 것이다. 그 사실이 무엇인지를 분명하게 해명해 보는 일이다. 대체적으로는 그 사실들이 명확하게 드러나고, 일치점을 찾으나, 몇몇 동일한 사실들에 대해서도 똑같은 결론이 나오지 않는 경우도 있다. 이 경우에 사람들은 다른 도덕적 판단을 가질 수 있다.

> **예)** 임산부 체내 새 생명의 시작 시기
> 산모의 건강 상태(위험성)
> 태아의 법적 보호 시기(체외 생존 가능성의 시기)
> 태아의 사전 진단 가능성(기형아 여부, 산후 생존 가능성의 진단)
> 성폭행, 근친상간의 사실 여부

1973년 미 연방 대법원에서 미국 최초로 낙태권을 인정하였다. 여기서도 대법관들은 사실의 쟁점에 대하여 일치할 수 없었으며, 결국 대법관들의 판정(sprit decision)에 의하여 결정되었다. 이들은 태아가 체외에서 생존 가능한 시기 이전까지의 낙태만 고려했다. 그 후 28년 동안 4000만 명의 미생아가 살해되었고 수 천만 명의 여성들이 신체적, 정서적 상처로 고통을 받고 있다. 영국은 이미 1967년 낙태권을 인정하였다. 산모의 건강이 신체적 정신적 위험이 있을 경우에, 태아가 심각한 장애를 가지고 태어날 위험성이 있는 경우에 국한시켰다. 참고로 우리나라에서는 연간 150만 명의 미생아가 살해된다고 하며, 이 숫자는 세계에서 가장 높다고 한다.

> **예)** 지구 온난화가 온실효과에서 오는 것인지? 대기권의 온실 효과를 가져오는 가스, 수송차량의 열, 메탄, 프레온 가스 등의 영향에 대하여 아직 정확한 연구 결과가 없다. 자동차 가스 방출량의 감소를 제품 생산에 고려하기 위해서는 이 사실에 대한 정확한 정보가 필요하다.

이 두 가지의 예에서도 알 수 있듯이, 사실에 대한 이해에 있어서 전문가들의 합의된 의견을 가져오기 위해서는 오랜 시간과 결과가 도출되어야 한다. 문제는 그러한 결과가 나오기까지 자연과 인간에 대한 파괴가 지속적으로 발생하고 있다는 것이다. 그러므로 이러한 문제에 대한 신속한 결정과 판단이 필요하다.

사례

벤젠에 대한 논의는 사실적 쟁점의 대표적인 사례이다. 벤젠은 피부에서도 흡수되지만 벤젠가스 흡입에 의한 중독이 대부분이다. 우리나라에서 벤젠은 법적으로 관리되고 있고, 일반적으로 8시간 노동으로 10ppm이하의 농도면 양호하며 대략 25ppm이 허용한도이다. 중독을 일으키면 얼굴이 창백해지고 현기증, 구토, 호흡곤란, 두통, 피하출혈, 체온 및 혈압강하 등을 일으키고 혼수상태에 빠진다. 소량의 중독으로는 술에 취한 것처럼 쾌감을 느끼는 수도 있으나 반복되면 만성중독에 걸리며 빈혈, 혈소판 감소증, 백혈구감소증을 수반하는 조혈기능 장애가 나타난다. 골수에 변화가 일어나는 것은 만성중독의 중요한 조기징후이다. 이와 같은 상황을 놓고, 두 사람의 대화를 한 번 살펴보자.

호동: 나는 환경부에서 노동자의 벤젠노출에 관하여 더 엄격한 규제를 발표하려 한다고 들었어. 이런! 또 시작이야! 그 새로운 법규를 따르려면, 우리 회사는 엄청난 비용이 소모될 거야. 환경부 공무원들이야 규정을 만드는 것은 쉽지만, 그 결과 우리가 부담해야 할 비용에 대해서는 아무런 대책도 세우지 않는 것은 너무 무책임한 행동이야!

재석: 하지만 호동, 사람 생명이 걸려있어! 너도 벤젠의 위험성을 알고 있잖아. 너도 벤젠누출이 문제가 되는 지역을 벗어나 있고 싶지! 너의 아들, 딸이 1ppm보다 높은 벤젠에 노출되기를 원하는 거니?

호동: 나는 전혀 어떤 문제도 없다고 본다. 10ppm 아래의 벤젠누출이 어떤 해로운 결과를 가진다는 과학적 증거도 없어. 사실상, 내가 읽은 과학문헌과 우리의 연구들에서 보았던 데이터는 10ppm 이하의 벤젠노출은 해롭지 않다고 지적하고 있어.

재석: 하지만 호동, 네가 나와 함께 보았던 이 논문은 10ppm 이하의 벤젠 노출이 해롭다는 어떠한 납득이 가는 증거도 아직 없다는 걸 확신시

켜 줘. 그러한 후회 속에서 우리가 종종 배워왔듯이, 무해하다고 생각했던 것들이 결국 해롭다고 판정이 나버릴 때가 있잖아. 그건 석면을 통해서도 알 수 있잖아. 아마도 노동부는 우리의 현재 보다 철저하게 노동자의 건강을 지키기 위해서 그러한 조치를 취하는 것이라고 보여. 너도 '사후 약방문' 보다는 '유비무환' 이 낫다는 것쯤은 알고 있잖아!

호동: 그럼, '유비무환' 이 더 낫지. 미지의 것에 대한 위험은 항상 상존해. 하지만 그것이 우리가 어떤 것을 아는 것처럼 지금 행동해야 한다는 것을 의미하지 않아.

재석: 그러나 우리가 단지 그것이 그렇지 않다는 것을 지금 당장 제시할 수 없다는 이유로 벤젠과 같은 어떤 것이 어떤 수준에서는 안전하다고 가정한다면, 그것은 마치 뒤에서 칠 때까지 머리를 모래 속에 파묻고 있는 타조와 같아.

호동: 글쎄, 네 견해는 하늘이 무너진다고 걱정하는 겁쟁이와 비슷해. 최소한의 증거를 근거로 최악의 결론으로 비약하는 것처럼 보여.

(C. H. Harris, 김유신 역, 2006. 발췌수정)

이 대화에서 우리가 생각해 볼 수 있는 문제점은 어떤 것이 있는가? 과연 호동과 재석은 사실에 관한 쟁점이 해결될 수 있을 것으로 보이는가?

2) 개념적 쟁점들

우리가 훌륭한 도덕적 사유를 하기 위해서는 관련된 사실에 대한 명확한 이해뿐만 아니라, 그 사실에 관련된 주된 개념들에 대한 명확한 이해가 요구된다. 공학 윤리에서 대표적으로 사용되는 용어로서는, 대중 건강, 안전, 복지, 이해충돌, 뇌물, 책임 등과 같은 용어이다. 즉 관련 용어 중 애매하거나 모호한 용어가 들어 있는 경우, 문제의 해결은 이루어지지 않는다. 따라서 그러한 용어들은 분명하게 정의되어야 한다. 다음 질문들을 통해서 여러분에게 '사실에 관한 질문' 과 '개념에 관한 질문' 의 차이를 보여줄 것이다.

① 고래가 100톤 무게가 나가는 배를 침몰시킬 수 있는가?

② 고래는 물고기인가?

우리는 첫 번째 질문을 해결하기 위해서는 경험이나 어떤 정보를 수집해야 한다. 만약 보지 못했다고 하더라도, 고래의 무게와 속도, 선체의 두께 등을 고려해서 이 질문에 답해야 할 것이다. 이러한 방법으로는 답을 찾는 것은, 이것이 사실에 관한 질문이기 때문이다. 다음으로 두 번째 질문은 고래가 새끼에게 젖을 먹이고 있고 물속에서 헤엄을 치고 있다는 사실을 알고 있다. 하지만 여기서 묻는 질문을 바꾸어 보면 다음과 같다. 고래는 물고기라는 개념에 포함되는가? 물고기라는 개념은 고래와 같은 것들도 포함하는가?

전문적인 생물학자들은 고래는 물고기가 아니며, 포유류에 속한다고 볼 것이다. 하지만 농수산부에서는 생물학적 분류와 관계없이 고래를 바다에 사는 생물로 볼 것이다. 이와 같이 각자의 목적에 따라서 보는 각도가 달라진다. 따라서 후자의 질문은 개념에 관한 질문이라고 할 수 있다.

예) 다음 질문에 답해 보시오.

① 비행정은 거센 물결 위에도 내려앉을 수 있는가?

② 비행정은 배인가? 비행기인가?

그러면 개념적 질문은 무엇을 묻고자 하는가? 개념적 질문은 단어의 사용과 그 단어를 그렇게 사용하게 된 기준 혹은 원칙을 문제 삼는다. 그런데 단어의 사용과 기준은 쉽게 다가오는 것이 아니라, 거듭된 재검토가 필요하다. 예를 들어, "사람은 자신의 행위에 대해 책임을 져야 하는가?" 와 같은 질문을 했다면 어떻게 처리할 것인가? 책임감은 개념을 이해하기 위해서 실제 사례를 생각해 보아야 하며, 누가 어떤 의도로 이 사람의 행위에 대해 책임이 있는가를 고려해 보아야 한다. 만일 이러한 일이 사고를 일으킨 기술자에 대해서 변호사가 변론을 한다면, 자신의 고객이 처벌되는 것을 막기 위해서는 기술자의 책임 개념의 소재를 명확하게 밝히지 않으면 유죄선고를 받을 수 있을 것이다. 만약 그 사고의 책임이 기술자의 전문 지식과 행위에서 벗어난 것이라면, 무죄선고를 받을 것이다. 이와 같이 책임감의 개념은 체벌과 죄라는 개념과 일정 부분 관련이 있는 것으로 드러난다. (J. Wilson, 윤희원 역, 1985년 발췌수정)

사례

재석: 호동! 난 그 사실에 관해 네가 옳다는 것을 인정했어. 1ppm에서 10ppm 사이의 벤젠노출이 해롭다는 증거는 아무래도 빈약해. 근데 나는 이 사실로 그 문제가 끝났다고 결론을 내리는 것은 성급하다고 봐. 나는 인간의 생명을 소중히 해야 할 원칙을 갖고 있어. 그래서 노동자들에게 안전한 작업환경을 제공해야 한다고 생각해. 그리고 논란이 된 벤젠의 수준이 해로울 수 있는 일말의 가능성이라도 있으면, 난 그런 환경을 '안전하다' 고 하지 않을 거야.

호동: 자, 다시 그 오래된 속담인 "얼마큼 안전한게 안전한가?" 에 관해 이야기 해보자. 네 주장을 뒷받침해주는 어떤 증거도 없으면서 어떤 것이 안전하다고 말할 수 있니?

재석: 어떤 종류의 '실질적인 건강상의 위험' 이 있을 때 나는 안전하지 않다고 생각해.

호동: 그러나 이용할 수 있는 증거가 실제로 목적에 맞지 않는 것처럼 보일 때, 어떻게 넌 실질적인 건강상의 위험이 있다고 말할 수 있어?

재석: 그건, 문제가 있다고 의심할 만한 어떤 이유가 있을 때, 적어도 발암물질과 같은 것들이 포함되었을 때, 나는 실질적인 건강상의 위험이 있다고 말할 거야. 입증 책임은 노동자를 어떤 가능한 위험에 노출시키기를 원하는 사람들에게 지워져야 해.

호동: 나는 노동자들을 실질적인 건강상의 위험에 노출되어서는 안 된다는 너의 말에 동의해. 그러나 나는 이것은 '실질적인' 이라는 개념을 이상하게 정의하는 거라고 생각해. 그 문제를 다른 방식으로 생각해 보자. 30년간 공장에서 벤젠노출에 의해 생긴 암으로 죽을 위험에 처한 것은 단지 같은 기간 동안 회사에서 출퇴근하는 중에 자동차 사고로 죽을 위험과 같다고 가정해봐. 이 경우 벤젠노출에 의한 건강상의 위험을 '실질적인' 것이라고 할 수 있을까?

재석: 나는 그렇다고 할 거야. 그 조건들은 서로 달라. 나는 고소도로는 우리가 할 수 있는 한 안전하게 만들었다고 믿어. 하지만 공장에서는 노동자들을 위해 할 수 있는 한 안전하게 건강을 위한 환경을 만들지

않았지. 우리는 상대적으로 적절한 비용을 들여 벤젠노출의 수위를 낮출 수 있어. 더군다나 모든 사람들은 자동차 운전에 대한 위험을 알고, 보험을 들고 있어. 그러나 많은 노동자들은 벤젠노출에 대한 위험성을 자각하지 못하고, 그런 위험에 대한 보험도 전혀 들 수가 없지. 그들은 정보에 입각한 동의를 자유롭게 하는 행위주체로 행동하지 못하고 있어.

호동: 그런데 내 생각에 10ppm 이하의 더 낮은 수준의 벤젠노출에서 암의 위험은 실제적으로 없어. 그러나 몇몇 노동자들이 그 노출로 인해 얼굴, 손, 팔의 피부가 건조해지는 것을 알아. 그런데 그들은 스킨로션으로 그것을 해결할 수 있어. 이것도 건강문제라고 할 거야?

재석: 그것은 일종의 육체적 손상이야. 나는 노동자들이 공장에서 근무하면서 신체와 정신적 고통으로 생겨나는 문제를 참아서는 안 된다고 봐. 그들은 공장에 자신의 시간을 파는 것이지, 심신의 건강을 해치기 위해 다니는 것은 아니라고 봐. 게다가 아직 내일의 문제가 있어. 우린 낮은 수준의 벤젠노출의 장기적 영향을 정말로 알지 못해. 그러나 10ppm 이상에서 문제들의 증거가 나타나면, 우리는 또한 더 낮은 수준에 대해서도 관심을 가질 이유를 갖게 되지.

호동: 그건 너무 엄격한 잣대야. 우리는 개념적 정의에서도 일치를 보지 못하고 있군. (C. H. Harris, 김유신 역, 2006. 발췌수정) 여기서 '안전한', '실질적인', '건강' 등과 같은 개념에 대한 이해가 상반된다고 볼 수 있다. 여러분도 각자의 입장에서 이 문제를 한번 생각해 보시오.

3) 도덕적 쟁점들

우리는 도덕적 쟁점에 관한 이해에 앞서서 이와 같이 개념적 쟁점과 사실적 쟁점에 대한 일치가 필요하다. 한 사회에서 법적으로나 윤리적으로 문제를 고려할 경우에는, 이와 같이 두 가지 쟁점에 대한 이해가 요구된다. 하지만 우리가 어떤 사고나 사건을 접할 때, 그러한 쟁점들은 순차적으로 나누기가 쉽지 않다. 왜냐하면 사건이나 사고는 그 쟁점들을 함께 묻는 방식으로 질문이 제기되기 때문이다. 따라서 우리는 그러한 쟁점들이 혼재된 질문에 관해서 분석하는 능력을 키워야한다.

예를 들어서, 고용주의 명령에 따라서 기술자가 건축법에 다소 위반되는 방식으로 설계했다면, 과연 그 기술자는 처벌해야 하는가? 이 질문은 복합적인 형태로 주어져있다. 이 질문에 대답하기 위해서는 1) 처벌이라는 개념을 분석하고, 2)고용주와 기술자의 관계가 어떤 식으로 형성되어있는지 구체적인 사실에 근거한 지식이 필요하며, 3)과연 고용주의 명령에 순응해야 하는 기술자의 입장에서 그러한 위법에 대한 처벌 문제에 관한 도의적 견해를 밝혀야한다. 이와 같이 이 질문은 사실적 지식과 개념적 지식, 그리고 가치의 문제가 혼재되어 있다.

우리는 탁구를 가르칠 때, 팔 동작이나 손목의 움직임을 가르쳐 주지만, 실제 경기에서 어떻게 하는 것이 좋은지를 모두 가르쳐 줄 수는 없다. 코치의 가르침을 준수해야 되겠지만, 꼭 그렇게 되는 것도 아니며, 그것이 반드시 좋은 결과를 가져오는 것도 아니다. 코치의 가르침과 본인의 상황적응 여부에 따라서 경기의 승패가 결정된다. 이와 마찬가지로 각 쟁점에 대한 이해는 이론적으로는 어느 정도 분별될 수 있으나, 실제 상황에서는 여러분이 배운 내용과 판단에 의해서 각 쟁점에 대한 해결책이 나올 수 있을 것이다.

2. 윤리 문제 해결책의 모색

앞에서 공학에서 발생하는 사건이나 사고를 그 상황자체에 이해하려는 단계였다면, 여기서는 몇 가지 이론을 중심으로 그 상황에 대해서 도덕적 쟁점을 해결하려는 단계라고 할 수 있다. 다시 말해서 문제의 상황을 정확하게 이해했다고 하더라도, 도덕적 쟁점에서 여전히 논쟁이 일어날 수 있다. 과연 어떤 도덕적 쟁점이 일어나며, 그것은 어떤 윤리적 이론을 적용하기에 그런 것인가를 알아볼 필요가 있다. 물론 우리는 어떤 도덕적 쟁점도 정확하게 분석하지 못할 수도 있다. 하지만 도덕적 쟁점은 개발에 대한 논의에서 극적으로 표출되는 경우가 빈번하다. 예컨대, '새만금' 에 대한 입장은 공리주의 입장과 생태주의 입장이 첨예하게 맞선 경우라고 볼 수 있다. 공리주의 입장은 여전히 인간중심의 윤리이론이라면, 생태주의 입장은 자연중심의 윤리이론에 근거해 있다고 볼 수 있다. 이처럼 우리 사회는 제기되는 여러 가지 논쟁의 밑바닥에는 각자의 윤리 혹은 가치가 내재해 있다고 볼 수 있다.

우리는 공학 문제를 해결하는 데에 활용될 수 있는 윤리이론이나 기법을 여러 가지가 가능함을 안다. 다만 여기서는 공리주의적 윤리에 기반을 두고 적용하는 방법, 의무주의 윤리에 토대를 두고 적용하는 방법, 그리고 선긋기 방법, 마지막으로 창조적 해결방법을 검토해 볼 것이다.

1) 공리주의 해결책

공리주의 윤리는 앞에서 말했지만 행위의 결과에 의거하여 올바른 행위를 판단하는 윤리 이론이다. 즉 행위의 옳고 그름은 행동 그 자체에 의거 판단되는 것이 아니라 그 행위가 가져오는 결과에 의해 판단된다. 이 때 최선의 행위는 그 행위의 결과가 '최대다수의 최대 행복' 을 가져다주는 행위가 된다. 그러므로 이 윤리설에 의하면 올바른 행위를 선택하려면 그 행위의 결과가 누구에게 얼마만큼의 행복 또는 고통을 가져다 주는가를 계량화하는 것이 필요하다. 이러한 계량화를 위해 많이 사용되는 방법이 비용-이득 분석법이다.

비용-이득 분석법은 문제 상황을 해결하는 모든 대안들을 강구해 보고, 각각의 대안을 시행하는데 들어가는 비용과 이득을 예상하고 이를 정량화한 후, 각각의 대안을 비교해서 가장 많은 이득이 예상되는 방안을 선택하는 방법이다. 비용-이득 분석은 크게 세 단계를 거치면서 진행된다. 첫 번째 단계는 문제 상황을 해결하는 데 가능한 모든 방안을 고안하는 것이다. 두 번째 단계는 각 방안의 시행결과를 예상하는 단계이다. 이 단계에서는 그 방안의 시행으로부터 영향을 받은 사람들을 생각해 보고, 그 사람들을 위해 부담해야 할 비용과 이득을 예측한다. 세 번째 단계는 예측된 이득과 비용의 차이가 가장 큰 방안, 즉 이득이 가장 많이 남는 방안을 선택하는 것이다.

비용-이득 분석법을 적용한 가상의 사례를 살펴보자.

처음에 매립장 건설을 주민들이 반대하지 않은 이유는 세금을 감면해 주고, 학생들의 등록금을 대학까지 면제해 준다고 하였기 때문에, 대다수의 주민은 찬성하였다. 하지만 세월이 지나고 보니, 집과 토지 가격의 하락은 시에서 제공한 것 이상의 손실을 입었다는 것을 주민들이 알게 되었던 것이다. 특히 건강 악화는 주민들에게 큰 고통을 안겨다 주었다. 다이옥신이나 기타 냄새로 인해서 문도 열어두지 못하고, 주민들은 여러 가지 질병을 호소했다. 그리고 주택 가격이나 토지 가격도 갈수록 폭락하고 있다. 주민들의 불만이 점차적으로 커져갔다. 이 경우에 어떻게 이 문제를 해결해야 할 것인가?

먼저 비용-이득 분석법을 적용하는 첫 번째 단계는 다이옥신과 같은 공해 문제상황을 해결하는 데 가능한 모든 방안을 강구하는 것이다. 이 사례의 경우에 있어서 우선 생각할 수 있는 것은 주변 환경을 보호할 방지대책을 강구하고, 주민들을 불편과 재산상 손해를 보상을 하는 방안이다. 다른 하나는 그곳에 매립장을 설치하지 않는 것이다.

두 번째 단계는 각 방안의 시행결과를 예상하는 단계이다. 이 단계에서는 각각의 방안을 시행함으로써 영향을 받을 사람들을 생각해 보고, 그 사람들을 위해 부담해야 할 비용과 이득을 예상하는 것이다. 우선 공해대책을 수립하고 주민들에게 보상을 하는 방안을 생각해 보자. 공해가 없는 지역과 동등한 토지와 주택 보상을 강구한다. 생활불편에 따른 기타 비용들, 공기청정기, 에어컨 등의 비용을 추정하고, 매년 주민들의 건강검진의 비용도 추가로 산정한다.

다른 해결 방안은 쓰레기 매립장을 이전하는 것이다. 이 경우 고려해야 하는 비용으로는 새로운 지역 물색을 위한 공청회 및 지역 선정에 따른 비용 부담이 있다. 그리고 최근 강화된 환경보호법에 따라 공해방지 시설비용이 추가되어야 할 것이다. 하지만 현재 옮기고자 하는 곳은 주민들이 50가구 이하이기 때문에 예상되는 주민 보상이 적다. 이러한 각각의 방안에 대한 비용-이득 계산과정을 거쳐 마지막으로 각 해결방안에 대한 예상된 이득과 비용의 차이를 비교하여 가장 실질적인 이득이 많은 방안을 선택한다.

2) 의무주의 윤리를 통한 해결책 모색

의무주의 윤리는 행위의 결과와는 상관없이 사람이라면 누구나 실행해야 할 의무들이 있으며, 올바른 행위는 도덕적 의무에 복종하는 것이라 주장한다. 그런데 공학문제를 의무주의 윤리로 해결할 경우에는 의무들 사이에 충돌하는 경우가 발생한다. 이 경우에는 다음과 같은 절차를 지켜야 한다.

① 서로 충돌하는 의무들을 파악한다.
② 가능한 해결방안들을 생각한다.
③ 각 해결방안으로 영향을 받게 될 사람들의 범위를 결정한다.
④ 각 해결방안에는 따른 위반이나 침해를 평가한다.
⑤ 전반적으로 의무 위반이 가장 적은 해결방안을 선택한다.

사례

철수는 조선소에서 설계를 하는 대리이다. 그는 2년 동안 재석이 밑에서 일을 하였다. 철수는 재석이가 좋은 관리자임을 안다. 다만 그가 상습적으로 음주와 도박으로 인해 종종 업무에 지장을 주는 경우가 빈번하다. 어느 날 철수는 재석이가 설계 총 책임자로 승진되었음을 알게 되었다. 하지만 재석이의 음주와 도박 습관은 잦은 설계 실수로 납기일을 그르칠 경우가 생겨날 것이다. 지금까지는 철수와 재석이의 상사가 주도적으로 일을 해서 전혀 실수가 외부에 새는 경우가 없었지만, 지금부터 재석이가 감독을 맡는 경우에는 외부에서 그러한 사실들이 알려질 것이다. 철수는 재석이에게 감독자리를 맡지 말라고 말했으나, 그는 화를 내면서 충분히 자신은 그 일을 할 수 있다고 한다. 그리고 다른 사람에게 그 자신의 음주와 도박습관을 알리지 말라고 한다. 과연 우리는 이 일을 어떻게 해야 할 것인가?

이 사례에서 서로 충돌하는 의무는 상급 동료에 대한 의리와 경영자와 고객에 대한 의무이다. 그리고 재석이 감독이 된 후에도 계속해서 음주와 도박을 상습적으로 한다면, 우리는 이 사실을 경영자에게 알리는 것이 맞는가?

분석해 보면 다음과 같다.

① 동료들에 대한 의무와 경영주에 대한 의무가 상호 충돌할 수 있다.
② 만약 재석이가 계속해서 음주와 도박을 한다면, 철수의 행위는 두 가지 밖에 없다. 경영주에게 그 사실을 알리거나, 아니면 그것을 무마하는 것이다.
③ 철수의 선택에 의해서 동료직원들, 경영자, 재석이가 영향을 받을 것이다.

④ 철수가 재석이의 음주와 도박습관을 상부에 알린다면, 재석이는 승진할 기회를 잃게 될 것이다. 만약 알리지 않는다면, 잘못된 설계와 납기일을 지키지 못해서 철수와 설계팀은 신뢰를 잃게 될 것이다.

⑤ 이 경우에 우리는 어떤 선택을 하는 것이 바람직한가?

3) 선긋기 기법을 활용한 해결책(LD기법(Line Drawing Technique))

이 기업은 다양한 해결책 가운데 정량적인 분석을 통해 윤리 문제를 해결하는 방식이다. 이것은 LD(Line-Drawing)방식이라고 부른다. 특히 여러 가지 고려 사항을 비교해서 단순화시켜서 파악하는 경우에는 선긋기 기법이 좋다. 다만 고려 사항들이 많은 경우에 그것을 정확하게 판단하는 것이 중요하다. 일반적으로 이것은 선과 악에 대한 패러다임, 즉 긍정과 부정에 대한 패러다임을 정확하게 파악해야 한다. 이것은 조직이 어떤 가치관을 갖느냐에 따라 달라질 수 있다. 하지만 이윤이 아니라, 공공의 복리, 안전, 건강을 생각한 패러다임을 선택한다면, 그것을 우리는 긍정적 패러다임이라고 보며 그와는 반대의 방식을 부정적 패러다임이라고 할 것이다. 예를 들어,

① 전자 회사의 경우: 긍정적 패러다임= 좋은 제품 자체나 서비스가 PR이다.
부정적 패러다임=불량품을 판매한다.

② 화학공장의 폐수처리와 관련하여:
긍정적 패러다임=깨끗하고 안전한 식수를 보존하는 것이다.
부정적 패러다임=독성물로 식수를 오염시킨다.

개념적 도구들

① 선(Line), (2) PP(긍정적 패러다임), NP(부정적 패러다임) (3) 고려 사항들

예비 조건들

PP(positive paradigm)와 NP(negative paradigm)는 도덕적으로 분명히 수용

되는 것과 수용될 수 없는 것으로 정의한다. 고려 사항은 가언적(hypothetial) 상황들과 실제적(real)인 경우들을 충분히 빠짐없이 설정하는 것이다. 이것을 세부적으로 나열한다.

4) 실행 방법

① 선을 긋는다
② 선의 왼 쪽 끝에 NP를 오른 쪽 끝에는 PP를 배치한다
③ 선 위에 고려 사항들을 하나 씩, 하나 씩 배치한다.

NP 7 6 5 4 3 2 1 PP

분석 기법으로서의 LD를 사용한 예를 한 번 들어보자

[관련 사실]

저수지에 처리된 폐기물의 농도는 9ppm정도이고, EPA(Environment Protection Agency, 환경 보호국)의 기준은 10ppm이다. 5ppm정도는 건강에 아무 문제 없다. 시민들로서는 이 정도로는 식수에 화학물질이 들어 있는 것을 식별할 수 없다.

[긍정 패러다임] 시의 공급 식수는 깨끗하고 안전해야 한다.
[부정 패러다임] 독성 폐기물인 줄 알면서도 저수지에 버린다.

[고려 사항들]

① 저수지에 화학 물질이 흘러 가도록 두더라도, 5ppm 정도는 건강에 무해하다. 물의 맛이 약간 이상한 정도로 그칠 것이다.
② 화학 물질은 시에서 식수 처리 시스템으로 제거할 것이다.

③ 화학 물질은 회사가 구입한 새 정수 장치를 설치하여, 시가 제거할 수 있다.

④ 납세자가 부담하는 새 정수 장치로 시가 제거할 수 있다.

⑤ 화학 물질의 영향이 사람들에게 병에 걸린 듯한 느낌을 일으킬 수 있을지 모르나, 단지 한 시간 정도 일것이고 대단히 드문 일일 것이다.

⑥ 5ppm 으로는 몇몇 사람이 심한 병에 걸릴 수 있지만, 단지 일주일 정도일 것이고, 장기적 폐해는 전혀 없을 것이다.

⑦ 폐기 물질을 1ppm 이하로 감소시키는 정수 장치를 공장에 설치한다.

[배열] 위의 고려 사항들을 선 위에 배열한다. 위의 도표를 참조할 것.

[생각해 볼 점]

올바른 해결책을 찾기 위해서는 더 많은 충분한 고려 사항들을 연구하여야 하지 않을까?

예) 정치적 고려: 주민들의 의견들, 시, 행정부의 허가 가능성, 허가 받기까지의 막대한 시간, 각종 단체(행정, 시민)들의 감시가 필요하다.

LD 기법의 적용시 주의할 점은 다음과 같다:
잘못 사용시에 정확하지 못한 결과가 예상된다. 따라서 패러다임의 정의, 고려사항들의 충분한 식별, 정확한 배치 등을 객관성 있게, 정직하게 실행하여야 한다.

LD-기법의 용도 (1) 해결 기법 (2) 분석 기법

LD 기법은 윤리적 결정의 도출을 위해 해결 기법 뿐만 아니라, 기존 결정 혹은 실천의 정확성과 윤리성의 검증을 위해 분석 기법을 사용한다. 따라서 LD 기법은 윤리 문제 해결 및 결정/해결책에 대한 평가를 위해 사용할 수 있으므로, 양심적으로 사용하여야 한다. 그런 경우에 대단히 강력한 분석 도구이다. 반면에 LD-기법은 강력한 힘 때문에 악용의 소지가 많다. 특히 정치적으로 많이 악용되고 있다.

인텔사를 통해서 그 예를 알아 보자.

고려 사항들:

① 칩에 결함이 있기는 하지만 식별하기 어렵고 사용자의 이용에 별 지장이 없

다.

② 칩의 결함은 이미 사용자들이 알고 있지만, 어쩔 도리가 없다.

③ 첨부된 경고 쪽지에 어떤 경우는 이용될 수 없다고 되어 있다.

④ 회수 통지를 보내고 칩을 대체해 준다.

⑤ 사용자가 문제가 있다고 할 경우 칩을 대체해 준다.

NP	5	2	3	1	PP

위의 배열 결과를 보고 인텔사의 결정을 나름대로 비판해 보시오. 먼저 이 강의에서 학습한 개념적 도구를 이용하여, 어떤 기존 결정에 대하여 분석 비판하는 경우, 어떻게 해야 할지 분석의 과정, 비판의 기준, 방법 등을 미리 생각해 보시오. 이런 경우는 앞으로 여러분이 사회에서 접할 수 있는 상황이다. 이것을 현실화하여 생각하면 크게 도움이 될 것이다. 즉 인텔사의 일이 바로 여러분 자신의 회사의 일이라고 가상하고 이 회사 내에서 자기의 지위를 정해 보시오. 그 다음 결정상 특이하게 보이는 점이라든지, 위의 배열이 문제점, 즉 이해가 잘 가지 않는 점이 있는지 살펴보고, 이를 먼저 분명히 해보시오. 끝으로 여러분이 생각하는 가장 윤리적 결정이 무엇이며, 여러분 나름대로 생각하는 다른 결정이 있다면, 이를 개진해보시오.

3. 뇌물 문제를 해결하는 기법

인간의 질은 인간의 활동에 의해 결정된다.

-아리스토텔레스-

뇌물을 받는 활동과 뇌물을 받지 않는 활동은 어떤 차이가 있으며, 차후에 개인적으나 사회적으로 어떤 문제를 발생시킬까? 누군가 말하기를, 세상에 공짜는 없다고 한다. 결코 뇌물은 공짜가 아니라, 어떤 특혜나 특권을 노리기 위해서 주는 가시가 있는 선물이다. 뇌물에 대한 것을 여러 가지 형식으로 분석해 보는 시간을 가져 보자.

1) 사실적 쟁점

어느 나라이든 뇌물수수는 법적으로 금지되어 있는가? 협회들의 윤리 헌장에는 어느 정도 엄격하게 언급되어 있는가? 어느 나라든, 어느 윤리 강령이든 금지되어 있다. 뇌물 수수의 관계는 대단히 광범위하게 일어나며, 매매-구매자, 입찰자-입찰 결정자, 시민-공직자, 지위의 상하 사이의 예가 될 것이다.

2) 개념적 쟁점

선물과 뇌물 그리고 착취(금품 강요)

제공되는 물건 또는 회합(회식)이 선물인 경우,

① 명목상의 가치 즉, 광고 혹은 사회적(직업 수행상의) 상호 관계의 촉진(친선, 감사, 봉사/서비스)이다.

② 저 비용과 가치만이 인정되는 것으로 동등한 부담이 전제된다. 명목상의 가치 이상이거나 대등한 부담이 아닌 경우, 제공되는 물품 혹은 대접은 뇌물에 해당한다.

착취는, 뇌물수수와 관련되나 약간의 차이점이 있다.

① 뇌물 수수: 자발적으로 비정당한 특혜를 얻기/주기 위하여 물품, 금품, 혹은 대접(향응)를 제공하는 /받는 일이다.

② 착취: 이미 법적으로 도덕적으로 인정되는 당연한 대우인데도 불구하고 이를 받기/주기 위하여 물품, 금품 혹은 대접을 제공/강요하는 일이다.

3) 도덕적 쟁점: 뇌물 수수가 비윤리적인 이유

고려해야 할 윤리적 원리: 권리, 의무, 덕, 공리적 원리를 적용해야 한다.

따라서 뇌물 수수는 다음과 같은 문제를 발생시킨다.

(1) 자유 시장 경제를 부패시킨다.

(2) 정의 및 공공 정책을 마비시킨다.

(3) 인간을 상품으로 취급하게 된다.

(4) 공동선을 촉진하지 않는다.

문제: 다음의 사실을 참조하여, 위의 이유들을 상세히 설명해 보시오

뇌물 수수가 이루어진다면,

① 수요자가 최선의 가격으로, 최선의 제품을 구입하려는 권리가 침해된다. 가장 좋은 제품 생산자에 대한 보상이 주어지지 않는다.

② 가진 자(강한 업체, 부유한 자)에 대한 특혜가 주어진다. 소규모 시동 업체의 유지를 어렵게 한다. 가진 자의 이익만이 중시된다.

③ 참여자 모두가 각자의 의무와 권리의 준수를 동시에 위배한다. 서로가 나쁜 품성을 선택한다.

④ 뇌물 수수가 허락되는 집단과 금지되는 집단 사이에는 분명한 차이가 존재한다. 즉 손해 보는 사람이 증대한다. 따라서 공동선의 촉진이 방해된다.

문제: 선물인 경우들과 뇌물인 경우를 사례들을 들어 구별해 보시오. 구별이 모호한 경우, 반대되는 경우를 뇌물인지 아닌지를 구별함으로써 명백히 알 수 있다.

뇌물 수수 문제의 해결

뇌물 수수의 문제에 있어 도덕적 문제는 아무런 문제없이 결정되지만, 개념적인 문제는 역시 쉽지가 않다. 개념적 이해를 위해 뇌물의 특징적인 제공물은 1. 가치, 2 시기, 3 이유, 4 책임 소재, 5 품질, 6 생산가 등을 명백히 해보는 것이 좋을 것이다. 뇌물 수수는 일단 부정적 패러다임으로 보고, 뇌물 수수의 부재를 긍정적 패러다임으로 본다. LD 기법으로 세밀히 검토하자.

뇌물-문제의 방지

뇌물 수수의 방지는 경제 윤리상의 절대적 비도덕성 때문에, 어느 단체든 이를 예방하는 정책이 수립되어야 한다. 특히 선물과 뇌물간의 개념적 모호성 때문에 이들의 적용 범위를 분명히 해 주어야 할 것이다. 많은 우수한 대소 기업들은 무엇을 받아도 좋은지에 대한 분명한 규칙을 가지고 있고, 대단히 엄격한 정책을 가진 기업도 있다. 예를 들면, 어떤 회사는 종업원이 어떤 판매자로부

터 아무것도 받지 않도록 금지하고, 판매자 혹은 소비자와는 어떠한 사회적 상호 행위에 관해서는 전적으로 회사가 부담하도록 한다. 그리고 규칙에 상충되는 행위는 해당 감독관의 허가를 받도록 하고 있다. 이러한 철학은 어떠한 이해의 충돌과 어떠한 부정행위의 출현을 피하려는데 있다.

다른 방법으로는 '언론매체 테스트' 이다. '너의 행동이 신문 기자의 정밀조사에 견디어 낼 수 있는가? 당신이 받은 선물에 관한 기사가 난 신문에 당신의 이름이 난 것을 보고 가만히 서 있을 수 있는가? 만약 당신이 자기의 한 일을 이기적 자기 합리화에 의존하지 않고 쉽사리 방어할 수 없다면, 당신은 그것을 마땅히 하지 않아야 할 것이다.

4. 7단계 문제 해결법

7단계 문제 해결법은 마이클 데이비스(M, Davis)가 제안한 공학윤리문제 해결 방법이다. 이 방법은 공학윤리문제에 윤리적 쟁점과 관련된 요인들을 파악하고, 쟁점을 해결하기 위해 선택할 방안들을 열거한다. 열거된 선택된 방안들이 도덕적으로 정당한지를 판단한다. 마지막으로 선택된 방안을 윤리적으로 문제가 없는지를 검토하고, 그 개선책을 제시한다. 우리는 이것을 약간 수정해서 다음과 같이 국내외 사건을 분석해 보았다.

1) 국내 사례: 부안군 방사성 폐기물 사건

(1) 사건의 개요

1978년 고리원자력발전소 1호기가 가동된 후에, 점차적으로 방사성 폐기물이 쌓여가면서 방사성 폐기물 매립장소를 여러 곳에 내정했으나 주민들의 반대에 부딪쳐 건설하지 못하게 되었다. 정부는 1993년 방사성폐기물 관리사업의 촉진 및 주변지역의 지원에 관한 유치신청에 의해 2003년 7월 14일 부안군수가 전북 부안군 위도를 핵폐기물 처리장으로 신청하였고, 정부에서는 불과 10여일 만인 7월 24일 후보지로 확정하고 발표하였다. 이에 주민들은 자신들의 입장이 반영되지 않는 신청 및 확정은 있을 수 없다고 하며, 격렬한 반대 시위를 하였다. 예컨대, 고속도로 점령, 해상 시위, 초, 중, 고 학생 등교거부 운동 등이 시행되었다.

(2) 세븐스텝 적용하기

Step 1: 윤리적 문제를 명확하게 말하라.

정부의 입장에서는 국책사업이라는 명분하에 군수의 신청을 받아들여 신속하게 부안에 핵폐기물 처리장 건설을 추진하였고, 이에 반해서 부안군민의 입장에서는 아무리 군수에 의해 정책이 추진된다고 하더라도, 부안군민들의 안전성, 생존권에 직접적 관련이 있는 핵폐기물 처리장 건설은 군민들의 의사를 반영하지 않고 추진한 점을 들어 반대하였다.

이것은 정부와 군수의 일방적인 정책 입안과 주민의 안전과 건강 사이의 균형 문제라고 할 수 있다.

Step 2: 사실 관계를 검토하라.

방사성 폐기물 처리장(방폐장)이란 원자력 발전소에서 나오는 방사성 핵폐기물을 처리 · 관리하는 시설이다. 폐기물 처분 방식은 천층처분(땅 위의 콘크리트 구조물과 흙을 이용하여 저장하는 방법)이며, 동굴처분(지하 암반에 동굴을 만들어 저장하는 방법)이다.

정부 및 부안군수: 정부에서 원전수거물관리시설 부지확보 필요성에 따른 성급한 결정을 하고, 부안군수는 부안군의 발전이라는 명분하에 주민들의 의사를 반영하지 않고 일방적으로 유치를 선언했다. 산자부와 방폐장 부지선정 위원회는 이에 위도를 최종후보지로 발표했다.

주민들: 정부와 군에 일방적인 결정에 맞서서 1만 여 명의 참여한 대규모 반핵궐기대회 및 촛불집회가 일어났다.

국회: 국정감사 중에 지질조사보고서에 따르면 위도는 적절하지 못한 곳임이 이미 판명되었음에도 불구하고, 그 사실을 은폐조작하였다. 또한 부지선정 과정에서 비민주적인절차 및 핵폐기장 안정성평가에 대한 의구심 제기되었다.

결국 주민투표 실시에 대한 정부 대책위 간이 대립했고, 자체적인 주민투표 실시 결과 91.8%의 반대가 나왔다. 본신청서 미제출 ⇒ 원전센터 건설 후보지로서의 법적자격 상실로 부안 원전센터 유치 백지화, 촛불집회가 마감되었다.

알려진 사실과 알려지지 않은 사실의 경계

① 새만금간척사업과 영광 원자력발전소의 온배수로 인해 어장을 잃은 위도주민들은 국책사업의 직접적인 피해자이지만 피해보상에서 배제되어 대부분이 빚더미에 빠진 상태였다.

② 서울 낚시꾼이라고 불리는 박동배(당시 과학기술연구부위원)가 방폐장을 유치하면 가구당 3~5억원의 현금보상 관련 소문을 퍼트렸다.

③ 산자부로부터 부지 용역조사를 맡은 대우엔지니어링은 굴착행위 허가가 나기도 전에 굴착작업을 착수하여 1주일 동안 5개의 시추공을 뚫고 1주일 동안 검토하여 총 2주만에 지질조사 적합판정을 내렸다.

④ 부지 천공길이가 270m 라고 했지만 실질적으로 40m씩 파서 50m부터 있는 지하수 층을 교묘하게 숨겼다.

⑤ 2004년 실시된 주민투표에서 위도에서는 찬성측인 범부안군 국책사업 추진연맹 회장의 횡포로 무산되었다.

Step 3: 관련하는 요인, 조건 등을 검토하라.

정부와 부안군수의 행위가 지역 주민들의 이해 관계에 정면으로 대립되는 이유는 다음과 같다. 선긋기의 방식의 전제인 긍정적 패러다임과 부정적 패러다임을 적용해 보자.

이를 통해서 정부 및 부안 군수 대 지역 주민의 행동이 상반된 이유가 보여진다.

특징	부정적인 범례		긍정적인 범례
유치과정	비민주적	←→	민주적
부지타당성	적절하지 않음	←→	가장 적절함
안정성	안정적이지 않음	←→	안정적임
지역경제 발전성	없다	←→	있다
필요성	없다	←→	있다
보상	적절하지 않음	←→	적절함

Step 4: 취할 수 있는 행동을 고안하여 리스트를 작성하라.

1) 국책사업이라는 명분하에 핵폐기장 건설을 정부안대로 추진한다.
2) 핵폐기장 건설로 인한 부안군민들의 안전성과 생존권의 위협에 적극적으로 대처한다.
3) 정부의 명령에 따르지 않는다.
4) 정부의 명령에 따르지만, 그 후 기회를 봐서 사실 관계를 확인한다.
5) 매스컴에 고발한다.
6) 주민들 전체의 의견을 반영하는 주민 투표를 실시한다.

Step 5: 대체안을 검토하라.

보편화 가능성과 가역성 테스트를 통해서 볼 때,
여러 사람들의 권리를 침해하고 의무를 져버리는 행위인 부안핵폐기물 처리장 건설은 하지 않아야 한다. 또한 부안군민이 핵폐기장 건설로 인한 생명 안전 등 기본 권리가 침해받고 있다. 과연 여러분의 지역에 핵폐기장이 군수나 시장에 의해 일방적으로 강요된다면, 채택할 용의가 있는가?

Step 6: 취해야 할 행위를 결정하라.

정부는 공리주의적 입장에서 다수인 국민에게는 이익이 되고, 소수인 부안군민에게는 손해가 되는 핵폐기장을 일방적으로 건설하고자 했다. 그러나 일방적으로 건설되는 핵폐기물 처리장은 기본적인 권리를 침해하며, 황금율과 의무윤리적 측면에서도 타당하지 않다. 즉 부안군민의 안정성과 생존권이 우선시되어야 한다. 따라서 정부의 신뢰성있는 행정과 주민투표 및 의사를 반영하여 핵폐기물 처리장 건설을 추진해야 한다.

선긋기를 통해서 윤리적 행위를 판단할 때, 경제성 측면에서는 핵폐기물처리장 유치는 지역경제발전에 이바지할 것으로 보인다. 하지만 부안군민들에게는 부족한 보상조건과 군민의 의사를 무시한 군수의 독단적인 신청으로 절차상 비민주적인 유치신청과 부지타당성 조사에서 산자부 결과와 한수원이 KAIST에 의뢰한 보고서가 상반되는 견해를 보여 진실을 은폐, 조작한 점, 그리고 안전성 측면에서는 누출에 대한 위험성만큼 필요성의 측면에서 정부의 설득력은 많이 떨어진다.

또한 정부는 2008년 기존의 임시 핵폐기물 저장고가 포화상태에 이를 것이라고 주장하지만, 환경단체에서는 산정 방식에 문제가 있다는 점을 지적하며, 그 시기가 더 늦추어질 수도 있다는 점을 지적하며, 현재 더 이상 원자력 발전소를 건설하지 않는다면, 기존의 핵폐기물 역시 임시 저장고만을 사용할 수도 있으므로 필요하긴 하지만, 시급한 사안은 아니라고 한다. 그 결과 핵폐기물 처리장 건설보다는 부안군민의 안전성이 더 우선시 된다고 판단할 수 있다.

Step 7: Step 1~6에 대한 재검토

정부주도하에서 이루어지는 국가 정책은 관련된 정보를 거짓없이 공개하여 신뢰성 및 공정성과 투명성을 확보하여 주민들의 이해를 이끌어 낸 뒤 의사를 반영하여 건설을 추진해야 한다. 다시 말해서 정부는 지역주민들에게 올바른 정보제공을 해서 신뢰를 얻어야 한다. 위의 사례와 같이 정부에게 유리한 내용만을 공개하는 것은 상대방으로 하여금 대화와 타협을 거부하도록 하는 것이다. 또한 공학인은 가능한 최고의 기술을 이용, 핵폐기물 처리장의 안전성을 높이며, 핵폐기물 처분절차 및 계획 등을 숨김없이 완전히 공개해야 한다.

공학인은 피고용자의 입장이지만 국민의 안전을 더 우선시하며 올바른 정보 제공에 힘써야 한다. 또한 원자력 기술은 안전하기만 하다면, 낮은 단가로 지속적으로 사용할 수 있다. 물론, 환경오염, 사고로 인한 피해 발생도 크기, 사용후 핵폐기시설 등을 발생시킬 수 있다. 따라서 원자력 건설도 일정부분 필요하기는 하나, 친환경 대체 에너지 사업에 지속적인 관심이 요구된다고 할 것이다.

2) 국외 사례: 듀폰사의 PFOA의 문제

(1) 사건의 개요

2004년 미국 듀폰사의 웨스트 버지니아 공장 인근에 사는 주민 5만 명이 테프론의 유해성을 문제 삼아 집단소송을 신청했다. 주민들은 듀폰사 공장의 PFOA가 식수를 오염시켰으며 PFOA는 기형아 출산 등 건강상 문제와도 연관이 있다고 주장했다. 실제 원고 중 한 명인 버키 베일리는 콧구멍이 하나가 일그러진 얼굴로 태어났으며, 이는 어머니가 듀폰사의 파커스부르그 공장에서 일하는 기간에 자신을 임신했기 때문이라고 말하고 있다. 특히 지역 주민들은 그것이 토양과 지하수를 오염시켜서 다른 지역의 주민보다 그 지역 주민들의 신체에 PFOA가 더 많이 축적되어 있을 것이라고 추정하였다.

PFOA(perfluorooctanoic acid)는 과불소화합물(PFC)의 일종이며, 자연환경에서는 발생하지 않는 인공합성수지이다. 지난 50년간 수 많은 산업현장에서 사용되어 왔으며, 특히 프라이팬에 음식이 눌러 붙지 않도록 하는 코팅 재료인 테플론과 1회용 종이컵과 용기의 코팅 재료, 화장품 및 샴푸 첨가제, 반도체 세척 작업 등에 쓰이는 신종 환경오염 화학물질이다.

(2) 세븐스텝적용하기

Step 1: 윤리적 문제를 명확하게 말하라.

- 오늘날 새로운 인공화학물질이 사용되기 위해서는 엄격한 시험을 거쳐야 하지만, PFOA는 1981년 이전에 발명되어서 사용되었다. 그것이 인체에 어떠한 유해한 영향을 미치는지 알 수 없었다. 그러나 오늘날 동물실험 결과 간암을 일으킬 가능성이 큰 것으로 판명되었고, 지용성이라서 태반을 쉽게 통과해 태아의 기형을 유발할 수 있고, 뇌에 쉽게 축적되어 기억력 감퇴, 학습 장애를 유발할 수 있는 신경독성을 갖고 있는 것으로 드러났다.
- 듀폰과 같은 대기업이 당시에는 PFOA의 유해성을 충분히 알고 있지 못했더라도, 그 이후의 여러 가지 사실과 결과를 통해서 충분히 위험성을 인지할 수 있음이 분명하다. 하지만 그 사실을 그대로 알릴 경우 발생할 회사의 경제적인 비용과 이미지 때문에 감추는 것은 매우 비윤리적인 행위이다.
- 이것은 거의 모든 공학윤리강령에서 가장 우선시 하는 공공인의 건강, 안전, 복지를 무시하는 처사임이 분명하다. 따라서 이 사건은 공공인의 건강/안전의 문제와 기업의 안전/비용이 충돌하는 문제이다.

Step 2: 사실관계를 검토하라.

- 미국 환경보호청(EPA)는 지난 3년 간 PFOA에 대해 면밀하게 연구해 왔으며, 2005년 초에 유해성 평가에 대한 초고를 발행하였다.
- EPA에 따르면 혈청 분석 결과 공장 부근에 살면서 마실 물에 의해

PFOA에 노출된 12명의 혈중 PFOA 농도는 15.7ppb(ppb=1000분의 1ppm)~128ppb였으며, 평균치는 67ppb였다. 이것은 미국인 혈중 PFOA 평균치인 약 5ppb를 훨씬 초과하는 수치였다.

- 2005년 6월 미국환경청은 PFOA의 발암 가능성을 '확인' 한 것으로 공식 발표하였으며, 이에 반해서 듀폰사는 뉴욕타임스 등 미국 신문 주요 8곳에 테프론의 안전성을 주장하는 광고를 기재하였다.
- 결국 듀폰사는 유해성 은폐유혹으로 미 환경청에 1605만 달러의 벌금으로 소송합의를 하였으며, 이는 미 환경청 사상 최대의 벌금으로 기록되었다.
- 또한 듀폰사는 웨스트 버지니아 공장 주민들에게도 재판을 하지 않고 합의를 통해서 현금 5천만 달러와 소송비용으로 2천 200만 달러를 지급하기로 합의했다.

Step 3: 관련 요인, 조건 등을 검토하라.

- 듀폰사의 경영진: 회사의 사장 및 주주들은 소비자 및 지역 주민의 안전과 건강을 도외시하고, 오직 기업의 이윤 추구에만 매달렸다.
- 듀폰사의 공학인: 공학인은 회사의 이익에만 염두에 둔 나머지, 지역주민과 소비자의 건강에 유해하다는 사실을 알리지 않았다. 결국에 전문직의 의무를 저버리는 행위를 하였다.
- 공장의 지역주민: 듀폰사에 취업을 하고 있는 지역 이웃도 있으며, 지역경제를 활성화한다는 측면에서 환경과 인체에 유해한 영향을 주고 있다는 사실을 모른채 참고 살았다. 결국 피해 사실이 드러난 후에, 지역주민과 기업 간에 불신이 생기고, 그 공장에 다니는 이웃과도 상호 신뢰를 깨어지게 되었다.
- 미국언론: 언론은 소비자들에게 테프론 코팅 주방기구 사용하는 경우에 주의할 것을 보도하였다.
- 시민단체: 시민단체는 듀폰이 유해성을 알고도 20년간 은폐해 왔다고 주장하였으며, 테프론 제품 불매 운동을 진행하였다.
- 정부: 정부는 화학물질의 유해성을 너무 늦게 알았지만, 적극적으로 개입해서 시민과 소비자 및 지역 주민의 입장에서 그 문제를 해결하고자

노력했다.

Step 4: 취할 수 있는 행동을 고안하여 리스트를 작성하라.

- 화학물질에 독성이 있기는 하지만 아직까지 아무도 모르기 때문에 계속 해서 사용한다.
- 화학물질에 독성이 있기는 하나, 치명적인 손상을 가져온 경우는 없기 때문에 계속해서 사용해도 된다.
- 화학물질의 독성이 정부에 의해 고시될 때까지는 모른척하고 사용한다.
- 화학물질의 독성이 알려진다고 해도, 광고에 의해서 충분히 반박할 수 있다.
- 화학물질에 독성이 있다는 사실을 안 연후에는 즉각적으로 그 사실을 외부에 공포한다.
- 화학물질에 독성이 있다는 사실을 알고 난 후에, 그 사실을 알리고 그것이 들어간 모든 제품을 회수한다.
- 화학물질에 독성이 있다는 사실을 알고 나서, 정부에게만 그 사실을 알린다.
- 화학물질에 독성이 있다는 사실을 알고 나서, 아무에게도 알리지 않고서 추후에 그 제품을 더 이상 출시하지 않는다.

Step 5: 대체안을 검토하라.

- 기업들의 신제품과 비용절감을 위해서 화학물질의 남용을 막기 위해서는 보다 장기적인 실험 결과를 확보해야 할 필요가 있다.
- 기업들이 자사의 단기 이익도 중요하지만 기업 윤리와 사회적 책임을 수행할 때, 기업의 장기적 성과 및 존속에 도움이 된다는 연구결과를 지속적으로 밝혀나갈 필요가 있다.
- 화학제품을 다루는 기업의 전문 공학인들에게 윤리강령에 대한 지속적인 교육을 통해서 기업주에 대한 충성 보다 공공인의 안전, 건강, 복지가 우선함을 확고하게 인지시킬 필요가 있다.

Step 6: 1에서 5의 검토 결과에 의거하여 취해야 할 행위를 결정하라.

- 유해한 화학물질을 사용하는 경우에, 기업에 관련된 이해 관계자 모두

에게 피해를 안겨다 주며, 결국 기업에도 엄청난 피해가 된다는 사실을 알 수 있다. 따라서 기업은 기업의 성과는 사회적 책임을 수행할 때 더 장기적인 효과를 가져온다는 사실에 따라서 행동할 필요가 있으며, 그곳에 속한 공학인 역시 자신이 자율적인 판단과 선택을 할 수 있는 전문직임을 잊지말고, 문제가 발생할 소지가 있는 제품에 대해서는 윤리강령에 기반해서 적극적으로 내부, 외부와의 소통을 통해서 그 사실을 알릴 필요가 있다.

Step 7: 1~6에 대한 재검토하라.

- Step 1~6에 대한 재검토 결과 듀폰사는 사회적 책임을 다 하지 못한 기업이라고 볼 수 있다. 그 회사는 매우 부정적인 패러다임을 갖고 있었기 때문에, 관련된 지역 주민과 소비자에게 큰 피해를 안겨다 주었다.
- 정부는 기업이 사용하는 화학물질의 유해성 여부에 대한 지속적인 감시활동 및 점검을 실시한다.
- 기업은 사회적 책임에 대한 의무를 갖고, 기업 제품에 문제가 있을 경우에는 언제든지 관련된 이해 관계자들에게 그 사실을 제공할 필요가 있다.
- 기업 종사자들은 공학 윤리 강령을 숙지해서 문제가 발생할 경우에 의사 소통을 통해서 해결하고, 안 될 경우에는 내부 고발 및 외부 고발을 통해서 그 사실을 알릴 필요가 있다.

쟁 점 토 론

쇼베에는 기스케의 얼굴을 지켜보며 다시 '기스케 씨' 하고 불렀다. 이번에는 '씨' 를 붙였는데 이것은 충분히 의식을 하고 바꾼 호칭은 아니었다. 그 목소리가 자기 입에서 나와 자기귀에 들어가자마자 쇼베에는 이 호칭이 온당치 못함을 깨달았지만 그렇다고 이제 와서 이미 내뱉은 말을 돌이킬 수도 없었다.

"예?" 하고 대답했지만, 기스케도 '……씨' 라 불린 것이 이상했는지 쭈볏쭈볏 쇼베에의 기색을 살폈다.

쇼베에는 조금 어색한 것을 꾹 참고 말했다. "별걸 다 물어 보는 것 같지만, 자네가 이번에 섬으로 유배되는 것은 사람을 죽였지 때문이란 말이지. 내친김에 내게 그 연유를 얘기해주지 않겠나?"

기스케는 몸소 황송하다는 듯 "알겠습니다"라고 대답하고 나직한 목소리로 이야기하기 시작했다.

"정말이지 당치도 않은 잘못된 마음으로 엄청난 일을 저질러서 무어라 드릴 말씀이 없습니다. 나중에 생각해보니, 어떻게 그런 짓을 할 수 있었는지 제가 생각해도 너무나 이상합니다. 정말이지 제 정신이 아니었습니다. 저는 어렸을 때 부모님이 역병으로 세상을 뜨고 동생과 단둘이 남겨졌습니다. 처음에는 마치 제 집 처마 밑에서 태어난 새끼 강아지를 가엾이 여기듯이 마을 사람들이 은혜를 베풀어주었기 때문에 근동의 잔심부름을 하며 굶주리지도 않고 추위에 떨지도 않고 컸습니다. 시간이 흘러 일자리를 찾을 때까지만 해도 가급적이면 두 사람이 떨어져 지내지 않도록 하며 서로 도와 일했습니다. 작년 가을의 일이었습니다. 저는 동생과 함께 교토의 나시진에 있는 직물 공장에 들어가 직물 짜는 일을 하게 되었습니다. 그러던 어느 날부터 동생은 병이 들어 일을 할 수 없게 되었습니다. 그무렵 저희들은 기타야마의 허술한 판잣집에 기거하며 가미야가와 다리를 건너 공장에 다니고 있었습니다마, 제가 날이 저물어 먹을 것을 가지고 돌아가면 동생은 기다리고 있다가 제게 혼자 돈을 벌게 해서 미안하다는 말을 했습니다. 어느 날 평소처럼 아무 생각 없이 돌아가보니 동생은 이불위에 엎드려 있었고 주위는 피투성이가 되어 있었습니다. 저는 깜짝 놀라 손에 들고 있던 음식이고 뭐고 그 자리에 내팽개치고 곁에 가서 '무슨 일이야, 무슨 일' 하고 물었습니다. 그러자 동생은 양쪽 뺨에서 턱에 걸쳐 피로 물든 창백한 얼굴을 들고는 저를 보았습니다만, 말을 하지 못했습니다. 숨을 쉴 때마다 상처에서 쌕쌕 소리가 났습니다. 아무래도 사태파악이 안 돼서 제가 '어찌 된 거야,. 피를 토한거야?' 라고 말하며 곁으로 다가가려 하자 동생은 오른손으로 바닥을 짚고 조금 몸을 일으켰습니다. 왼손은 턱을 꼭 누르고 있었는데, 그 손가락 사이에서 검은 핏덩어리가 비어져 나왔습니다. 동생은 눈으로 제가 옆에 오는 것을 말리려고 하며 입을 움직였습니다. 마침내 말을 할 수 있게 되었습니다. '미안해. 부디 용서해줘. 어차피 나을 병도 아니라서 빨리 죽어서 형을 조금이라도 편하게 해주고 싶었어. 숨통을 끊으면 금방 죽을 수 있을거라고 생각했는데 그곳으로 숨이 새나기기만 하고 죽지 못했어. 깊이 깊이 생각하고 온 힘을 다해 찔렀는데 옆으로 비껴 나갔어. 칼날이 망가지지는 않은 것 같아. 이것을 잘 빼주면 내가 죽을 수 있을거야. 말하는 게 괴로워 죽겠어. 어서 칼을 뽑아줘' 라고 하는 것이었습니다. 동생이 왼손의 힘을 빼자 그곳에서 숨이 새어 나왔습니다. 무어라 말을 하려 했지만 목소리가 나오지 않아 잠자코 동생의 목의 상처를 들여다보니, 맙소사 오른손에 면도칼을 들고 옆으로 숨통을 끊었는데, 그것으로 죽지 않아서 그대로 도려내듯이 면도칼을 깊숙이 찔러넣은 모양이었습니다.

손잡이가 두 치(약 6센티미터) 정도 상처에서 나와 있었습니다. 저는 그 끔찍한 모습을 보고도 어찌 해야겠다는 생각도 들지 않아 동생 얼굴을 보았습니다. 동생은 물끄러미 저를 바라보고 있었습니다. 저는 겨우 간신히 '기다려, 의사를 불러올 테니까' 라고 말했습니다. 동생은 원망스런 눈빛을 보이고는, 다시 왼손으로 목을 꼭 누르고 '의사가 무슨 소용이야. 아아, 괴로워, 빨리 뽑아줘, 부탁이야' 라고 하는 것이었습니다. 저는 어찌할 바를 몰라 그저 동생의 얼굴만 보고 있습니다. 이럴 때는 이상하게도 눈이 말을 합니다. 동생의 눈은 '어서 해, 어서' 라고 하며 자못 원망스러운듯이 저를 보고 있습니다. 왠지 머릿속에서 수레바퀴 같은 것이 빙글빙글 도는 것 같았습니다만, 동생의 눈은 끔찍하게도 재촉을 멈추지 않았습니다. 게다가 그 원망하는 눈빛은 점점 더 험악해져서 급기야 원수의 얼굴이라도 노려보는 것 같은 증오에 찬 눈이 돼버렸습니다. 그것을 보고 저는 마침내 이럴 바에는 동생이 말하는 대로 해줘야겠다고 생각했습니다. 저는 '어쩔수 없구나, 뽑아줄게' 라고 말했습니다. 그러자 동생의 눈빛은 싹 바뀌어 환해졌고 자못 기쁜 듯 보였습니다. 저는 무슨 일이든 단숨에 해치워야 한다고 생각하고 무릎을 꿇듯이 몸을 앞으로 내밀었습니다. 동생은 바닥을 짚고 있던 오른손을 떼고 지금까지 목을 누르고 있던 손의 팔꿈치로 바닥을 짚고 누웠습니다. 저는 면도칼의 손잡이를 꽉 잡고 쑥 당겼습니다. 바로 그때 제가 안쪽에서 닫은 앞문을 열고 이웃 할머니가 들어왔습니다. 제가 집을 비울 때 약을 먹이거나 돌봐달라고 부탁해 두었던 할머니입니다. 이미 안은 꽤 어두워졌기 때문에 저는 할머니가 얼마나 제대로 보았는지 알 수 없었습니다. 그러나 할머니는 악 하는 소리를 지르고는 앞문을 열어 놓은 채 뛰어나갔습니다. 저는 면도칼을 뽑을 때 재빨리 똑바로 뽑아야지 하는 정도는 신경을 써서 조심했습니다만, 아무래도 뽑을 때 든 느낌은 그때까지 베이지 않았던 부분을 벤 것 같았습니다. 칼날이 밖을 향하고 있었기 때문에 바깥쪽을 베었던 것이겠지요. 저는 면도칼을 쥔 채 할머니가 들어왔다가 뛰어나가는 것을 멍하니 보고 있었습니다. 할머니가 가버리고 나서야 정신이 들어 동생을 보니 동생은 이미 숨이 끊어져 있었습니다. 상처에서는 엄청난 양의 피가 흘러나오고 있었습니다. 그리고 관리들이 와서 관청으로 끌고 가기 전까지, 저는 면도칼을 곁에 두고 눈을 반쯤 뜬 채 죽어 있는 동생의 얼굴을 바라보고 있었습니다."

〈모리 오가이, [다카세부네] 중에서〉

이 소설을 읽고, 어떤 윤리이론을 위반했는지를 고려해 보고, 과연 형과 동생의 행동은 잘못되었는지를 숙고해 보고, 할머니의 행동에 대해서는 어떻게 볼 수 있는지를 고찰해보시오. 세븐스텝을 적용해서도 분석해 보시오. [윤리적 원칙과 관점을 염두에 두고 평가하시오.]

축우지변

힘이 든다

소를 몰고 밭을 갈기란

비탈밭 중간 대목 쯤 이르러

다리를 벌리고 오줌을 쏼쏼 싸면서

소는 이렇게 말했다

세상이 바뀌면

내가 몰고 너희가 끌리라

그런 날 밤

콩섞인 여물을 주고 곤히 자는 밖에서

아무개야 아무개야 불러 나가보니

그가 날개를 달고 훨훨 날아가고 있었다

— 이상국

06

위험, 안전, 책임

이 장의 목적

인류의 문명은 위험을 막고 대처하면서 발전되어 왔다. 과거에는 질병, 전염병, 기아, 전쟁 등이 주된 위험 요소로써 여겨져 왔다. 하지만 오늘날에는 과학기술의 발달에 의해 과거의 위험요소는 많이 줄어들었다. 그러나 체르노빌 원자력 발전소, 후쿠시마 원자력 발전소 등의 사고로 인해서 엄청난 환경 피해 및 인구의 사망으로 이어졌다. 특히 체르노빌 원자력 발전소의 사고는 히로시마 원폭의 400 배에 달하는 규모로, 거의 만여 명이 사망했으며, 43만 명이 암, 기형아 출산하는 등 심각한 피해를 가져왔다. 한국 역시 다행히 큰 사고는 없었지만, 언제나 그 위험군을 안고 있다고 할 수 있다.

독일의 사회학자 울리히 벡은 '위험사회' 라는 저서에서 근대사회를 위험사회로 규정한다. 그 저서에서 근대사회는 우리에게 풍요로움을 제공했지만, 그 규모에 어울리는 엄청난 재앙을 함께 가져왔다. 실업이나 양극화의 문제 외에도 환경파괴, 생태적 재앙, 지구온난화, 핵의 사용의 문제 등을 가져왔다. 특히 부자와 가난한 자는 개인별로 국가별로 나누어질 수 있으나, 환경 문제는 전 세계적 차원의 문제이다.

울리히 벡은 위험사회의 원인은 과학기술을 맹신하고 자연을 지배하려 했던 인간의 이성과 자본주의적 합리성이 주된 원인이라고 본다. 이를 극복하기 위해 경제적인 부 외의 요소도 중요하다는 성찰이 요구된다. 즉 우리와 지구 전체의 생태계를 사유하는 '성찰적 근대화' 가 있어야 한다. 우리는 공학도에게 거시적 차원과 미시적 차원에서 위험에 대해 고려하고, 이를 타개하기 위한 몇 가지 방법을 제시해볼 것이다.

윤리적 논증 A

1979년 3월 28일, 펜실베이니아 주 해리스버그에 가까운 스리마일섬의 원자력 발전의 보수 관리 공학자 프레드 드와이어는 일련의 심상치 않은 사건들로 인해 마음이 불안하다. 오전 4시, 반응로 냉각 시스템 부속 장치의 고장으로 인해 밸브들이 잠기고 메인 펌프가 멈추는 일이 연이어 발생하더니 발전 터빈마저 멈추고 말았다. 계기판을 확인해 보니 반응로의 온도가 급격히 상승하고 있었다. 분명히 보조 펌프가 자동으로 작동하도록 되어 있었지만, 누군가의 부주의로 인해 밸브는 잠겨있었고 그 때문에 냉각수의 반응로 유입은 차단됐다. 잠시 후, 안전밸브가 반응로의 온도 상승으로 인하여 열리긴 했지만, 작동을 멈추게 하지는 못했다. 그 결과 증기는 배수탱크로 배출되었고 반응로가 가열되면서 저절로 작동이 멈췄다. 8분이 지났을 뿐인데도, 프레드는 불안에 떨었고 심장은 쿵쾅거렸다. 조명과 경보장치는 다 꺼진 상태다. 프레드와 그의 동료 공학자들은 반응로의 내부 수압이 계속 증가하고 있었으므로 펌프작동을 중단하였다. 반응로의 온도는 더욱 높아졌다.

그 후 사태의 진상이 드러나면서, 프레드는 두 가지 기계적 오류와 더불어 네 가지의 조작 실수가 있었다는 사실을 알았다. 프레드와 그의 동료들은 비록 원자로의 코어가 녹아내린 한 시간 이내면 주민 대피 계획마저 완전히 무용지물이 되어 수천 명의 주민들이 희생되고 마는 순간을 맞긴 했지만, 위에 말한 후속 조치들을 취함으로써 재앙을 피할 수 있었다. 그럼에도 불구하고, 프레드에게 핵발전소의 안전성에 대한 신뢰는 완전히 무너졌다.

그 경험이 있고 나서 프레드는 아내와 두 아이들을 데리고 중부에 있는 아이오와 주로 이사해서 월급이 4,500달러도 채 안 되는 전력회사에 취직했다. 그는 후에 원자력의 위험성과 대체 에너지의 필요성을 지적하는 논문들을 썼다. 그의 행위는 옳았는가?

고려사항: 윤리적으로 옳은 일과 프레드에게 옳은 일, 말하자면 프레드를 기쁘게 하는 일은 같지 않다. 윤리적 관점은 중립을 요구한다는 사실을 기억하라. 주된 쟁점은 이렇다. 프레드의 행위는 올바른가? 500 이내로 논증해 보시오.

윤리적 논증 B

1986년 4월 26일 체르노빌 원전의 제 4호 원자로가 폭발 후 무너졌을 때, 소방대원들은 방호복도 없이 급히 사고 현장으로 급파되었다. 소방관들 중에서 7명은 6시간도 채 되기 전에 쓰러지고 말았다. 그들은 소비에트 당국에 의해 비밀리에 모스크바 병원으로 이송되었다. 그 중에서 한 명은 24살의 바실리 이그나텐코이고, 그는 루드밀라 이그나텐코와 갓 결혼한 상태였다. 그들은 서로간 너무나 사랑하는 사이였다. 어디를 가나 손을 잡고 다녔다. 그녀는 사고 후 남편을 찾기 위해 동분서주 하다가 모스크바에 있는 병원에서 남편과 만났다. 의사와 간호사는 절대로 남편을 안지 말라고 했다. 그는 사람이 아니라, 방사성 물질이고, 작은 원자로라고 했다.

얼굴과 몸이 파란색, 빨간색, 회갈색으로 변해가다가 3주 정도 버티다가 남편은 죽었다. 그녀는 틈만 나면 남편을 안아주었다. 그녀 역시 남편이 죽은 후 낳은 아기는 간경화로 4시간 만에 죽고 그녀 역시 뇌출혈로 미쳐서 죽었다. 그녀의 죽음은 아우슈비츠나 북한 수용소와는 다르다. 우리는 그녀의 행위를 어떻게 보아야 하는가? 여러분은 방사성 물질에 오염된 사랑하는 사람들(아버지, 어머니, 동생, 부인, 남편, 아이들)을 위로하기 위해 안을 수 있겠는가? 500자 이내로 논증하시오.

(「체르노빌의 목소리」에서 알렉산드로브나 알렉시예비치, 2011 참조)

신문보기

'인천 지하철공사장 붕괴' 로 숨진 50대 배달원

18일 지반이 침하되면서 27m 깊이로 꺼져버린 인천 서구 왕길동 대림아파트 앞 인천지하철 공사현장 도로. 중국음식점 배달원이었던 A 씨는 음식을 배달하려 사고현장에 진입하다가 추락해 목숨을 잃었다. 인천에서 일어난 사고 소식이다. 우리는 무심코 이 소식을 듣고 있지만 그 사건 속에는 많은 이야기가 들어 있음을 누가 알겠는가? 사고는 사건으로 이어진다. 중국음식점 배달원, 그는 누구인가?

〈사건〉 중국음식점 배달원인 A 씨(50)는 그날도 인근 2km 떨어진 아파트에 음식배달을 하던 중이었다. 지하철공사장 앞에 도달하자 건설 인부들이 손짓으로 출입을 막았다. 하지만 그는 늘 다니던 길이기 때문에 달렸다. 갑자기 땅이 꺼지는 느낌을 받았다. 지하 27m의 웅덩이 속으로 빨려 들어갔다. 눈앞에 그의 아내와 세 자녀, 장모가 어른거렸다.

그가 배달을 시작한지는 1년. 서울에서 태어나 대학을 졸업하고 30대에 촉망 받는 대기업 사원으로 사회에 진출했다. 평소 익히 눈 여겨 봤던 유통업분야에서 창업을 하고 싶었다. 과감히 평범한 직장인에서 CEO로 변신했다. 초기엔 어려웠지만 예상은 적중했다. 집이 3채가 생길 정도로 사업이 번창했다. 하지만 시샘이라도 하듯 암초를 만났다. 사람을 믿은 것이 죄였다. 사기를 당해 집은 경매처분 되고 그도 신용불량자가 됐다. 살아야했다. 아들 둘을 중학생 때부터 중국유학을 보냈던 그는 중도에 아들들에게 돌아오라 할 순 없었다. 자식을 위해서라도 다시 일어나야 했다. 그러나 신용불량자가 사는 방법은 허드렛일 뿐 이었다. 닥치는 대로 일했다. 인천을 전전하다가 보증금 1000만 원짜리 빌라를 월세로 얻었다. 인천 서구 마전동 외진 도로 옆이다. 우선 집에서 가장 가까운 중국음식점을 두드렸다. 식사제공에 월 220만 원. 일단 버틸 수 있었다.

오전 9시에 출근해 12시간 일했지만 흥이 났다. 오랜만에 힘도 솟아났다. 나이 50에 일을 할 수 있는 것만도 행복했다. 유통업 사장이던 그는 계산이 빨랐고 배달도 누구 못지않게 정확했다. 지각 한번 안했다. 음식점 주인은 그에게 가게를 맡기고 개인 일을 볼 만큼 신뢰했다. 주말이면 꼭 아내, 장모와 저녁 식사를 했다. 음식점 회식자리도 피하고 집에 일찍 들어갔다. 방학을 맞아 중국에 있는 아들들이 오면 그는 늘 싱글벙글했다. 자신도 틈틈이 공부해 사회복지사 자격증을 취득했다.

사고가 난 18일에도 여느 때처럼 음식점사장에게 환하게 웃으면서 배달에 나섰다. 오후 3시에 나간 그가 1시간여가 지나도 돌아오지 않았다. 음식주문을 했던 아파트 주민의 확인 전화벨이 음식점에 울렸다. 사장은 사고가 났다고 직감하고 경찰에 실종신고를 했다. "혹시…".

전화를 받은 인천 서구 검단지구대 경찰은 "인천지하철 2호선 201공구 앞 도로가 지름 12~14m 타원형에 27m 깊이로 붕괴했는데 오토바이 배달원이 빠졌다" 고 말했다. 공사관계자가 안전펜스를 설치하지 않고 수신호만으로 출입을 막았다는 이야기도 들었다. 정차해 있던 버스운전자(1번 · 서구 왕길동~부평구 부평역)는 오토바이가 아무런 의심도 없이 달려가는 것을 목격했다고 전했다. 사고가 났는데도 특별한 통행금지용 바리게이트나 펜스가 설치되어있지 않았고 일부 시민이 도보로 통행하기도 했다. 사고현장에서 30m가량 떨어진 부동산중개소 사장은 "붕괴 조짐도 없었고 별안간 무너졌다. 놀라서 밖으로 나가 보니 오토바이 운전자가 빠졌다는 말을 들었다"고 말했다.

공사장에는 지반이 붕괴가 되면 지켜야 할 안전매뉴얼이 없었다. 규정된 것은 없어도 통상적으로 2차적인 사고를 방지하기 위해 바리게이트를 2, 3중으로 설치해야 하는 것은 상식이 아닌가. 하지만 이곳은 왕복 3차선 차도는 바리게이트로 통제했지만 양쪽 도보는 오토바이나 행인들이 통과하기엔 별 어려움이 없었다. 인천지하철 2호선은 당초 2단계로 나눠 2018년 완공될 예정이었지만, 인천아시아경기대회 이전에 개통한다는 목표로 완공시기를 2014년 8월로 앞당겼다. 이를 위해 전체 구간을 16개 공구로 나눠 동시에 공사를 진행하고 있다. 경찰은 23일 중간수사 발표를 통해 공사관계자가 "사고발생 1주일 전부터 토사가 떨어졌고 3일 전부터는 누수 양도 많아져 당일 보강공사 중이었다"고 밝혔다. 경찰신고는 오후 3시19분께 지나가던 승용차 운전자가 112를 통해 신고했다.

음식점 사장은 우선 가족에게 연락했다. 형편이 어려움에도 항상 웃음을 띠던 A 씨 아내의 얼굴은 이미 굳어져 있었다. 6시간이 지난 후에 그는 싸늘한 시신으로 발견됐다. 안전용 헬멧을 쓰고 있었지만 떨어지면서 머리 쪽이 흙에 묻히면서 그는 질식사했다. 사장은 눈물도 말라버린 A 씨 아내를 다독이며 병원에 그의 시신을 옮겼다. A 씨를 이승에서 마지막으로 본 순간이다. 가족들은 아직 수사가 끝나지 않아 그를 장례식장으로 옮기지 못했다.

그는 아들이자 아버지, 남편, 사위였다. 이웃이며 친구였다. 그는 어디서든 볼 수 있는 50대 아저씨였다. 관리감독을 잘못한 인천시나 안전 불감증에 걸린 시행사인 포스코건설, 시공사 씨엔아이의 초기 대응의 미숙, 또는 자연적인 현상이 사고 원인일 수도 있다. 결국 누군가 책임을 질 것이다. 하지만 그는 결코 돌아오지 않는다. 뒤늦게 안전검사를 하고 현장을 방문한들 무슨 소용이 있겠나.

사고난지 사흘 뒤 밤늦게 그의 집을 갔다. 가로등도 없는 새로 지은 빌라였다. 초인종을 누르자 그의 아들은 문 앞에서 명함을 건네는 기자에게 "지금은 어떤 말도 하고 싶지 않습니다"라며 정중히 인터뷰를 사양했다. 아들을 참 잘 키웠다. 기자는 그의 얼굴을 모른다. 아니 일부러 확인하려 하지 않았다. 절대로 잊지 못할 잔영으로 남을 것 같았다. 기자에게 눈물이란 어울리지 않는 감정이다. 어쩌면 동년배로 친구가 되었을지도 모를 그를 취재하며 기자는 허공을 몇 번이고 올려보았다. 빌라를 나와 끊었던 담배를 물었다. 그의 명복을 빈다. 박선홍기자 동아일보, 2012-02-24

1. 위험의 개념과 윤리헌장

위험은 영어로 risk라고 한다. 이 개념은 17세기 초 스페인 항해술에서 등장했다. 당시만 해도 배를 타고 바다에 나가는 것은 매우 위험한 일이었다. 그래서 risk라는 영어의 의미에는 '위험을 감수하다' 라는 의미가 내포되어 있다. 위험에 관한 용어로 그 외에도 danger나 Hazard가 있다. hazard는 어떤 피해를 일으키는 원인을 말할 때 사용하는 것이며, risk는 사건의 피해가 발생할 가능성이나 기회를 의미하며, 어느 정도 예측이나 통제가 가능하다. 우리가 여기서 사용하는 위험은 risk에 해당하며, danger나 hazard는 위협으로 번역하는 것이 타당할 것이다. 예컨대, 자동차를 타고 있는 사람은 통계적으로 예측되고 있는 자동차 사고로 인한 사망 가능성을 '위험' 으로 간주하는 반면, 번개를 맞아 사망하는 것은 '위협' 으로 보아야 한다.

모든 전문 공학 협회의 윤리 헌장에는 안전을 최우선시하고 있다. 다시 말해 모든 윤리강령의 첫 번째 조항은 "공공의 안전, 건강, 복지"를 최고로 보고 있다. 미국의 전기전자공학인협회(IEEE)의 윤리강령의 1항에서, "공공의 안전과 건강, 복지에 부합하는 공학적인 결정들을 만드는 데에 책임감을 가지도록 하며, 공익이나 환경에 위협을 줄 수 있는 요소들을 즉시 알려야 한다."고 되어 있으며, 전국전문공학인협회(NSPE)의 1항에서도, "다른 무엇보다 공공의 안전, 건강, 복지를 최우선으로 여긴다."고 되어있다. 마찬가지로 오스트레일리아 엔지니어협회(IEAust)의 1항에서도, "사회의 복지, 보건, 안전을 위한 회원들의 책임은 다른 회원들에 대한 책임이나 다른 개인적, 분파적 이해관계에 대한 책임보다 항상 우선된다." 한국엔지니어링진흥협회 윤리요강에서는 2항에서 "우리는 기술산업을 영위하는 자로서, 신의 성실로 사회에 봉사한다. 우리는 법률과 공공복리에 어긋나는 어떠한 행위도 하지 아니하며, 동업자 간의 신의를 지키고 상호 존중한다."고 되어 있다. 이처럼 거의 전세계의 전문공학인 윤리 헌장에서 안전에 대한 항목을 무엇보다 중요하게 생각한다.

앞에서도 언급했지만, 위험과 안전은 반대의 관계이다. 위험성이 높을 수록, 안전도는 떨어지고, 안전도가 높을 수록 위험성은 낮아진다. 그 때문에 보다 안전한 제품을 만드는 것은 모든 공학인의 꿈이요, 실행 원칙 중에서 첫 번째에 속한다.

2. 안전과 위험(Risk)의 상관성

1) 안전과 위험

공학인들에게 있어서 안전을 지키는 것보다 더 중요한 의무는 없을 것이다. 공학인 협회에서도 안전이야말로 공학인에게 있어서 가장 중요한 것임을 밝히고 있다. 말하자면 공학인은 사회에 대해 안전한 생산품을 생산할 책임을 지고 있다. 물론 100%의 완전한 안전은 보장할 수 없지만 공학인은 가능한 한 안전한 생산품을 제조할 것으로 사회로부터 요구받는다. 따라서 안전은 모든 공학설계에 있어서 절대적으로 필요한 것이다. 물론 공학적 실행에 있어서 '안전'이란 단어는 매우 정확하면서도 동시에 모호한 개념이다. 안전은 어느 정도의 가치판단이기에 모호하고, 우리가 안전한 설계와 불안전한 설계를 쉽게 구분할 수 있기에 정확하다. 안전문제를 위험문제와 별개로 다룰 수는 없다. 그러므로 가능한 위험을 줄이는 방안을 모색하는 것은 바로 공학적 안전을 담보하기 위한 것이다.

안전이 공학인의 중요한 의무라고 한다면, 우리는 어떻게 우리의 설계나 입안이 안전하다고 확신할 수 있는가? 몇 가지의 기준이 있다.

첫째, 설계가 해당 법에 저촉되지 말아야 한다는 최소한의 조건이다. 안전을 생산하기 위한 법적 기준이 일반적으로 잘 알려져 있어서 이 조건은 쉽게 충족될 수 있다.

둘째, 일반적으로 인정되고 있는 공학적 관행의 기준에 맞게 설계가 이루어져야 한다. 이 분야에 종사하는 다른 사람들이 받아들일 수 없는 안전하지 못한 설계를 만들어낼 수는 없다. 이 요구를 지키는 것은 법적 기준을 지키는 것보다 더 어렵다. 왜냐하면 일반적으로 인정되고 있는 관행이라는 것이 다소 모호하기 때문이다.

셋째, 잠재적으로 보다 안전한 대안적 설계가 개발되어야 한다. 대안적 해법을 마련하기 위해 상당한 창의성이 필요하기 때문에, 이 요구를 충족하기에는 역시 어려움이 많다. 대안적 해법을 마련하기 위해 이 분야의 다른 사람들과의 토론을 통해 지속적으로 그 해법을 만들어 가야 한다.

넷째, 공학인은 소비자에 의해 생산품이 오용될 소지를 발견하도록 노력해야 하고 이 문제를 줄일 수 있는 설계를 해야 한다. 이 요구를 충족하기 위해서는 역시 창의성과 연구가 상당히 필요하다.

2) 안전을 위한 설계

어떻게 공학적 설계과정 중에 안전을 담보할 수 있을까? 적어도 설계나 입안 과정에서 안전을 우선적으로 고려하기 위해서는 우선 다음의 단계를 거치면서 그 대안을 찾아야 한다.

① 문제를 정확히 인식하라. 이 단계는 필요한 조건들과 방해요인들이 무엇인지를 결정하는 단계를 포함한다.
② 몇 가지의 해결책을 만들라. 다양한 대안들이 마련되어야 한다.
③ 각각의 해결책을 분석하라. 각각의 해결책의 결과를 결정하고 각각의 해결책이 해당 문제를 해결할지 어떨지를 결정하라.
④ 그 해결책들을 검증하라.
⑤ 가장 좋은 해결책을 선택하라.
⑥ 선택된 해결책을 제시하라.

적어도 이러한 절차를 거쳐 선택한 대안이말로 위험성이 적을 것이다. 위험성을 줄이는 일에 대해 종종 쉽게 말하고 행한다. 공학인에게는 위험성을 줄이는 일을 어렵게 만드는 것들이 많다. 예컨대 설계자나 입안자는 종종 불확실성 속에서 일을 수행한다. 종종 어림짐작이나 이론적 예측에 근거해서 위험성을 다루는 경향이 있다. 그리고 일을 서두르는 과정에서 위험성이 노출되기도 한다. 모든 가능성이 예측되고 검증이 충분히 이루어진 뒤에 천천히 접근해 가는 것이 필요하다.

다음은 공학의 분야에서 일어날 수 있는 사고와 그 원인 그리고 사고를 방지할 수 있는 방법을 모색하는 일이 필요하다. 공학인의 매우 중요한 의무가 공공의 안전을 보호 하는 것이기 때문이다. 여러 가지의 사고의 유형을 범주화하고 연구하는 많은 방법들이 있다. 하나의 방법은 다음과 같이 3가지로 유형화하는 것이다.

첫째, 절차상의 사고이다. 아마 대부분의 사고는 이런 유형일 것이다. 이 사고는 누군가가 잘못 선택을 하거나 기존의 절차를 무시하고 다룸으로써 생긴다. 예를들어 항공산업에 있어서 종종 '조종사 실수'라 부르는 절차상의 사고와 같은 것이다. 중요한 계기판을 잘못 읽거나 날씨를 잘못 판단하여 일어나는 사고이다. 공학인은 바로 이러한 절차상의 사고가 일어나지 않도록 안전을 고려해야 한다. 이러한 사고는 공학인이 설계나 입안 규칙을 어기거나 기존의 관행에 익숙해져 신중하게 설계하지 않을 경우에 발생한다.

둘째, 공학적 기술상의 사고이다. 이 사고는 설계상의 결점에 의해 생기는 사고이다. 이 사고는 예상대로 잘 실행되지 않은 계획 때문에 발생한다. 예컨대 항공기 엔진의 터빈 날개에서 진행되는 미세한 균열이 심각하면, 터빈 날개를 파열시켜서 종종 철조각이 기계실로 침투하는 결과를 초래해 승객들에게 상처를 입히게 된다. 이러한 사고는 설계 단계에서 확인되어야 하고 검증과정에서 고쳐져야 한다.

셋째, 시스템상의 사고는 인지하기도 어렵고 조정하기도 어렵다. 이러한 사고는 작동하는 데 매우 복잡한 기술과 조직을 가지고 있는 경우에 주로 발생한다. 이러한 현상의 전형적인 예가 바로 항공산업이다. 현대 항공기는 매우 복잡한 시스템을 가지고 있다. 여러 단계의 복잡한 시스템으로 이루어져 있는 일련의 체계 중 어느 단계에서도 실수가 발생할 수 있다. 물론 자그마한 실수 자체는 심각하지 않을지라도 이러한 실수가 연이어 발생하면 심각한 결과를 초래할 수도 있다.

이러한 시스템상의 사고는 설계단계에서는 인지하기가 매우 어렵기 때문에 설계자는 이런 유형의 사고에 대해서는 직접적인 책임이 없을 수 있다. 그러나 엔지니어는 작동하고 있는 시스템의 복잡한 체계를 이해하는 것이 중요하며, 일어날 수 있는 많은 실수를 피하기 위해서 어떻게 설계할 것인지를 결정하면서 창의성을 발휘할 수 있도록 노력을 해야 한다.

기사 읽기

(안전과 원전)

대형 원전은 한계가 많다. 우선 작은 나라나 도시에 활용하기에는 부담이 많다. 입지도 자유롭지 않다. 오늘날 많이 사용하는 원전은 물을 냉각재와 감속재로 이용하는 수형 원자로다. 우리나라 원자로의 대부분인 가압경수로와 가압중수로, 그리고 후쿠시마 제1원전에 사용된 비등수로가 모두 수형원자로다. 이들은 물이 풍부한 곳에 위치해야 하므로 바닷가나 강에 자리 잡는다. 내륙이나 건조한 지역에서는 그만한 물을 확보하기가 쉽지 않다.

두 번째 이유는 더 절실하다. 전력 생산 외에 다른 활용처를 찾을 수 없다. 이는 화력이나 수력 등 다른 발전 방법도 마찬가지인데, 화석 연료를 이용하거나 자연을 이용하는 기존 발전 방식과 차별화된 원전만의 특성이 없다.

하지만 원전을 작게 만들면 이런 문제가 해결된다. 기동성을 높이기 위해 중소형 원전은 캡슐에 들어 있는 형태로 개발된다. 즉 '일체형' 이다. 일체형으로 만든 원전 중 규모가 작고 집적도가 높으며 부품의 표준화가 잘 돼 있는 원전을 '모듈화 원전' 이라 한다. 마치 건전지를 직렬 또는 병렬로 연결하듯 손쉽게 여러 개를 모아 건설하거나 조립할 수 있다. 소형 모듈화 원전은 냉각이 쉬워 꼭 물이 많은 장소를 고집하지 않아도 돼 건설이 자유롭다. 작은 도시국가나 인구밀도가 낮은 오지에도 건설할 수 있다. 많은 양의 전력이 필요할 때는 여러 개를 모아 건설하면 된다.

안전 문제도 개선할 수 있다. 현재의 원전은 우라늄을 태워 물을 끓인 뒤 증기로 터빈을 돌린다. 이런 구조다 보니, 터빈을 돌려 발전을 하고 증기를 식히기 위해 수많은 파이프가 노심과 압력용기를 드나든다. 이런 파이프가 망가져 냉각수가 새고 노심의 온도가 올라가면 후쿠시마 사고와 같은 '중대사고'가 일어난다. 하지만 원전을 작은 일체형으로 만들면 압력 용기 안에 파이프와 설비 상당수가 들어갈 수 있어 안전성이 훨씬 높아진다. (과학동아, 2102, 315호 참조) ■

3) 위험 관리 방식

(세베소 사건)

1976년 7월 10일 이탈리아의 북부에 위치한 세베소(Seveso)라는 도시의 한 화학공장에서 반응기 내부의 과압으로 인해 안전밸브가 열려 다량의 유독성 화학물질이 대기로 방출되는 사고가 발생하였다. 약 15분 동안의 누출로 인해 4만 마리의 가축이 죽고 임산부가 낙태와 유산을 하게 된 사고이다.

이 사고와 그 외에도 유럽에서 발생한 여러 사고를 계기로 당시 유럽공동체 EC(European Communities)는 각료이사회를 열어 안전 및 환경에 관한 세베소지침서(정식명칭은 The European Council Directives on the Major Accident Hazards of Certain Industrial Activities)을 제정하였다. 이 세베소 지침은 EC가맹국에 대해 위험성을 동반하는 산업활동에 대해 위험성을 억제하는 엄격한 강제규정의 법률을 제정함으로써 수동적인 안전관리에서 능동적인 안전관리의 체제를 법제화 하는데 이르렀다. 그리고 이 지침은 1982년에 제정되어 1990년까지 수정 · 보완되어 현재에 이르고 있다.

세베소 지침의 주요 내용을 간략히 요약해 보면, 첫째로는 안전에 리스크(Risk)의 개념을 도입하여 이 리스크를 최소화하는 것을 목표로 하였다는 것이고, 둘째로는 화학플랜트(Chemical plant)의 설치자는 중대사고 방지 정책(Policy)을 책정하고 안전관리시스템(Safety management system)을 구축해야 한다는 것이며, 셋째로는 설치자의 안전보고서(Safety report)의 작성을 의무화하는 내용이고, 넷째로는 플랜트의 위험에 관한 정보를 지역주민에게 공개해야 한다는 것이다. 이 내용과 함께 세베소 지침에 또 다른 의미를 부여한다면 공업활동은 위험을 보유하고 있다는 것을 공식적으로 선언했다는 데에 큰

의의가 있다 하겠다.

이를 통해 안전의 정의를 위험이 없는 것이 아니라 위험이 최소의 상태에 있는 것이라고 본다. 여기서부터 위험을 최소화하려는 대책에 있어 중요시 되어지는 것이 리스크의 개념을 포함한 위험성 평가 기법이다. 여기서 정의하는 위험이란 손해의 발생확률과 그 손해의 중요도의 곱으로 나타낼 수 있는데, 이 개념에 기초한 기술의 모든 분야에서의 고유의 기준이 있고 기본적으로 안전이라는 개념과 연관되어 있다. 그리고 주목해야 할 것은 절대적인 안전은 없고 다소의 리스크가 항상 잔존한다고 생각하지 않으면 안 된다는 것이다. 이런 개념을 바탕으로 위험성 평가를 통한 리스크 저감 프로세스(Process)를 〈그림 2〉에 나타내면 다음과 같다.

여기서 허용가능한 리스크(Tolerable risk)는 절대 안전의 이상과 제품, 공정 또는 업무에 기대되는 요구사양과 이용자의 이익, 목적의 적합성, 비용 효

그림 2 리스크 저감 프로세스

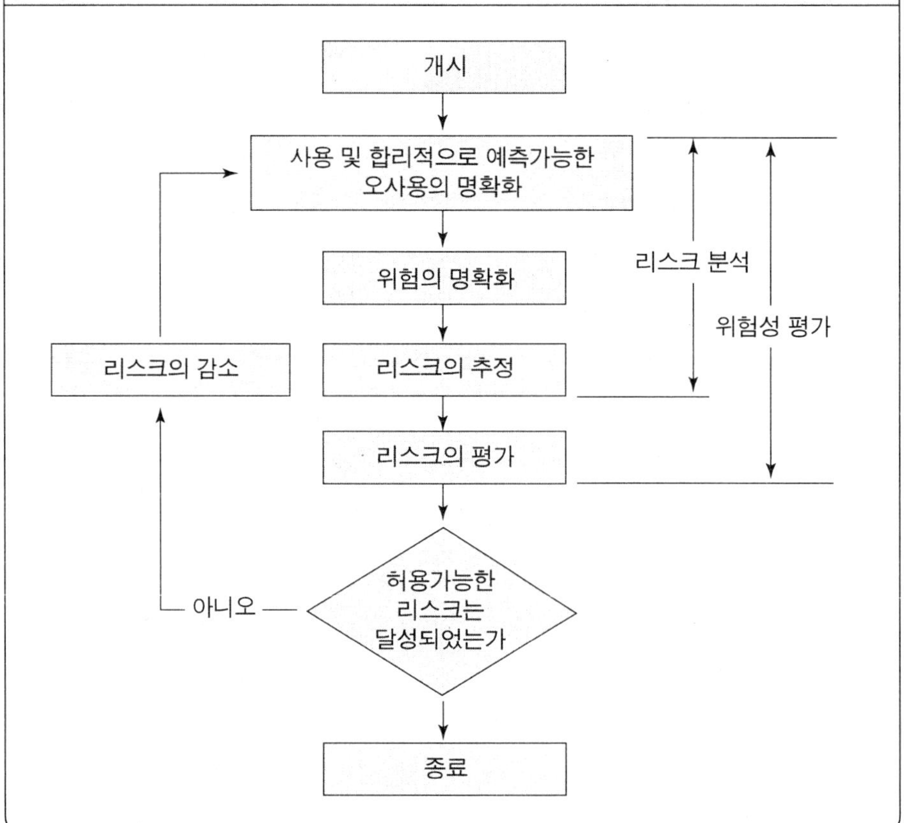

그림 3 리스크 관리와 리스크 분석과의 관계

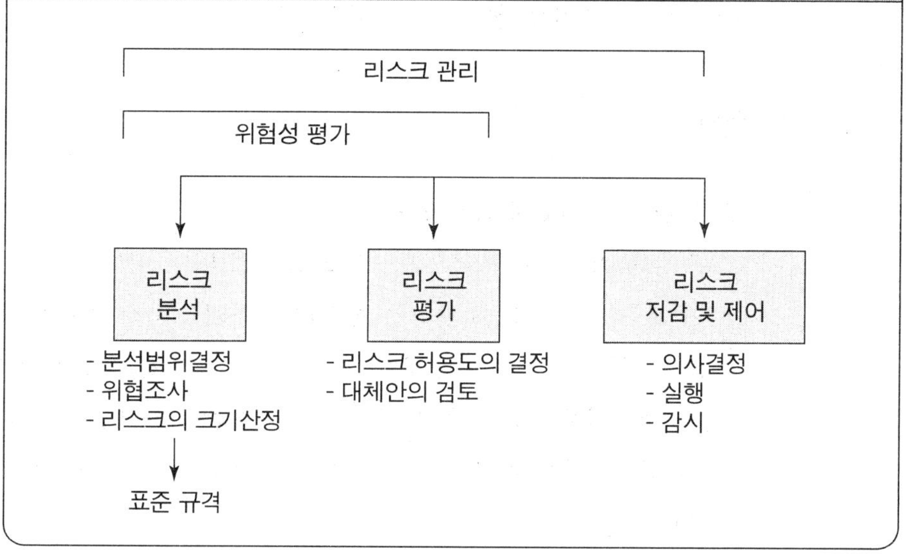

과의 수준 또는 배경으로서 사회의 관행과 절묘한 밸런스(Balance)에 의해 정해진다.

그리고 더 나아가 〈그림 2〉에 나타낸 것처럼 리스크를 제어하는 리스크 관리 단계까지를 포함하는 종합적인 리스크 저감대책이 요구된다 하겠다.

위의 그림에서 보는 바와 같이 리스크 관리는 위험성 평가 후의 의사결정이나 문제점 해결 또는 감시 등의 방법으로 리스크를 저감하고 제어하는 단계가 포함된 전 과정이라고 할 수 있고 우리는 리스크 관리를 통해 안전을 달성할 수 있다. 단, 안전기능이 정상이 아닐 때는 사고를 예방할 수 없기 때문에 필연적으로 안전기능에는 정상성을 확인한다는 조건이 전제되고 있다. 이제까지 살펴본 바와 같이 리스크와 그에 대한 저감대책의 중요성이 날로 더해가고 있다.

유럽규격에서의 가장 중요한 개념이 리스크 관리이고 이 규격이 곧 국제규격으로 제정된다면 앞으로의 주된 흐름이 위험성 평가와 리스크 관리에 있다는 것을 의미한다. 우리 나라도 설계단계에서부터 이런 기법을 통한 위험성 평가를 해야 한다. 국제규격에 정의되어 있는 안전이란 허용가능한 리스크가 없는 것으로 절대안전은 없다는 뜻이다. 우리도 이제부터 국제규격에 따른 위험성 평가의 구체적인 기법의 개발과 선진사례의 연구 및 리스크 관리시행을 통해 이제까지의 개념인 안전관리로부터 리스크관리로 전환하여 보다 더 적극적인 안전을 펼쳐야 한다.

사례

체르노빌 원전 사고에 대한 분석

1986년 4월 26일, 우크라이나 체르노빌의 핵발전소에서 4번 원자로가 폭발했다. 이 사고로 수천 톤에 달하는 콘크리트 벽이 파괴되어 방사성 물질이 흘러나왔으며, 발전소 주변의 물로 유럽 전체가 오염되는 사고가 일어났다. 이 사건으로 핵전기로 얻는 이익에 대한 가치와 현존하는 핵발전 기술의 위험에 대한 찬반론이 격렬하게 불붙었으며 동일한 사고의 재발 가능성에 대한 우려도 증폭되었다.

이 사고에 대해서 다양한 측면으로 분석이 가능하다. 그 중에서 가장 흥미로운 사고의 원인은 심리적 요인이다. 즉 기술적인 문제 때문이 아니라 인간의 실수 때문에 사고가 일어난 것이다.

체르노빌에서 무슨 일이 있었던 것일까? 여기서 내가 말하고자 하는 것은 재앙 그 자체가 아니라, 이 사고에서 중요한 의미를 지닌 심리적 요인이다. 이를 위해 맨체스터 대학의 제임스 리즌(James Reason)이 작성한 보고서(1987)를 인용해 보겠다.

체르노빌 원자로의 중심부에는 1600개의 파이프가 원자로를 통하도록 이어져 있거나 원자로 내부에 설치되어 있었다. 펌프질된 뜨거운 물이 이 파이프를 통하여 원자로에 들어갔고 원자로는 물과 증기로 가득 찼다. 원자로에 채워진 증기는 그 후에 물과 분리되어 부착된 터빈을 작동시켰다. 물과 증기는 그 후 다시 원자로 내부의 밀폐된 회로에서 순환되었다. 원자로에는 이 주요 회로 시스템 말고도 그림 왼쪽에 있는 냉각스시템도 설치되어 있었다.

사고가 일어난 시점은 연례 정기 점검이 얼마 남지 않은 때였다. 원자로 기술자들은 점검일이 다가오기 전에 안전시설의 향상을 위해 실험을 감행하고자 했다. 전체 실험은 5월 노동절 전에 끝날 예정이었다. 1986년 4월 25일 금요일 오후 한시, 그들은 원자로의 동력을 25퍼센트로 낮추기 위해 원자로를 닫았다. 동력 25퍼센트라는 조건에서 실험하기 위해서였다. 한 시간 후, 그들은 원자로에서 비상 냉각 시스템을 분리시켰다. 실험하는 동안 냉각 시스템이 불필요하게 작동되지 않도록 하기 위해서였다.

오후 두시에 키예프의 원자력 발전소 본부는 예기치 않은 에너지가 추가 발생할 수 있으니 원자로를 닫지 말라고 지시했다. 그러나 그날 오후 열한시, 원자로는 닫혔고 실험은 계획대로 진행되었다.

원자로의 동력도 25퍼센트 수준으로 낮아지기 시작했다. 하지만 얼마 후 자정이 가까워지자 원자로의 동력은 1퍼센트까지 떨어지고 말았다. 원자로를 조작하는 사람은 자동 조절기를 끄고 수동으로 동력을 25퍼센트까지 끌어올리려고 애썼다. 원자로에 있는 자체 동력으로도 충분한 일이지만 이를 생각하지 않고 원자로를 지나치게 조절한 결과, 목표치인 25퍼센트는 커녕 원래의 동력인 1퍼센트만 유지될 뿐이다.

이러한 행동은 역동적인 시스템에서 흔히 나타나는 인간의 반응이다. 우리는 시스템의 진행과정을 고려하지 않는다. 연속적인 순간의 시차를 고려하지 않고 한 가지 상황만 생각하는 것이다. 즉 우리는 한 단계만 통제할 수 있을 뿐 전 과정을 통제할 수는 없다. 이처럼 모든 것을 통제하려는 욕심 때문에 시스템의 자동 조절 능력이 무시되고 위험한 결과를 초래한다.

체르노빌의 원자로는 동력이 지나치게 낮아지면 위험해지는 타입에 속했다. 동력이 너무 낮아지면 원자로가 고르게 작동하지 못해 디젤 엔진이 공회전하는 것과 같은 상황이 발생해 원자로가 불안정하게 작동하는 것이다. 이때 핵분열이 불규칙적으로 일어날 수 있다. 즉 특정한 상황에서 최고 한계점에 도달하게 되는 지점이 생기고 그곳에서 갑자기 핵분열이 시작되어 위험해질 수 있는 것이다. 그래서 원자로의 동력을 20퍼센트 이하로 낮추는 것은 금지되어 있으며 핵발전소 연구원도 이 사실을 잘 알고 있었다. 그래서 동력을 높이기 위해 애썼으며 30분 후에는 7퍼센트까지 동력을 높일 수 있었다. 그러나 그 시점에서 다시 실험을 진행했던 것이 가장 큰 실수였다. 그 시점에서 실험을 멈추어야 했다. 동력이 7퍼센트인 상황에서 실험을 계속한다는 것은 가장 불안정한 상태에서 원자로가 작동한다는 것을 의미한다. 그 사실을 모를 리 없는 사람들이 왜 잘못된 판단을 내린 것일까?

핵발전소 연구원들이 위험을 무릅쓰고 실험을 감행하려고 한 것은 두 가지 이유로 추측할 수 있다. 첫째는 아마 시간에 대한 압박감 때문이었을 것이다.

실험을 가능한 한 빨리 끝내고자 하는 마음이 컸을 것이라 추측된다. 또 다른 이유는 이론적인 지식과 실제 대처 방법에 대한 경험 사이의 거리 때문이었을 것이다. 원자로가 불안정한 상태에 있을 때 야기되는 위험에 대해 이론적으로는 잘 알고 있지만 실제로는 1초도 안 되는 사이에 벌어지는 급작스런 핵분열이 어떤 위험을 가져올지 이해하지 못했던 것이다.

이들이 범한 안전수칙 위반과 관련해서 또 하나 짚고 넘어가야 할 것은, 조작 팀의 안전규정 위반이 그때가 처음이 아니라는 사실이다. 그 때문에 급격하게 발생한 위험을 체감하지 못했던 것은 아닐까. 알다시피 안전지시를 위반하는 것과 같은 행위는 사실 경험을 통해 점점 수위가 높아진다. 때에 따라서는 수칙을 위반하는 것이 오히려 이익이 되기 때문이다. 일반적으로 안전수칙을 위반하는 것은 부상이나 사망 또는 파손보다는 자유로움을 의미하기도 한다. 이것이 함정이 되고 수칙 위반이 가져오는 이익이 또다른 위반을 낳게 된다. 이러한 심리적 작용은 사고 가능성을 높이며 일단 사고가 발생하면 그 결과는 결코 돌이킬 수 없게 된다.

그러나 체르노빌에서 일어난 오작동 사고는 안전수칙만을 무시해서 일어난 것이 아니다. 안전수칙을 위반했을 때 얻는 이익을 생각해보면 그리 놀랄 일도 아니다. 새벽 1시 3분, 원자력 동력이 7퍼센트에 이르러 어느 정도 안정된 직후, 주요 회로 시스템의 펌프 여덟 개를 모두 열었다. 이 또한 금지된 사항이었다. 한꺼번에 작동시킬 수 있는 펌프의 허용 범위는 최대 여섯 개였다. 펌프 여덟 개를 모두 작동시킨 이유는 원자로를 추가로 냉각시켜서 안정성을 높이기 위해서였을 것이다. 하지만 펌프를 모두 작동하면 화학반응이 일어나 추가로 냉각이 진행되고 이 때문에 원자로의 핵분열 속도를 조절하는 흑연 제어봉이 자동적으로 제거된다는 사실은 아무도 생각지 못했다. 그리고 흑연 제어봉이 자동 제거되는 현상이 연속 발생하면서 시스템 전체의 부담은 가중되었다. 핵발전소 연구원들은 이러한 부작용을 고려하지 못했던 게 틀림없다. 한 가지 목표에 집착한 나머지 자신들의 행동이 불러올 수 있는 부작용과 장기적인 영향을 생각하지 못한 것이다.

펌프 여덟 개를 모두 작동시켰을 때 발생할 수 있는 증기압력이 떨어진다는 사실이다. 사실 이 문제는 쉽게 예측할 수 있는 결과였다. 펌프가 다 열리면 온열장치를 통해 물이 더 빠른 속도로 들어오게 되므로 물의 온도가 빨리 높아질 수 없다. 따라서 증기가 발생하지 않아 증기압력도 상대적으로 낮아진다. 이 때문에 필요한 증기량이 물의 양보다 훨씬 적게 만들어진 것이다. 하지만 실험을 위해서는 터빈을 돌릴 증기가 필요했기 때문에 낮아진 증기의 압력을 높여야 했고 줄어든 증기량을 보충하기 위해 급수량을 세 배나 늘리려고 시도했다. 하지만 의도했던 것과 달리 증기압력은 더 낮아져버렸다. 그러나 이것 역시 사고의 직접적인 원인은 아니다. 문제의 급수량을 늘리자 원자로에 있던 더 많은 흑연 제어봉이 자동적으로 제거된 것이었다. 게다가 핵발전소 연구원들도 증기압력이 낮아지면 원자로가 자동으로 꺼지는 장치까지 꺼버렸던 것이다.

새벽 1시 22분경, 현장 책임자는 원자로에 흑연 제어봉이 경우 여섯 개에서 여덟 개 정도만 남았다는 보고를 받았다. 흑연 제어봉이 열두 개 이하일 때에는 원자로 작동이 엄격하게 금지되어 있었다. 여섯 개에서 여덟 개는 안전기준에도 훨씬 못 미치는 숫자였다.

남은 흑연 제어봉의 개수를 보고받고 현장 책임자가 위험을 감지하지 않았을까 추측해볼 수 있지만 현실은 그렇지 않았다. 제어봉이 여섯 개에서 여덟 개라는 것은 제어장치가 전혀 없는 것이나 마찬가지임에도 불구하고 현장 책임자는 실험을 진행하기로 결정했다. 사고 발생 2분 전이었다.

1시 23분, 터빈과 연결된 증기 파이프 중 하나를 잠그기로 결정했다. 이것은 계획한 실험에 필요한 일이었다. 하지만 그 때문에 또 다른 안전 반응 커플링이 꺼져버렸다. 1분 후 비상 브레이크가 작동했다. 그제서야 그들도 위험한 상황이라는 사실을 감지했다. 그래서 자동으로 제거된 흑연봉 브레이크를 다시 원자로에 넣으려고 했다. 하지만 흑연봉 브레이크를 원자로에 넣자마자 내부의 열기 때문에 파이프가 휘어지고 말았다. 그와 동시에 두 번의 폭발이 일어났다. 나머지 이야기는 알려진 사실 그대로다.

여기에는 어떤 심리가 작용한 것일까? 시간이 촉박하면 인간은 지나친 조치를 취하는 성향이 있다. 또한 복합적인 인과관계를 보지 못하고 단순히 그 사슬 내에서만 사고한다는 것, 즉 자신의 행동으로 나타날 수 있는 부수적인 현상이나 장기적인 영향을 내다보지 못한다는 사실도 발견할 수 있다. 일을 다급하게 진행할 때 발생할 수 있다는 부작용도 과소평가했다. 한 번 예기치 못한 일이 생기기 시작하면 나머지는 아주 급속히 진행된다는 것, 이것을 보지 못한 것은 인식의 오류이며 깨달음의 오류이다.

이 사건의 발생 배경에 어떤 오류가 있었는지 알 수 있다. 우크라이나 원자로 조작 팀은 사건이 일어나기 얼마 전 원자로 작동 능력이 뛰어나다고 상까지 받았던 인지도 높은 훌륭한 전문가 집단이었다. 팀의 높은 자의식이 사고를 일으킨 원인의 하나로 작용했는지도 모른다. 원자로는 정확한 분석에 의해 조작된 것이 아니라 전문가들의 직관에 따라 움직였다. 그들은 자신들이 무엇을 하는지 잘 파악하고 있다고 자신했기 때문에 안전수칙은 초보자나 지키는 것이라고 생각했던 것 같다.

무엇이든 자신들은 옳고 바른 행동을 한다는 것을 증명하려는 전문가 집단은 종종 자신들의 믿음에 부합해야 한다는 부담감 때문에 집단 내의 비판을 가차 없이 억압하는 경향이 있다.

체르노빌에서 안전수칙을 위반한 것은 그때가 처음이 아니었다. 그 이전에도 (결과는 다르지만) 안전수칙을 여러 번 위반한 적이 있었고 그 또한 사고를 일으키는 원인이 되었다. 이러한 행동은 습관이나 다른 방식으로 끊임없이 이어지고 있었다.

체르노빌과 같은 사건이 일어나면 사람들은 흔히 '인재' 라는 말을 사용한다. 체르노빌 원자로 4팀은 원자로의 폭발로 실패를 맛보았다. 실패란 단어는 여러 의미를 내포한다. 그러나 해야 할 일을 하지 않아 야기된 결과를 '실패' 라고 정의한다면 체르노빌 사건의 경우는 실패라고 할 수 없다. 사건 당시, 깨어 있어야 할 때 잠을 잔 사람은 아무도 없었다. 지켜야 할 신호를 무시한 사람도 아무도 없었다. 어느 누구도 버튼을 잘못 누르는 실수를 하지도 않았다. 원자로 핵 발전소 연구원들은 그들이 무엇을 하는지 완벽하게 의식하고 있었고 자신들이 옳은 방식으로 일을 하고 있다고 믿었다. 물론 안전수칙에서 금지한 사항을 어기기는 했지만 말이다.

그들은 필요한 사항을 간과하거나 실수를 한 것이 아니다. 자신들처럼 협조가 잘되고 경험이 풍부한 전문가들은 안전수칙을 곧이 곧대로 따르면 안 된다고 생각한 것이다. 이러한 생각은 핵발전소의 직원들에게만 해당하는 이야기는 아니다. 모든 산업현장의 일꾼들이나 안전벨트를 매지 않은 운전자들이 모두 이런 식으로 자신을 믿고 있다.

체르노빌 핵발전소 연구원들의 행동패턴은 다른 사고들과 상당히 유사한 측면이 있다. 시간이 촉발할 때 생기는 문제, 사태가 급작스럽게 진전되는 것을 염두에 두지 않아서 발생하는 문제, 부수적으로 일어나는 현상과 장기적인 영향을 고려하지 않아 발생하는 문제 등은 모두 인과관계를 생각하지 않고 판단한 결과이다. (되르너, 이덕임 옮김, 2007 참조)

➡ 이 사고에서 무엇이 가장 문제였는지를 고려해서, 1000자 이내로 기술하시오.

3. 위험에 관한 입장들

우리는 매우 상반된 믿음을 갖고 있는 경우가 있다. 야구 선수 중에서 누가 더 잘하는지, 철학자 가운데 누가 더 위대한 사상가인지는 개인적인 생각에 따라서 달라진다. 그것은 믿음의 체계가 다르기 때문이다. 믿음에는 주관적 믿음과 객관적 믿음이 있다. 주관적 믿은은 각자의 취향이나 선호도에 따라서 달라지는 반면에 객관적인 믿음은 확고한 근거를 토대로 누구나가 인정할 수 있는 것이다. 이러한 믿음을 우리는 "지식"이라고 하며, 그러한 지식의 전분적 분야 중의 하나가 공학이다. 그러므로 공학에서 일어나는 사고와 안전에 관한 설명은 공학 전문가의 지식에 기반을 둔다면, 누구나 인정할 수 있을 것이다. 하지만 전문가들 역시 완벽한 지식을 갖고 있는 것은 아니다. 특히 안전과 위험에 대한 지식은 공학의 발전에 의해서 끊임없이 변모하고 있고, 기술자가 만든 제품이 언제나 위험을 잠재적으로 안고 있기 때문에, 그러한 지식이 모든 사고를 설명할 수 있는 것은 아니다. 그렇다고 하더라도, 우리는 위험에 관한 공학인의 기본 입장을 이해하고, 그 안에 담긴 문제점을 살펴보는 것이 필요하다. 왜냐하면 그러한 전문 지식과 그 한계를 통해서 앞으로 공학 업무의 수행에 필수적인 능력과 겸손을 배양할 수 있기 때문이다.

1) 수락가능한 위험에 대한 전문가의 접근 방식

위험을 평가하기 위해서는 먼저 기술자가 그것에 동의해야 한다. 위험을 인지한다는 것은, 기술자가 위험이 무엇인지를 아는 것이다. 보통 사람들은 위험의 개념을 부작용이나 해로움 정도로 알고 있다. 해로움을 준다는 것은 한 사람의 자유를 제한하거나 행복추구를 방해하는 것이다. 행복 추구에 대한 가장 주요한 유형은 물리적 행복, 심리적 행복, 경제적 행복이라고 할 수 있다.

대부분 공학적인 위험은 물질적인 행복이나 경제적 행복과 관련이 있다. 기술자가 만든 제품들은 건강에 해를 끼치거나 육체적 부상을 야기할 수 있다. 이것은 우리의 물질적 행복에 영향을 준다. 또한 그 제품들은 경제적 행복에 위험을 가할 수 있다. 건물이 잘못 설계되어서 그것이 붕괴되면, 소유자 뿐만 아니라 그 속에 거주하는 사람에게 엄청난 인명의 손실을 가져올 수 있다. 우리나라에서도 삼풍 백화점의 경우가 그 대표적인 것이다. 원자력 발전소나 화학 공장이 잘못 설계되는 경우에도 엄청난 경제적 손실뿐만 아니라 인명의 피해를 가져올 수 있다.

위험에 대한 이러한 설명은 다수의 전문가의 설명과 일치하는 것이다. 로렌스Lowrance)는 위험을 "부작용의 가능성과 크기가 혼합된 정도"로 정의한다. 즉 부작용이나 해로움의 가능성이라는 요소와 그 부작용의 크기로 위험을 구성한다. 로렌스처럼 대다수의 전문가들은 해로움의 크기와 가능성을 위험으로 본다. 만약 우리가 위험을 객관적으로 측정할 수 있다는 것으로 규정하고자 한다면, 그것은 해로움의 가능성과 그 크기를 측정하는 것이다. 이러한 입장을 가장 잘 대변하는 것이 공리주의이다.

위험에 대한 전문가의 입장은 일반적으로 공리주의이다. 공리주의는 앞에서 보았듯이 어떤 도덕적 문제가 발생하면, 복지나 행복을 극대화할 수 있는 방향에서 정책을 결정하는 것이다. 이때 공리주의자들은 그 위험을 평가하기 위해서 비용/이득분석이라는 유용한 도구를 사용한다. 일반적으로 공학에서 위험을 분석할 때, 비용/이득분석을 통해서 그것을 판단한다. 비용이라는 것은 주어진 활동 과정에서 일어날 수 있는 사망, 부상, 여타의 해로운 일들을 위험의 관점에서 보는 것이다.

비용/이득분석에 대한 개념을 적용할 수 있는 한 가지 사례를 생각해 보자. 어떤 노동자가 염색 공장에서 일을 하는데, 그 노동자에게 수락가능한 위험은 어느 정도인가? 그 공장에서 나는 악취나 냄새가 사업주가 생각한 것보다 훨씬 심한 것으로 나타날 수 있다. 그래서 사업주는 비용/이득분석을 통해서 수락가능한 위험의 수치가 어느 정도인지를 결정해야 한다. 즉 그 위험을 줄이는 비용과 사망률이나 부상의 비용을 비교해 보아야 한다. 우리는 사망률의 비용을 줄이기 위해서는, 그 악취가 나는 과정을 변경하는 비용을 포함해야 하며, 보호 마스크를 사용하는 비용, 보다 나은 기계를 도입하는 비용, 그 사망률이나 부상을 줄이기 위한 여러 가지 안전 조치의 비용을 포함해야 한다. 이때 우리는 그 악취를 막지 않았을 때 생기는 비용도 계산해 보아야 한다. 우리는 건강을 위한 비용, 사망이나 암에 의한 소송비, 나쁜 평판에 의한 비용, 노동자 가족들의 수입 손실들을 포함해야 한다. 만약에 생명의 손실을 막는 비용이 사망을 막지 않는 비용보다 훨씬 크다면, 현재의 위험의 수준은 수락가능한 것이다. 혹은 생명의 손실을 막지 않는 비용이 그 손실을 막는 비용보다 크다면, 현재의 위험은 수락가능하지 않다. 따라서 그 비용 계산을 할 때는 매우 신중하게 검토해야 한다. 비용/이득의 분석에 있어서 오직 돈의 비용만으로 평가해서는 안 된다. 수락가능한 위험에 대한 수적인 분석은 결코 가능하지 않다. 공학인은 유용성을 평가할 때, 직접적으로 눈에 보이지 않는 측면도 직관적으로 평가하는 눈을 가지도록 노력해야 한다.

2) 공리주의의 위험 분석에 있어서 문제점

비용/이득의 분석이라는 훌륭한 분석 형식을 갖고 있는 공리주의는 그 자체의 이론에 어떤 약점을 갖고 있다. 언제나 다수의 입장에서 분석을 하기 때문에, 소수나 개인의 희생을 염두에 두고 있다. 적게는 가정 내에서, 사회 내에서, 국가 사이의 관계에서 약자의 희생을 염두에 둔 방식이 공리주의라고 할 수 있다.

① 먼저 각각의 선택 사항들과 관련된 비용/이득을 전부 예측하는 것은 가능하지 않다. 이러한 방법에서 데이터에 적용되는 경우에, 비용 /이득의 방법은 불완전한 결과를 제공할 것이다.

② 비용/이득의 사항을 전부 재정적인 용어로 번역하는 것은 불가능하다. 어떻게 우리가 브라질이나 인도네시아의 열대 우림에 사는 개체의 멸종을 경제적 가치로 환원할 수 있는가? 이처럼 비용/이득의 분석은 불완전한 접근의 한 사례이다. 여기서 가장 논쟁적인 문제점은 우리 인간 삶에

놓인 재정상의 가치이다. 우리는 타인의 삶에 대한 가치를 어떤 잣대로 결정할 수 있겠는가? 여기에 대한 하나의 방식은 노동자가 앞으로 벌 수 있는 수익에 근거해서 평가하는 방법이 있다. 이것은 보험 회사에서 보험금을 상정하는 방식이다. 하지만 이것 역시 은퇴한 사람이나 실업자는 가치가 없는 것으로 매겨질 수 있다. 따라서 비용/이득 분석은 수학적 합리성에 기반을 두고 판단하기 때문에, 인간 그 자체의 본질을 무시할 수 있다.

③ 또한 우리가 이 방법을 적용할 때, 보다 많은 효율성을 위해서 노동자들을 심각한 질병을 야기하는 장소에서 작업하도록 할 수 있다. 이때 유용성의 가치가 그것을 정당화할 수 있다. 다수의 이익을 위해서 소수의 희생의 비용이 가치가 있는 것으로 매겨진다. 이때 그 위험이 정당화된다. 하지만 이것이 수락가능한 위험이라고 하더라도, 결코 받아들일 수 없는 설명이 될 수 있다.

④ 이 방법은 비전문가 집단이 공유할 수 있는 정보를 제공하지 않는 경우가 대다수이다. 비전문가 집단 혹은 일반인들은 그 정보가 제공되기를 원하나, 일반적으로는 알려지지 않는다.

이러한 제한에도 불구하고, 비용 /이득의 분석은 위험 평가에 있어서 가장 합법적인 분석방법으로 알려져 있다. 개인 권리에 대한 심각한 위협을 초래하지 않는다면, 비용 /이득의 분석은 결정적이다. 이 외에도 비용 /이득의 분석은 체계적이며, 어느 정도는 객관성을 띠며, 위험, 이득, 비용에 대해서 비교할 자료를 제공한다.

3) 수락가능한 위험에 대한 비전문가의 입장

일반인의 위험에 대한 접근 방식은 전문가의 것과는 상당한 차이를 보일 때가 많다. 여기서는 두 가지 주된 차이점이 있다.

① 일반인은 기술로 인한 위험의 가능성을 평가할 때, 실수를 저지르는 경우가 종종 있다. 전문가 집단의 한 사람인 천시 스타(Chauncy Starr)에 따르면, 일반인은 위험이 낮은 경우를 높게 평가하고, 높은 경우를 낮게

평가하는 경우가 있다. 특히 위험이 높은 경우를 낮게 평가하는 것은 어떤 편견에 근거해 있다. 이것은 처음의 위험에 대한 평가가 고착화되는 경우에 생기는 일이다. 최초의 평가는 미래의 평가를 고착화하며, 새로운 증거에 직면해서도 충분한 적응을 배제하는 일이 있다. 이것은 다른 말로 "믿음에 대한 고착화"라고 할 수 있다.

철학에서는 그것을 우상숭배라고 한다. 대표적으로 플라톤의 동굴의 우상, 베이컨의 우상론을 들 수 있다. 전문가 집단이 실수를 저지르는 경우가 있다고 하더라도, 일반인들이 생각하는 만큼 심각하지는 않다. 전문가와 일반인은 매해 발생하는 사망률에 대해서 다르게 평가하는 경우가 있다. 예를 들어서, 흡연, 운전, 술 등에 의한 사망률의 수치를 다르게 생각할 때가 많다.

② 전문가와 일반인은 위험에 대한 태도에 대해서 다르게 생각하는 경우가 있다. 일반인은 위험과 수락가능한 위험을 결합해서 생각하며, 전문가는 그 두 가지 개념을 확연히 구별해서 생각한다. 앞에서도 말했듯이 보통 전문가들은 위험을 "해로움의 크기와 가능성의 산출"로서 고려하고, 수락가능한 위험을 "공리주의에서 사용하는 유용성의 용어로 정의"한다. 일반인들은 그 위험을 정확한 용어로 구별하지 않고, 여러 가지 요인을 결합해서 생각한다.

스타(Starr)에 의하면, 일반인들은 보통 자발적으로 위험을 받아들이는 경우가 많다. 즉 자발적으로 위험을 받아들이는 경우가 비자발적으로 받아들이는 위험보다 수락할 가능성이 훨씬 많다. 한 가지 예를 들어 보자. 미국에서는 한 동안 거친 땅에서 모터 사이클을 타는 것이 유행한 적이 있다. 철수와 영희 부부와 아이들은 스릴을 느끼기 위해서 자발적으로 모터사이클이라는 위험을 택했다. 이것을 즐기는 사람은 일반적인 차량과 동일한 안전성을 요구하지는 않는 것 같다. 또한 그 제조업자들도 다른 일반적인 모터 사이클에 비해서 안전성에 관심이 없었다. 위험한 놀이를 즐기는 일반인들은 그 모터싸이클 때문에 여러 가지 사고가 일어났다. 현재 미국에서는 금지되었지만, 그 이전 5년 동안에 거의 900명이 죽고 3만명이 부상당했다. 사상자 중의 거의 절반이 16세 이하이었다. 이것은 자발적으로 위험을 택하는 경우이다.

다음은 비자발적인 경우이다. 철수와 영희 부부는 쓰레기 매립장 근처에 살면서, 집 근처에 직장을 잡고 있었다. 집에서 그들은 그 매립장에서 나는 악취와 먼지로 고통을 겪고 있었다. 땅에는 유해 물질이 쌓여 갔다. 하지만 공무원들은 크게 걱정할 일은 아니라고 하였다. 하지만 그들은 불평을 하였고, 지속적으로 관공서에 그 사실을 알렸다. 이와 같이 비자발적으로 일어나는 위험에 대해서 큰 고통을 호소하지만, 앞에서 본 것처럼 자발적으로 일어나는 위험에 대해서 별로 개의치 않는 경향이 일반인에게는 있다.

자발성의 문제와 관련된 것은 통제의 문제이다. 예를 들어 철수의 아들이 모터 사이클을 어디서, 언제 탈 것인가를 선택한다. 그는 기계를 선택하고 통제할 수 있다는 점에서 자부심을 가진다. 그는 보통 사람들처럼 자신이 택한 위험을 통제할 수 있다고 믿는다. 여기서 일반인들은 대기 오염이나 항공 안전에 비해서 자신들이 택한 위험에 대해서는 별로 걱정을 하지 않는다. 별로 걱정하지 않는 또 하나의 이유는 그것을 택하지 않는 사람에게 거의 피해를 주지 않는다는 것이다. 따라서 전문가와 비전문가 사이에는 위험이나 해로움을 보는 관점에 차이가 있다. 즉 비전문가 집단은 자발적으로 추정되는 위험보다는 비자발적으로 추정되는 위험을 더 심각한 것으로 받아들인다.

읽기 자료

미국산 쇠고기와 광우병에 대한 텔레비전 토론회에서 흥미있는 장면이 연출되었다. 미국 쇠고기 수입에 찬성하는 패널에게 한 청중이 "그렇다면 댁은 광우병에 걸린 소의 고기를 먹겠는가"라고 물었더니, 그가 "먹지 않겠다"고 대답한 것이다. 방청객들은 실소를 금치 못했다.

광우병에 걸린 소의 고기를 먹는다고 해서 반드시 광우병에 걸리는 것은 아니다. 이 확률이 얼마인지 아직 정확히 모르지만, 전문가들은 상당한 수의 광우병 소가 오랫동안 유통된 영국에서 광우병에 걸려 사망한 사람 수와, 소-인간 사이에 있는 종간(種間) 장벽 등을 고려해서 그 확률을 수천만분의 1로 잡기도 한다. 이 확률이 만약에 옳다면 광우병에 걸린 소의 경우에도 수천만 번을 먹어야 그중 한 번 광우병에 걸린다는 것이다. 로또 1등에 당첨될 확률인 800만분의 1, 벼락에 맞아 죽을 확률인 100만분의 1보다 훨씬 더 낮은 확률이다.

미국산 수입 쇠고기를 먹었을 때 광우병에 걸릴 확률은 이보다 훨씬 더 적다. 일본의 어떤 이는 이를 40억분의 1로 잡았다. 우리나라의 한 공무원은 이를 두고 골프장에서 홀인원을 함과 동시에 벼락에 맞아 죽을 확률과 같다고 했다. 이런 사람들이 보기에 미국산 쇠고기를 무서워하는 우리 국민은 과학에 대해 무지한 채, 이성이 실종되고 유령이 출몰하는 세상에 사는 사람들이다. 괴담과 선동에 속는 이들이다. 그런데 정말 그럴까?

1969년 미국의 엔지니어 C 스타는 원자력 발전소 사고로 죽을 확률이 사냥을 하거나 스키를 타다 죽을 확률보다 훨씬 적음에도 불구하고 사람들이 원자력 발전소를 훨씬 더 위험하게 느낀다는 사실을 발견했다. 베트남 전쟁에서 사망할 확률이 오토바이를 타다 죽을 확률 정도밖에는 안 되지만 사람들이 이 둘에 대해 느끼는 위험은 천지 차이였다. 그는 사람들이 스키, 사냥, 오토바이는 '자발적' 으로 택하는 데에 반해, 마을에 원자력 발전소가 들어서고 베트남 전에 징집되는 것은 '비자발적' 이라는 차이를 발견했다. 즉, 사람들은 자발적 위험의 경우에 훨씬 높은 위험을 감수한다는 것이었다.

스타의 발견은 '위험 인식' 에 대한 숱한 논의를 촉발시켰다. 이후 P 슬로빅은 보통 사람들이 두려워하는 위험이 자발성의 변수 외에도, 위험의 원인에 대해서 모르는 정도, 피해의 끔찍함, 노출된 사람의 숫자에 비례해서 커진다는 사실을 찾아냈다. 사람들은 비행기 사고나 벼락을 그렇게 끔찍하게 두려워하지는 않는데, 그 이유는 이제 이러한 사고의 원인을 충분히 이해하고 있으며, 이런 위험에 노출된 사람이 소수에 국한되어 있다는 걸 알기 때문이다. 슬로빅이 지적한 세 가지 기준으로 보면, 광우병과 원자력 사고가 사람들이 느끼는 가장 끔찍한 위험이다. 이는 확률로 설명되는 것이 아니다.

미국과 같은 나라에서는 '위험' 에 대한 오랜 연구의 전통을 가지고 있다. 미국의 과학자나 전문가는 광우병 같은 경우 확률로 위험을 계산하는 것이 아무런 의미가 없다는 것을 알고 있다. 이들은 시민이 위험을 확률로 평가하는 것이 아니라 불확실성, 재앙의 정도, 통제 가능성, 형평성, 후속 세대에의 영향을 고려해서 총체적으로 지각한다는 것을 알고 있으며, 위험 커뮤니케이션을 위해서 대화의 의지, 투명한 정보의 공개, 신뢰의 구축이 가장 중요하다는 것을 알고 있다.

우리나라의 전문가는 '전근대적인 과학 개념' 운운하면서 광우병에 대해 국민이 느끼는 총체적 공포를 무지와 선동의 결과로 몰아간다. 이는 위험을 증폭하고 이 문제를 도저히 해결할 수 없는 상황으로 몰아넣는다. 위험 커뮤니케이션은 확률 교육이 아니다. 위험은 정상적인 과학 커뮤니케이션으로는 설명도 되지 않는다. 지금 광우병보다 더 무서운 것은 이렇게 하나만 아는 전문가들이 과학의 이름을 걸고 정책을 추진한다는 것이다. (홍성욱 · 서울대 생명과학부 교수) ■

➡ 자발적 위험과 비자발적 위험의 차이를 어떻게 기술하고 있는지 150자 이내로 요약하시오.

4. 위험과 사고 대책법

기술자와 기업은 위험을 최소화시키는 방법을 찾아야 한다. 안전의 최대화를 추구하는 것은 기술자에게 가장 어려운 과정이다. 그 이유가 무엇일까? 그것은 위험이 늘 불확실성과 관련되어 있기 때문이다. 가능한 한 위험의 정확한 진단을 위해 단순히 경험에 의한 추측에 의존하지 말아야 하고, 반드시 확률로 표현되어야 한다. 여기서 가장 주의해야 할 점은 위험에는 상승작용이 있다는 것이다.

기술자는 언제나 신 개발품을 만들어야 하고, 이로 인한 상승효과의 요인이 생기는데, 그것은 바로 구매의 급증으로 일어난다. 따라서 앞으로 어떻게 전개될지 모르는 미지의 위험이 급증대된다. 이로 인하여 기술 문명 시대에 기술자가 만든 제품들은 사회적, 정치적, 문화적으로 엄청난 파장을 불러일으킨다. 상승관계는 다음과 같이 세 가지 경향을 결합한 것이다. 현재 상황에서의 위험성 + 급변화 과정상의 위험성 + 변화 후 상황에서의 위험성이다.

사고 후의 위험의 최소화를 위한 방어대책의 수립

(1) 이해관계자의 책임 관계를 명확하게 해야 한다.

제품안전사고는 제품 유통에 관여한 모든 이해관계자의 연대책임 문제가 발생하므로 사전에 책임분담에 관한 약정을 해 두어야 하며 이는 책임을 회피하기 위한 수단이 아니라 상호간의 성실한 제품 안전 활동을 통해 사고예방을 위한 것이다.

(2) PL보험 가입은 필수이다.

완벽한 제품은 없다. 설계, 제조공정, 판매 및 홍보에서 언제나 사고가 날 수 있다. 그러므로 PL보험은 제품안전 위험에 대처하는 가장 유효한 방법 중의 하나로서 기업의 경제적 손실 예방 차원에서 PL보험은 사실상 유일한 대안이다.

(3) 무엇보다 초기에 신속하게 대응하여 그 파급효과를 최소한으로 줄일 필요가 있다.

사고가 발생하면 그 사실을 즉각적으로 최고경영자와 관계 부서에 전달할 수 있는 사내에 긴급 연락망을 구축해 두어야 한다. 그리고 초기 대응이 신속하게 할 수 있도록 현장 부서에는 적절한 권한을 부여해야 한다. 이때 그 상황에 맞는 준비된 시나리오에 따라 사고의 파급 경로별로 차단을 해야 한다.

(4) 사고 정보를 신속하게 공개하고 능동적으로 대응해야 한다.

사건을 공개하면 초기에는 타격이 있지만 향후에는 고객의 신뢰가 회복될 수 있다. 존슨 & 존슨과 같이 타일레놀 독극물 사건에서 신속한 회수 조치로 인하여 막대한 비용 손실을 입었음에도 불구하고, 이후에 고객의 믿음을 더 얻게 되어 이전 판매율로 회복되었으며, 주가 가치 역시 더욱 상승하였다.

기업이 일단 의심을 받게 되면 소문, 매스컴 등을 통해 소문이 증폭되기 마련이므로 절대 거짓을 말하거나 추측해서 이야기해서는 안 된다. 포드의 핀토차 사건처럼 초기의 잘못을 인정하지 않는 경우에 더욱 큰 피해를 입을 수 있다. 따라서 기업은 주요 고객들에게 직접적인 커뮤니케이션을 실시하는 것이 바람직하다.

(5) 효율적이고 신중한 매스컴 홍보를 해야 한다.

적극적으로 자사의 입장을 홍보하고 일반 대중의 이해를 얻어야 하며 사고 초기부터 적절한 대변인을 선정하여 정보의 일관성을 유지해야 한다. 특히 사고 직후의 홍보 활동은 향후 법적 소송이 진행될 경우 선의의 책임을 다했는가의 판단 근거가 되므로 절대 실수가 없어야 한다.

(6) 신뢰를 줄 수 있는 사고수습을 해야 한다.

사고수습에 있어서도 CEO 혹은 최고 리스크책임자(CRO)와 같은 비중있는 책임자가 전면에 나서 자리를 걸고 사고수습을 주도해야 한다. 이러한 방식은 사고에 의해 기업 이미지가 나빠졌다고 하더라도, 그 위기가 새로운 기회가 될 수 있다. 다시 말해서 소비자에게 실수를 인정하고 책임자가 사고를 수습하는 것은 다시금 신뢰를 회복할 수 있는 유일한 길이다.

(7) 사고를 재도약의 기회로 삼는다.

'사후약방문' 은 좋은 경구는 아니다. 하지만 사고 후에는 철저한 점검과 개선을 도모해야 한다. 사고 대응활동이 적절했는지, 매뉴얼대로 진행되었는지를 검토하고 관련 기록을 반드시 남겨서 차후에는 이러한 사고가 재발되지 않도록 해야 한다. 또한 사고발생과 사후관리에서 얻은 교훈들을 순서화된 행동계획으로 체계화하여 위기관리 체제를 개선해야 할 것이다.

2001년 5월, Ford는 자사의 Explorer에 장착된 Firestone의 결함 타이어 1,300만개를 리콜하기로 결정했다. 30억$에 이르는 엄청난 리콜 비용은 100년 역사의 Ford사에 있어 최대 위기를 맞이하게 했다. 이로 인해 22년만에 다시 포드家가 경영 일선에 복귀하게 되었다. 헨리 포드의 증손자인 40대의 윌리엄 포드는 30억$에 이르는 천문학적인 비용의 리콜을 결정한 후에 다음과 같이 말했다.

"기업이 잠시 잘못을 감출 수는 있겠지만 결국 소비자는 진실을 알게 된다."

5. 책임의 개념

책임은 모든 사람의 일이다. 누구도 책임에서 벗어날 수는 없다. 책임은 언제나 타자를 수반한다. 타자란 바로 관계를 의미한다. 우리는 가정에서, 학교에서, 직장에서 항상 타자를 염두에 둔 삶을 살아 왔고, 살아가야 한다. 그들과의 관계가 잘못되는 경우에, 우리의 삶은 매우 힘겨워진다. 부모와 자식간의 관계, 기업과 소비자의 관계, 특히 세부적으로 분류한다면, 기술자에 의해 만들어진 제품과 기업주와의 관계, 그 제품과 소비자의 관계, 정치가와 국민과의 관계 등이다.

특히 기술자의 책임은 자신의 분야에서 일어난 행위나 결정에 대해서 책임을 진다는 것이다. 그러기 위해서는 언제나 나의 활동과 관련되는 사람들을 '염려' 하는 마음을 가져야 한다. 기술자는 다른 관계들에 비해서 타자를 직접 인식하지 못하거나 볼 수 없는 경우가 대부분이다. 또한 그는 현재 뿐만 아니라 미래의 세대들도 사용할 대상을 만들기 때문에 이러한 '염려' 는 매우 중요하다. 그러므로 그의 책임 의식은 다른 어떤 전문 분야보다 어려운 점이 많다.

앞에서 위험과 안전의 관련성을 짚어보았다. 여기서는 위험은 언제나 책임과 불가분의 관계에 있다는 점을 지적해둘 필요가 있다. 책임을 진다는 것은 항상 위험을 무릅쓴다는 사실이다. 보통 전문가들은 자신의 권한이나 권리에 대한 욕망은 강하게 주장하면서, 책임을 지는 일은 회피하려고 한다. 하지만 전문가란 일반인들이 근접할 수 없는 영역의 권한과 책임이 동시에 주어지는 것이다. 그러므로 전문가로 권한을 갖는다는 의미는, 책임이라는 무거운 추를 갖게 되는 것이다.

우리 사회는 도덕과 정치를 분리한 마키아벨리즘이 정치뿐만 아니라 기업과 다른 여타의 분야에까지 급속도로 확산되는 경우가 있다. 이것은 개인의 권한을 자신의 욕망을 충족하는데 몰두하는 것이다. 이것이 극단으로 치우치면, 뇌물 스캔들이나 부패를 낳고, 결국에는 사회에 불신이 만연할 수 있다. 이 때문에 책임이라는 개념은 오늘날 그 어떤 미덕 보다 중요한 것으로 자리 잡을 필요가 있다.

1) 최소한의 책임론

이것은 기술자들이 그들의 직업에서 수행해야 하는 기본적인 의무라고 할 수 있다. 그들은 자신들의 책임을 완수하기 위해서 실패로 인해서 야기될 수 있는 해로움을 설명할 수 있다. 그런 점에서 이 책임론은 법적인 책임과 관련이 있다. 법에 의해 주어진 책임이상은 제품을 만든 기술자에게 주어질 수 없다는 것이다. 물론 이것은 법에 저촉되지 않는 방식으로 제품을 만들었다는 점에서 비난할 소지는 전혀 없다. 하지만 신제품이 지속적으로 개방되는 상황에서 있어서 과거의 잣대로 주어진 법은 예상치 않은 결과의 파장을 다루기는 쉽지 않다. 그러므로 최소한의 책임론은 언제나 법에 어긋나거나 비난을 받을 소지가 있다고 볼 수 있다.

그리고 이 책임론에서 사고가 발생하는 경우에는 오직 과거에 잘못된 행위를 한 자를 처벌하는데 있다. 만약 피해자가 발생한다면, 그것에 대해 보상의 형태도 주어진다. 대표적인 경우가 제조물 책임법(PL)이다. 이는 소비자들이 제품에 대한 리콜을 통해서 적극적으로 보상을 추구하고 있다. 따라서 '최소한의 책임론' 에서 문제가 발생하는 경우는 강제적으로 보상이 주어지고, 법적인 처벌이 그 당사자에게 주어진다.

2) 합리적인 책임론

이것은 보신주의에서는 탈피하는 방식이다. 이러한 책임은 법적인 책임을 넘어서서 공리주의 윤리론에 기반을 둔 책임론이라고 볼 수 있다. 다시 말해서 다수의 이익을 제공할 수 있다면, 적극적으로 그 일을 수행하는 것이다. 이것은 소수의 이득보다는 다수의 이득의 측면에서 행동한다는 점에서 어느 정도 윤리적 기반을 안고 있다. 그러나 이 책임론 역시 다수와 소수의 관계가 애매모호해 질 수 있다는 점과 그러한 판단을 하는 경우에 경제적 측면에서 계산을 하기 때문에, 다른 여타의 상황을 배제할 수 있다는 단점을 안고 있다. 예를 들어서 중국의 쓰촨성 대지진은 세계 최고의 댐인 샤샤댐의 건설에 의해 빚어졌다는 학자들의 이야기가 있다(진재운 2007). 그것은 나중에 한반도에까지 엄청난 피해를 일으킬 수 있다고 본다. 세계 최대의 댐을 건설하기 위해서는 엄청난 기술이 요구된다. 기술자들은 그러한 댐을 건설하는데 큰 책임을 느낄 것이다. 하지만 그 기술자들은 그러한 책임이 댐에 의해 수몰된 지역과 댐 건설 후에 일어날 여러 가지 파장까지는 생각하지 못할 것이다.

3) 미덕을 갖는 책임

이것은 전문직의 윤리 헌장을 넘어서는 책임론이다. 기업의 사장은 이해관계자들, 고객들, 종업원들, 주주들에 대해서 자신의 행위에 책임을 진다. 기업 사장이 고객에게 책임을 지는 것은 자신의 제품에 하자가 없는 물건을 공급한다는 점과 보다 나은 서비스를 제공하기 위해 노력한다는 것이다. 이것은 도덕적 관점 보다는 경제적 관점에 치중을 둔 책임론이다.

미덕을 갖는 책임론은 안전 지향적인 '최소한의 책임론' 과 계산 가능한 다수의 입장을 대변하는 '합리적 책임론' 보다는 위험을 내포하고 있다. 그러한 행위는 사회에서 대단히 지탄을 대상이 될 수도 있고, 권력자에 의해서 매장될 수도 있다. 지율 스님이 천성산 도롱뇽을 위해서 단식을 수행한 것이나, 새만금을 위해서 환경 단체들의 행위에서 우리는 도덕적 책임을 이해할 수 있다. 그것은 결코 계산된 행위가 될 수 없으며, 법적인 행위로 볼 수 없다. 그것은 오직 환경과 인간이 둘이 아니라는 윤리적 차원의 행위, 특히 환경과 생물에 대한 책임의식의 발로이다.

대부분의 기술자들은 기업에서 활동한다. 기업의 대량 생산은 '테일러 시스템' 에 기반을 두고 있다. 그것은 두 가지 원리에 기반을 두고 있다. 1) 모든 노동자들은 게으르다. 2) 그러므로 모든 노동자들에게 게으름을 피우게 할 수 있는 자유를 주어서는 안 된다. 그러나 이것은 생산성을 높이기 보다는 '최소한의 책임론' 에 맞는 행동을 이끌 뿐이다. 결과적으로 기업의 생산이 위축될 수 있고, 새로운 기술 개발을 저해할 수 있다. 실제적으로 기업의 생산성을 높이는 방법은 기술자에게 자율적인 책임을 부여하는 것이다. 그 책임은 합리적인 책임과 미덕을 갖는 책임이다. 앞에서도 말했지만, 합리적인 책임이 공리주의 윤리에 입각한 책임론이기 때문에, 소수에 대한 희생을 언제든지 동반할 수 있다. 물론 합리적인 책임론은 기술자들이 가장 선호해야 할 책임론이며, 그 방식은 여러 가지 문제를 해결하는데 기여하는 책임론임은 분명하다. 하지만 소수에 대한 배려, 그리고 환경에 대한 염려는 책임에 대한 의미를 이전의 두

가지 책임론을 넘어설 때 가능하다. 그런 점에서 미덕을 갖는 책임론은 앞으로 가장 지향해야 할 방향이라고 볼 수 있다.

오늘날 중요한 많은 도덕적 목적을 달성하기 위해 적절한 일을 행사할 수 있는 행위자는 제도이지 개인이 아니다. 어떤 결과에 대해 직접 책임을 지는 대신 단지 자신이 관계된 제도의 능력에 대한 기여에 책임이 있다. 그러한 기여는 여러 가지 형태를 취할 수 있다. 제도의 활동에의 참여, 제도의 목적을 달성하기 위해 제도에 필요한 이론적 이해에 기여하는 것, 제도 및 그 정책에 대한 다양한 형태의 지원 등이 있다.

과학기술 면에서의 극단적으로 증가된 힘에 비례하여 인간의 책임도 커졌다. 오늘날 지금까지 보다 훨씬 더 대규모의 도덕, 윤리적 문제들이 인간이 가진 확장된 과학기술의 힘, 즉 인간의 생명을 포함한 생명을 조작하고 생명에 개입할 힘과 보조를 맞추어 커져 인간 이외의 환경이나 자연을 왜곡할 정도가 되었다. 막대한 과학기술의 힘, 과학기술 활동의 범위 때문에 새로운 윤리적 지향을 요구하는 새로운 상황이 나타나고 있으며, 그것은 새로운 행위규칙을 요청하고 있다. 비록 선에 대한 몇 가지의 기본적인 정의들은 계속 존속할 수 있다 해도, 오늘날의 상황에 윤리를 적용하는 실행규칙들은 변화되어야 하고, 새로운 행위의 가능성과 새로운 결과를 가지는 새로운 활동들에 적용되어야 한다. 그리고 그것은 제도적 장치와 책임을 포함한다.

토론적으로 책임의 개념은 관계적이다. 그것은 이론이거나 명법이다. 책임은 개인적 책임, 집단적 책임, 도덕적 책임으로 나뉠 수 있는데, 그 중 도덕적 책임은 보편적인 것으로서 가장 중요한 것이며, 약화되거나, 나눠지거나, 사라지거나, 해체될 수 없다. 조직의 도덕적 책임과 관련하여, 법과 영향을 받는 사람은 변할 수 있지만, 도덕적 책임의 관계는 여전히 존재한다.

쟁 점 토 론

현대 사회는 과거에 비해 치명적인 위험이 급증하고 있다. 물론 과거에도 위험이 존재했다. 그것은 질병, 전염병, 전쟁 등이 우리를 위협하는 요소였다. 오늘날에 그런 질병들에서 과학과 기술의 발달로 인류는 점차적으로 벗어나는 것으로 보인다. 하지만 과거에 비해서 훨씬 위험한 요소들이 과학기술의 발달에 의해 증대되고 있다. 과연 우리는 이러한 위기를 어떻게 보고 있으며, 그 위기를 극복할 수 있는 대인을 갖고 있는지를 토론해 보도록 하자.

명제 1 과학과 기술의 진보는 위험의 증가를 수반한다.

yes입장

근대 초기 과학의 발달로 위험은 '계산 가능한 것'으로 규정되었다. 하지만 자연재해와 이변을 예측하고 예방할 수 있다는 과학의 자신감은 한계에 봉착한 지 오래다. 모순적이게도 과학기술을 통해 이룬 현대 문명에 의해 인류는 더 큰 위협을 받고 있다. 예를 들어 오존층 파괴라는 위험은 CFCs라는 화학물질에 의해서 발생했다. 하지만 모든 과학자들은 그 화학물질의 위험성을 잘 알지 못한 채 유용성만 설파하기 바빴다. 대기오염, 유독물질 확산, 방사능 물질 유출 등 사회 전체에 영향을 미치는 대규모 위험들은 모두 과학기술의 발달에 따른 산업화의 과정에서 탄생했다. 이는 단순히 몇몇 사람들에 의한 안전 불감증에 의해 발생한 것이 아니다. 과학에 의해 '제조된 위험'인 것이다. 과학기술 문명은 오히려 체계적으로 위험 상황을 생산해 내고 있다. 어떤 위해가 예견될지 모르는 상황에서 유전자 조작이나 인간복제가 이루어지고 있다. 과학은 실험실의 수치가 현실에 그대로 적용될 수 없다는 사실을 겸허히 받아들여야 한다.

No 입장

과학이 위험을 만들었고 아직까지 이를 통제할 방법을 찾지 못하는 경우도 있다. 하지만 과학의 발달은 위험을 적극적으로 통제하고 있으며 그 효과를 발휘하고 있다. 체르노빌 사고 이후 원자력발전소의 안전은 사고의 위험을 매우 낮추는 방향으로 높아졌다. 또한 현대의학은 질병과 죽음에 대항해 인류의 건강과 생명을 위험에서 구하고 있으며 새롭게 등장하는 질병의 위협에도 빠르게 대처하고 있다. 완벽한 예측은 아닐지라도 기상이변을 예측하고 이에 대비할 수 있는 경보시스템을 마련하고 있으며 지진에 견디는 건설기술을 현실화하고 있다. 자동차의 안전장치도 과거에 비해 획기적인 발전을 이루고 있으며 대부분의 기계나 설비, 각종 제품에 안전장치가 고안되어 있다. 가끔 사고가 발생하는 것은 과학적 안전장치를 소홀히 하는 몇몇 개인의 안전 불감증에 기인하는 경우가 많다. 과학기술의 발달이 인류를 위협한다는 주장은 지나치다. 지구온난화문제도 결국 과학이 해결할 것이라는 점을 알아야 한다.

명제 2 자본주의적 합리성은 산업사회를 위험사회를 이행시켰다.

Yes입장

자본주의는 합리성의 외피를 썼지만 산업사회를 위험 사회로 이행시킨 또 다른 근본 원인 중 하나다. 자본주의는 속성상 인류의 안전보다 이익을 최우선에 두며 끊임없이 인간의 욕망을 자극하기 때문이다. 끊임없는 개발논리는 환경을 위기로 내몰았고 결국 인류를 위협하는 핵심 위험요소로 자리잡게 했다. 자본의 이익추구가 부정부패로 이어져 삼풍백화점이나 성수대교의 붕괴참사로 이어진 사실은 그리 오래된 이야기가 아니다. 몇 년전에 서해안에서 발생한 사상 최대의 원유 유출사고가 발생한 것도 이익을 우선시하는 구조적 문제때문이었다. 결국 자본주의가 강요하는 생산성과 이윤의 욕망 뒤에 인류의 위험 역시 끊임없이 양산되는 것이다. 또한 자본주의적 합리성이 설파하는 효율성 추구 역시 위험과 무관하지 않다. 원자력 발전소가 그 위험가능성에도 불구하고 경제적 효율성을 추구하여 건설되는 것처럼 효율성 추구가 위험을 당연시하는 경우가 적지 않다. 비정규직 양산과 대규모 실업도 자본주의가 낳은 인류를 위협하는 또 다른 방식이다.

No입장

자본의 이익을 위해 안전을 외면하는 시대는 지났다. 현대 사회는 소비자 권력이 무시하지 못할 정도로 커져 안전을 담보하지 못하는 제품이나 기업은 소비자의 외면을 받을 수밖에 없다. 결국 각종 위험으로부터 안전을 보장하는 유일한 방법은 낡은 관료제에 의한 것이 아니라 시장의 자율과 경쟁에 내맡기는 것이다. 각종 안전장치나 위험요소를 제거하는 서비스들의 개발 역시 기업들이 만들어 나간다. 또한 위험을 배제하기 위해 효율이나 합리성을 배제할 순 없다. 자본주의가 경제성장을 추구하는 과정에서 위험이 커진다는 주장이 있는데 오히려 저성장이 빈곤을 양산하는 등 더 큰 위험에 처하게 된다는 점을 알아야 한다. 통제 가능성과 위험의 확률에 기반하여 어느 정도의 리스크 테이킹은 불가피하다. 지나친 안전 중심주의를 강조하는 것은 참신한 아이디어나 개혁이 나올 수 없도록 해 사회발전을 정체시킬 위험도 있다. 또한 현대사회에는 각종 위험에 대비할 수 있도록 보험상품이 개발되어 있다. 이는 위험의 수위를 낮추는 역할을 하는데 일조한다.

명제 3 위험을 통제하기 위해선 근대화에 대한 근본적 성찰이 필요하다.

Yes입장

현대 산업사회는 위험이 전면화되고 정상적인 것으로 간주되는 사회, 즉 위험사회이다. 이러한 위험 요소의 폭증은 반성없는 근대성의 무한 추구에서 비롯되었다. 과학기술과 합리성으로 대변되는 현대사회의 근대성이 오늘날 환경위기로 대변되는 위험을 낳는 근원이다. 이러한 위험에서 벗어나기 위해서는 과학기술에 대한 의존성을 줄이고 사회와 기술 체계 자체의 복잡성을 점차 줄여나가지 않으면 안 된다. 물론 과학기술이 위험의 근원 중 하나이지만 과학을 배제하고선 위험을 통제하거나 관리하기 힘들다. 현대과학기술의 가능성과 한계를 모두 인식함으로써 과학에 대한 사회적 제어력을 높이는 성찰적 인식이 중요한 이유다. 과학적 판단을 무조건 전문가에게만 맡길 것이 아니라, 근대성에 대한 성찰에 기반해 사회 구성원 모두가 과학의 성과나 발전방향에 대한 판단에 참여해야 한다. 또한 지구적 차원의 문제에 대비해 '세계 공동체 정치'를 추구할 필요가 있다. 국경을 넘어서는 위험에 대해 인류 공동의 대책이 필요하다.

No입장

한국 사회의 안전 불감증과 증대된 위험 요소를 비판하는 목소리가 작지 않다. 하지는 이는 짧은 시간에 세계에서 가장 빠른 성장을 이루기 위해 치러야 했던 비용으로 보는 것이 타당하다. 이제부터라도 위험을 관리하고 통제하는 연구와 사회시스템 정비에 집중 지원할 필요가 있다. 그렇다고 과학 분야에 지나친 간섭을 하는 것은 무의미하다. 과학은 그 자체로 가치 중립적인 영역이기 때문이다. 과학 분야의 전문가들을 믿고 위험 요소를 제거하고 안전을 증대시킬 연구에 지원하는 것이 최선의 길이다. 물론 지구적 차원의 위험 요소, 즉 지구온난화와 환경문제는 세계적 차원에서 대응해야 한다. 이미 선진국의 탄소배출을 제한하기 위한 교토의정서 등 국제적 움직임이 가시화되고 있다. 이러한 움직임에 적극 참여하고 지원하는 것만으로도 위험은 약화될 것이다. 근대성의 추구로 지구적 차원의 위험 요소가 확대되었다고 하지만 결국 과학기술의 발달과 근대적 합리성이 문제의 근원을 파악하고 해결토록 하는 유일한 길임을 알아야 한다.

(유레카 논술, 2008, 122호 참조)

Yes와 No의 입장을 읽어보고, 현대 사회가 위험 사회로 볼 수 있는지를 생각해 보고, 과학기술의 발달로 위험사회는 충분히 통제가능한지 혹은 통제가 될 수 없는지를 토론해 보시오.

부드러운 직선

그러나 저 유려한 곡선의 집 한 채가
곧게 다듬은 나무들로 이루어진 것을 본다
휘어지지 않는 정신들이
있어야 할 곳마다 자리잡아
지붕을 받치고 있는 걸 본다
사철 푸른 홍송숲에 묻혀 모나지 않게
담백하게 뒷산 품에 들어 있는 절집이
굽은 나무로 지어져 있지 않음을 본다
한 생애를 곧게 산 나무의 직선이 모여
가장 부드러운 자태로 앉아 있는

— 도종환

07

정보공학윤리

이 장의 목적

오늘날은 정보화의 시대라고 한다. 산업화시대와는 달리 엄청나게 빠른 속도로 정보의 축적 및 처리가 가능하다. 그로 인해 생활이 편리해진 만큼 이전에는 생각할 수 없는 새로운 유형의 윤리적 문제가 발생하고 있다. 지적 재산권, 프라이버시, 해킹 등과 같은 문제가 빈번하게 발생하고 있다. 이러한 문제에 대한 이해를 검토하고, 그에 따른 새로운 윤리의 정립이 요구된다는 것을 살펴볼 것이다.

윤리적 논증

경찰 · 지자체 'CCTV 확대 설치' 논란

"국민의 안전을 위해 CCTV 설치가 필요하다"는 용인대학교 박현호 교수(경찰행정학과)와 "총체적 점검을 통해 CCTV 설치를 최소화해야 한다"는 이은우 변호사(법무법인 지평지성)가 지난 13일 오후 서울 강남구 대치3동 주민센터 회의실에서 만나 토론을 벌였다.

박현호 교수(이하 박현호): 강호순 연쇄 살인 사건 · 숭례문 방화사건 · 일산 초등생 성폭행 미수사건 등 잇따라 발생한 강력 사건을 해결하는 데 CCTV가 결정적인 단초를 제공했다는 점은 부인할 수 없습니다. 다시 말해 CCTV가 범죄예방 역할을 했다는 것을 인정할 수밖에 없습니다.

이은우 변호사(이하 이은우) "CCTV 때문에 잡았다. 그래서 확대해야 한다"는 식의 접근 자체가 문제입니다. 그런 일이 있을 때마다 감시카메라를 확장하는 식으로 진행이 된다면 문제가 있다고 봅니다. CCTV를 많이 설치해 놓으면 그만큼 인권침해 가능성이 높아집니다.

박현호: 2004년 서울 강남에서 처음으로 방범용 CCTV를 설치한 이후 '범죄예방 효과가 있다, 없다' 논란이 있는데 실제로는 사건별로 유동적이긴 합니다. 영국에서는 전국적인 조사를 한 적이 있습니다. 기회주의적인 범죄는 확실히 줄어들었습니다. 하지만 마약 범죄와 즉흥적인 폭행, 우발적인 살인 등을 예방하는 데는 한계가 있는 것으로 나타났습니다. 수사하는 입장에서는 범인을 잡는 데 도움을 줬고 미아 등이 발생했을 때도 효과가 있습니다. 또 교통사고라든가 화재 · 풍수해 위험에도 부가적인 도움을 준 적이 있는 것으로 조사됐습니다.

이은우: 범죄를 예방하거나, 범인을 잡거나하는 측면만 봐도 직접적인 효과가 있느냐 없느냐 논란이 많습니다. 비용대비 효과도 논란이 있습니다. 마이너스 효과로 인권침해 측면이 있는데 이를 종합해서 보면 과연 효과가 있느냐는 의문입니다. 인권침해와 같은 부작용은 측정을 안하는데, 그것에 가치를 얼마나 두느냐가 중요합니다.

박현호: 인권국가라 할 수 있는 영국 · 독일 · 프랑스 등에서는 인권협약을 만들고, CCTV와 관련한 매뉴얼도 활용하는데, 속도 차이는 있을지언정 CCTV는 확산되고 있습니다.

이은우: 많은 나라에서 CCTV가 확산되는 것은 알고 있지만, 확산이라는 게 정부가 꼭 좋은 쪽으로만 가는 것은 아니라고 봅니다. 현재 관련법으로 공공기관의 개인정보보호법이 있는데 CCTV를 설치할 때 사전에 의견을 반영하고 달았다는 표시를 하는 것만으로는 역부족입니다. 너무 형식적이란 얘깁니다. 외국 같은 경우네는 법과 지침이 훨씬 상세합니다.

박현호: 우리나라가 공공기관에 CCTV를 설치한 역사는 그다지 길지 않습니다. 이제 초기단계입니다. 우리는 영국 등 유럽의 지침을 가져다 비슷하게 흉내낸 게 사실입니다. 주민들이 무엇을 원하는지 차분하게 조사와 연구 · 분석을 하지 않고, 빨리 성과를 내려는 성급한 기관장들로 인해 고쳐야 할 과정들이 있는 것도 인정합니다.

이은우: 저는 CCTV 설치는 출발부터 잘못된 인식에서 시작됐다고 봅니다. 아예 원점에서 다시 생각해야 합니다. 위치 · 목적 · 기관 등 총체적으로 재검토를 해야 할 시기입니다. 특히 학교나 노동현장에 설치된 CCTV는 정말 잘못된 것입니다.

박현호: 학교 쪽은 제가 CCTV 설치를 찬성하다가도, 문제가 있다는 생각도 합니다. CCTV가 주는 이미지 때문입니다. 학교는 교사와 학생들 간 신뢰를 바탕에 둔 관계에서 운영돼야 합니다.

이은우: CCTV자체가 불신뿐만 아니라 복종을 의미하기도 합니다. 교육적으로 정말 안 좋습니다. CCTV가 달린 학교를 보면 아이들과 합세해 떼어내고 싶은 심정입니다.

박현호: 시민들이 CCTV를 얼마나 요구하느냐도 중요한 문제입니다. 시민들이 좋아하지 않는다고 하면 그렇게 확산되지는 않았을 겁니다. 대부분의 시민들에게 물어보면 "CCTV가 필요하다"고 대답하는 목소리가 적지 않은 게 사실입니다.

이은우: 일부 시민들은 오해하고 있습니다. 통제하고 싶어하는 쪽에서는 CCTV가 정말로 좋은 통제수단입니다. 자기 눈에는 질서 있고 좋아보이니까 여론호도도 하고 말입니다. 민간시설의 문제는 더욱 심각합니다. 가장 심각한 곳은 직장에서 노동자를 감시하는 것입니다.

-2009 02 17 경향신문 강윤중 기자-

윤리적 원칙과 관점을 고려해서, 학교 내 폭력을 방지하기 위해 설치된 CCTV가 필요한 것인지, 교육의 측면에서 적절치 않은 것인지 500자 이내로 적어보시오.

신문보기

사이버 공간에서 얼마나 많은 사건들이 발생하는지를 살펴보자. 인터넷은 편리한 만큼 부작용도 심각하다. 악성댓글, 해킹 사건 등 다양한 사고들에 의해서 그 피해는 갈수록 심각해 지고 있다. 최근에 어떤 사건이 있었고, 사이버 범죄가 어느 정도 심각한 양상으로 확산되는지를 살펴보자.

북한의 경수로 폭발로 유출된 방사능이 서울로 유입되고 있다." 지난달 6일 증권가에서 주로 사용하는 '미스리' 메신저에 정체불명의 이런 메시지가 떴다. 지난해 12월19일 김정일 북한 국방위원장이 갑작스럽게 숨진 사실이 전해지면서 한반도 안보에 어떤 변화가 있을지, 국제적으로도 민감한 시점이었다.

'일본 교도(共同)통신 보도' 라는 일본어 자막까지 덧붙인 '경수로 폭발' 사진은 증권사 직원과 애널리스트 203명에게 빠르게 퍼졌다. 주가지수는 16분 만에 장중 최저치로 내려갔다. 송모씨(35), 우모씨(27), 김모군(19)은 이 같은 '북한 경수로폭발' 루머 '한 방' 으로 시세차익 2900만원을 챙겼다.

3인의 '작전' 은 성공한 듯했다. 적어도 경찰청 사이버테러대응센터(센터장 김재규)가 나서기 전까지는 그렇게 보였다. IP 추적과 스마트폰 위치추적, 그리고 전통적인 경찰의 탐문수사 기법까지 총동원한 결과 지난 13일 우씨 일당이 붙잡혔다. 38일간 이들을 집요하게 추적한 사이버테러대응센터의 힘이었다.

하지만 현실은 녹록지 않다. 첨단지능형 사이버범죄는 쉽게 꼬리 잡히지 않기 때문이다. 주가조작뿐 아니라 선거관리위원회와 정당에 대한 디도스(DDoS)공격, 온라인쇼핑몰 사기 등 온갖 사이버범죄가 기승을 부리지만 수사 인력은 턱없이 부족하다. 최근 10년 동안 2배 가까이 급증한 사이버범죄의 치안 수요를 감당하려면 전문가 확보부터 시급하다.

"미스리 '수작업' 으로 역추적…주범은 대학생"

금융감독원의 수사의뢰를 받은 사이버테러대응센터는 사건 발생 하루 만인 지난달 7일 본격적인 수사에 착수했다. 초동수사의 초점은 '미스리' 메신저에 맞췄다. 경찰은 루머를 전달받은 203명의 수신 내역을 토대로 발송자 역추적에 나섰다. 우씨와 김군 등이 1차 용의자로 지목됐다.

박재범 수사2팀장(33 · 경감 · 경찰대18기)은 "경수로폭발 사진이 워낙 조악해 처음 본 순간 조작된 사진이란 걸 쉽게 알아챘다" 면서도 "(그러나 일상업무 도중에) 순간적으로 메시지가 뜨면 그대로 믿을 수밖에 없었을 것" 이라고 말했다. 경찰은 사흘 뒤 부산의 한 PC방에서 최초 메시지가 발송됐다는 사실을 알아냈다.

당장 사이버수사관들이 급파됐다. PC방은 물론 용의자의 인상착의를 토대로 주변 지역을 뒤져 용의자들의 경유지인 모 렌터카 회사를 찾아냈다. 우씨가 부산에 있는 대학교에 다니는 김군을 만나려고 KTX를 타고 내려온 뒤 차량을 빌린 곳이었다.

렌터카의 이동경로 등을 토대로 우씨와 김군 등이 '접선' 해 메신저로 유포할 구체적인 메시지를 모의했던 부산의 한 모텔도 찾아냈다. 우씨 일당은 서울 · 부산 등에서 차례로 붙잡혔다. 경찰은 스마트폰 위치추적으로 이들이 지난해 12월20일 서울 역삼동의 B룸살롱에서 만나 범행을 모의한 사실도 밝혀냈다. 사이버수사관들이 확보한 증거였다.

확실한 물증을 들이대자 "범행의 큰 틀을 짜려고 그날 B룸살롱에 모였다" 는 자백이 나왔다. 이 사건을 총괄한 정석화 수사실장(41 · 경정 · 간부후보생 46기)은 "미스리 메신저 사용자검색란을 보면 이름 · 직장 · 부서 검색이 가능하다" 며 "우씨 등은 이름란에 '애널리스트', 직장란에 '증권', 부서란에 '투자분석팀' 식으로 키워드를 입력해 범행 대상을 물색했다" 고 설명했다.

사이버범죄 최근 10년 새 2배로 급증세

사이버테러대응센터가 자랑하는 또 하나의 '작품' 은 2007년 대용량 스팸메일로 악명이 높던 '스팸여왕 김하나' 검거. 스팸메일 발송업자 권모씨가 "동업자가 김하나" 라고 털어놓은 것을 단초로 서울 서초동의 한 주차장에서 '김하나' 박모씨를 붙잡았다. 여성으로 추정됐던 범인이 실은 병역특례로 중소기업에 근무하던 20대 청년이란 게 알려져 세간의 화제가 됐던 사건이다. 2009년 주요 국가기관 서버가 공격 당한 '7 · 7디도스대란' 사건, 2011년 '구글 무단

정보수집' 사건도 사이버테러대응센터를 거친 굵직한 사건이다.

1999년부터 센터에서 근무해온 '사이버수사통' 정 실장은 '가장 아쉬웠던 사건을 꼽아달라' 는 요청에 지난해 구글 정보수집 사건을 들었다. 그는 "용의자가 미국에 있어서 형사입건하지 못해 아쉽다" 며 "구글 측이 제대로 협조해 주지 않아 검거에 실패했다" 고 말했다.

경찰청 범죄분석통계에 따르면 지난해 발생한 범죄 175만3000여건 중 사이버범죄는 11만7000여건(6.7%). 반면 일선에 배치된 사이버범죄수사관은 전국 10만 경찰관의 1%격인 999명이다. 사이버범죄는 시대의 변화상에 맞춰 최근 10년 동안 꾸준히 증가했다. △2002년 6만여건 △2003년 6만8000여건 △2004년 7만7000여건 △2005년 8만9000여건 △2006년 8만2000여건 △2007년 8만9000여건 △2008년 13만7000여건 △2009년 16만5000여건 △2010년 12만3000여건 △2011년 11만7000여건이 발생했다.

김선주/심성미 기자 한국경제 2012, 02, 25일

1. 정보 공학 윤리

1999년에World Wide Web이 유입되면서 인터넷은 급속도로 확장되고 있다. 최근의 인터넷의 성장은 이용가능한 지식의 양적 증가를 초래했지만, 지식의 사용과 분배에 있어서 많은 문제점을 야기시키고 있다. 전통적인 행동 규준으로서는 이 새로운 매체에 대처할 수 없다. 그러므로 새로운 윤리적 규범들이 개발되어야 한다. 새로운 매체의 등장은 인간의 일상적 삶의 유형을 급속도로 변형시키기 때문에 전통적인 규범윤리학으로써는 새로운 문제에 대처할 수 없다. 우리 시대의 컴퓨터의 등장은 새로운 윤리, 즉 컴퓨터 윤리(computer ethics)를 가능하게 하였다. 컴퓨터 윤리는 컴퓨터에 관련된 행동의 기준들을 다룬다.

'컴퓨터 윤리학' 이란 용어는 1970년 대 중반에 월터 매너(Walter Maner)에 의해 처음으로 사용되었다. 그에 의하면 컴퓨터 윤리학은 전통적인 윤리학설을 컴퓨터 기술에 의해 창조되고 변형되고 더욱 심화된 윤리적 문제들에 적용하는 것을 의미한다. 컴퓨터 윤리학이 전혀 새로운 윤리학은 아니지만, 컴퓨터 기술이 아니었으면 결코 나타날 수 없는 독특한 윤리적 문제들을 다루는 응용윤리학의 한 유형이다. 컴퓨터를 사용함으로써 생겨나는 문제들을 컴퓨터를 사용하지 않았던 사회에서 일반적으로 통용되던 윤리적 원리로서는 도저히 대처할 수 없기 때문에 컴퓨터 윤리학의 도입은 불가피한 것이다.

WWW의 성장은 이전과는 다른 새로운 몇 가지의 법적인 문제들을 야기시켰다. 예를 들면 프라이버시, 지적 재산권 등과 같은 문제들일 것이다. 그리고 오래된 법이 해결할 수 없는 새로운 문제들이 출현한다. 또한 전통적인 법들은 우리 시대에서는 낡았거나 시대착오적인 것들이다. 인터넷과 컴퓨터를 관리하기 위해서는 보다 일관성있는 법체계가 필요하다.

컴퓨터 윤리학은 넓게는 철학의 응용윤리학의 한 분야로 구분할 수 있을 것이다. 컴퓨터 윤리학은 컴퓨터 기술의 본성과 사회적 영향력에 대한 분석과 컴퓨터 기술을 윤리적으로 사용하기 위한 정책을 정립하고 정당화하는 작업에 초점을 맞춘다. 컴퓨터의 기술이 인간에게 손상을 입히기보다는 인간을 진보시키고 보호하면서 궁극적으로 컴퓨터와 인간의 가치가 함께 통합될 수 있는 지평을 확보하는 것이 주요한 목적이다. 그러므로 우리의 주제는 컴퓨터의 기술적 사용을 안내하는 데 있지 않고 그 기술이 인간의 삶과 가치를 보호할 수 있는 윤리적 타당성을 검토하는 것이다.

2. 정보화의 두 얼굴

컴퓨터만이 가지는 위력, 예컨대 막대한 저장 능력, 한꺼번에 많은 것을 처리할 수 있는 능력, 다양하게 적용할 수 있는 능력, 신속한 처리 속도, 상대적으로 저렴한 가격, 무한정으로 정확하게 복사할 수 있는 능력 등등의 위력에 최면되어 컴퓨터에 관련되어 발생하는 윤리적 딜레마를 제기하는 데는 관심을 미처 가질 수 없었다. 하지만, 이제 컴퓨터와 관련해서 발생하는 윤리적 문제를 시급하게 점검하지 않으면 안 된다. 그리고 컴퓨터의 기술적 전능성에 대한 맹신은 자칫 컴퓨터 때문에 다가 올 미래의 위기나 불행한 사건들을 신중하게 예측하고 그에 대한 윤리적 대안을 서둘러 마련해야 할 위기의식에 둔감하게 만든다.

윤리적 대안을 서둘러 마련해야 할 당위성은 다음의 사실 때문에 더욱 요청된다. 정보기술은 현실과 가상 현실을 혼동하도록 한다. 왜냐하면 가상현실은 인간의 자연적 경험세계를 초월한다는 점에서는 가상적이지만, 인간의 자연적 경험세계에 작용하여 실감있는 반응형태를 유도한다는 점에서는 엄연히 현실적인 것이기 때문이다. 현실을 상실하면서 추구하는 가상 현실에의 탐닉은 현실과 허구를 구분할 수 있는 능력을 상실하게 함으로써, 현실에 대한 윤리적 반성을 위한 시간을 상대적으로 박탈한다. 그리고 정보기술은 물질과 정신의 차이를 허문다. 기술 역시 우리의 생활세계를 지배하는 문화적 색인이라는 새로운 의식이 기술을 인간의 생활세계를 위한 도구로 생각해온 오래된 도구적 기술관과 대체된다. 문명과 문화의 경계를 퍼지하게(fuzzy) 허물어트림으로써, 정신적인 가치를 물화(物化)하려는 물신주의적 사조는 윤리적 반성의 기회를 박탈한다. 그리고 무엇보다 중요한 것은 개인이 요구하는 정보는 원하기만 하면 손쉽게 구할 수 있다는 생각에서, 공동체적 관심으로부터 차츰 멀어진다는 사실이다. 정보를 많이 소유할수록 더욱 자유로울 수 있다는 착각이 빚어낸 정보 패권주의나 정보 물량주의는 결국 공동체를 지향하는 윤리적 고려를 배제하기 쉽다.

우리는 정보화 사회의 순기능적 측면에만 최면당할 수는 없는 것이다. 정보를 누구나 손쉽게 구할 수 있고 정보를 매개로 열린 사회를 향해갈 수 있으리라는 기대와는 반대로, 획일적이고 일방적인 정보로 인한 전체주의가 양산되고, 새로운 양태의 폐쇄사회로 이르며, 정보독점에 의한 정보강국과 빈국으로의 새로운 계급분화 현상의 출현 그리고 정보독점에 의한 정보테러 등이 그 역기능으로 나타난다. 이제 '손끝' 하나로 혁명을 이룰 수 있다는 정보만능주의가 초래하게 될 심각한 위기 상황에 대처할 수 있는 윤리적 대안이 시급하게 마련하지 않을 수 없다.

3. 정보화 사회의 탈윤리적 성향

정보화 사회가 초래한 역기능적인 측면을 윤리적으로 진단하기 위해, 우리는 먼저 정보통신문화의 탈윤리적 경향을 지적하는 것에서 시작해야 한다. 윤리적 주체로서의 개인의 정체성이 심각하게 위협받는 상황을 정확하게 인식하는 것이 필요하다". 나는 생각한다 고로 나는 존재한다"는 근대적 자아-정체성의 패러다임이 허물어지고 한결같이 근대적 주체의 해체를 선언한 포스트모던적 경향은 정보화 시대의 탈주체적 성향과 맞물려 있다". 나는 접속한다 고로 나는 존재한다"는 정보화시대의 명제(?)는 나의 정체성이 클릭과 동시에 가상공간 속으로 분산되어 해체되는 경험을 자연스럽게 대변한다. '나'라는 주체를 고정된 실체로서 안정화하려고 한 근대적 자아론은 이제 가상 공간 속에서 자유롭게(?) 떠 다니는 기호로 전환된다.

특히 사이버 공간에서 보장된 익명성과 자유로운 참여와 이동 가능성 그리고 행위의 결과에 대한 무책임성 내지는 행위의 자유로운 분열성 등은 사이버 공간 어느 곳에도 주체가 자리 잡을 곳을 허락하지 않는다. 자신의 익명성을 보장받은 사이버 공간 내에서의 주체는 다양한 얼굴을 가진 주체로 기능함으로써 스스로도 자신의 진정한 얼굴을 확인하기 어렵게 된다. 자신의 진정한 정체성을 상실한 채 사이버 공간에서 부유하는 '나'는 이제 더 이상 다른 사람과의 고정된 관계를 갖기를 거부하며 공동체로부터 자유로워지려는 경향을 갖는다. 나는 사회 공동체의 구성원이기에 비로소 바로 '나'일 수 있다는 상호주관적 경험이 차단되어 버린다. 이런 상황은 보편적 윤리에 대해 무감각하거나 나아가서는 적대적이게 만든다.

사이버 공간에 참여하는 '나'는 능동적으로 의사결정을 할 수 있는 주체가 아니라 정보의 소비자로서 수동적 역할을 한다. 가상 현실이 제공하는 정보의 수용자로서의 역할을 수행하는 나는 이제 현실의 공동체에 관심을 가지기보다는 정보 통신 체계가 조성하고 제공하는 사회적 환경에 지배받는데 더 익숙해져 있다. 가상 현실은 어디까지나 가상임에도 불구하고 웹중독자들은 자신을 현실로부터 격리시키고 스스로를 네트로 구축된 원형감옥에 감금시킨다. 스스로 연결망-내-존재(In-dem-Net-Sein)로 코드화된다. 구체적 현실에 대해 능동적으로 반성하고 참여함으로써 주체를 형성하는 일보다는 구축된 정보통신망의 데이터로 코드화되는데 더욱 익숙해져 있다.

마치 정보의 다양한 소비가 민주주의인 것처럼 미화시키는 가운데, 디지털화된 개인은 국가 권력에 의해 하나의 사물처럼 취급당하고 통제당한다. 말하자면 주체는 바로 데이터로서 사물화된다. 사이버 공간에서 쏟아내는 다양한 정보 상품은 소비자의 무분별한 구매를 가속화시키고, 상품 소비자는 정보 기술을 독점하고 있는 생산자의 효율적 판매 전략에 의해 관리된다. 이로부터 주체의 분열이 가속화된다. 가상과 현실을 구분하지 못하는, 아니 물론 스스로는 구분한다고 하지만, 구분하기를 거부하는 주체는 정보와 미디어의 제국주의적 근성에 의해 스스로 식민지화되고 있다. 정보의 다양성과 풍부함을 앞세워 주조된 자유 민주주의, 다원주의는 결국 정보기술을 독점하고 있는 산업체가 제공한 것 중에서의 제한된 선택의 자유이고 다양성일 뿐이다.

정보통신의 식민지로 탈바꿈한 주체는 사이버 병리적 증후군을 다양하게 표출한다. 웹중독, 가상과 현실의 전도, 폐쇄, 고립, 격리, 수면 장애, 사회적 부적응, 자동인형적 순응, 파괴성, 경박함, 모방과 혼성, 조작, 고착성 상실, 찰나주의 등의 증후군을 나타내는 사이버리즘(cyberism)에 시달리고 있다. 특히 성급하게 푸시 버튼을 누르면서, 모든 판단과 의사결정을 순간에 내맡기는 버튼-누르기 환상은 정보기술이 생산하는 역기능적인 측면을 의식적으로 피해가려는 일종의 사이버 병리현상이다. 커서의 깜박거림이나 선택메뉴의 독촉 그리고 모니터의 페이드 아웃에 대한 불안감은 창의적 사고와 윤리적 반성을 위한 시간적 여유를 허락하지 않는다.

이와같은 정보사회의 정신병리적 현상은 인격의 인성구조도 변화시킨다. 정보사회의 증대되는 정보량에 대해 개인으로서 접근할 수 있는 능력이 제한되어 있기에, 인격체는 자신의 처리 능력을 초과하는 과부하에 빠지게 된다. 인격체는 정보-제국주의의 위압에 압도당해 낙오되거나 사회의 주변부로 밀려나게 된다. 인격체가 새로운 기술을 익히지 못하고 미디어의 압박에 수동적으로 내맡겨지는 신종 정보 플로레타리아트가 생산된다. 미디어의 독재는 정보기술에 익숙하지 못한 인격체를 정보 빈자로 내몬다. 이러한 상황은 이성적이고 자율적인 주체성의 함양과 부합하지 않는다. 그리고 나아가서는 주체의 도덕성의 함몰을 가져 온다.

정보화에 의한 인격구조의 변화를 가속화하는 증후 중의 또 하나는 현실의 공동체와 가상의 공동체를 구분하지 못하는 것이다. 나와 너의 인격적 만남을 통한 상호 이해를 바탕으로 이루어진 공동체가 가상의 공동체로 전환되면서 인간관계를 변화시킨다. 장소에 구애받지 않고 자유롭게 연결할 수 있는 가상 네트워크는 쉽게 연결되기도 하고 쉽게 단절되기도 한다. 공간적 제한을 넘어 자유롭게 연결되는 가상 공동체는 인격과 인격의 상호 만남을 통해 현실적으로 형성되는 윤리적 공동체와는 달리 사회적 연대감을 차단한다.

물론 가상공간에서 주어지는 자유는 주체가 'ID' 라는 기호화된 존재로 기능함으로써 보장되는 익명성에 그 기원을 두고 있다. 그리고 어떤 공간적 제한도 받지 않는다는 점에서 확보된 자유이다. 그러기에 이 자유는 모든 구속이나 제한으로부터 벗어난다는 의미에서의 문자 그대로의 자유(freedom)이지 의무와 책임을 동반한, 즉 타인을 한계로 인식하는 자유(liberty)가 아니다. 사이버공간에서 아무런 제한도 받지 않는 자유공간이 확장됨으로써, 타인과의 인격적 만남이 자연스럽게 차단되어 윤리적 공동체의식이 소멸되어 간다. 자신의 ID를 자의적으로 만들어 사용하는 사이버공간에서는 정보와 주체의 분리가 일어난다. 그 어떤 정보도 그 정보의 생산자에게로 환원되지 않는다면, 사이버공간에서는 그 어떤 윤리도 기대할 수 없다. 왜냐하면 자신의 행위에 대해 책임을 질 주체가 이미 디지털화된 자아로 분산되어 버리기 때문이다.

정보가 주체를 위한 것이 아니라 정보가 주체를 대신하는, 아니 정보 자체가 바로 주체인 사이버공간은 근대적 의미의 윤리적 주체가 들어 설 또 다른 공간을 허락하지 않는다. 미래의 인간이 거주할 공간으로 다가 오는 사이버공간에서 언제 인간이 추방될지 모른다. 소위 포스트휴먼(posthuman)의 시대가 도래할 가능성을 간과할 수 없다. 인간 보다 훨씬 더 높은 지능을 가진 인공적 존재가 자연인으로서의 인간을 대신할 시대가 나올 수 있다.

이와 같은 생활세계로의 정보화의 침투는 상호 이해의 지평인 생활세계를 위축시키고 분절화시킨다. 서로 간의 친밀한 감정이입을 통한 의사소통구조가 무차별적 의사소통구조로 전환된다. 특히 자신의 신분이 노출되지 않고 상대방이 어떤 사람인지 모르는 익명성이 보장되는 상태에서 의사소통이 이루어지므로 무책임한 발언, 인격적 모욕 등이 난무하여 서로 간의 신뢰성이 무너진다. 그리고 서로 간의 합리적인 대화를 통해 합의를 도출해야 하는 현실의 공동체적 윤리와는 달리 가상 공동체에서는 자기와 의견이 대립되면 접속을 끝냄으로써 자유롭게 의사소통을 단절할 수 있다. 이것은 의사소통능력의 부재를 가속화할 것이고, 다른 사람을 자신과 마찬가지의 인격적 주체로, 즉 공동체의 한 구성원으로서 인정하는 데 인색하도록 만든다.

4. 정보윤리의 문제들

1) 프라이버시

아마 컴퓨터와 관련해서 우리가 윤리적으로 고려해야 할 첫 번째 문제는 개인의 프라이버시 침해 문제일 것이다. 개인의 프라이버시가 거의 무제한적으로 노출되는 상황에서 개인의 프라이버시를 어떻게 보호하는가 하는 문제는 절박하게 고려해야 할 문제이다. 개인의 사적 정보를 거의 제한없이 사용할 수 있는 인터넷 공간의 급속한 확장은 다른 사람의 인격을 보호할 수 있는 안전지대를 축소시키고 있다. 컴퓨터 기술의 발전은 더 많은 정보를 데이터 베이스에 저장할 수 있을 것이고, 언제든지 필요에 따라 거의 방해받지 않고 사용할 수 있다. 그러므로 적은 경비로 더 많은 이익을 얻기 위해 개인의 사생활을 침해할 가능성은 계속 증가한다. 프라이버시 문제는 컴퓨터의 가장 기본적인 기능 중 하나인 기록하고 저장하고 조직하고 교체할 수 있는 능력에 의해서 초래되는 것이다. 개인에 관한 기록이 쉽게 대량으로 오랫동안 보관될 수 있는 것이 바로 컴퓨터에 의해 가능해짐으로써 개인의 정보에 대한 침해가 자연스럽게 일어날 수 있다. 컴퓨터에 의한 정보수집이 손쉬워지면서 동시에 교체가능성 역시 커진다. 일단 정보가 데이터 베이스에 기록만 되면, 쉽게 판매되고, 거래되고 누설되고 심지어 도난당할 수도 있다.

그러므로 컴퓨터에 정보를 대량으로 저장할 수 있다는 것이 문제가 아니라, 그 저장된 정보가 쉽게 교환됨으로써 한번 저장된 개인 정보는 여러 가지의 채널을 통해 영구히 보존된다는 것이 문제이다. 일정한 자료보존 기간을 법적으로 정하지 않는다면, 개인에 관련된 정보가 한번 기록되면, 일생을 따라다닌다. 과거의 문서보존기능을 종이가 대신했던 시절에 비해 컴퓨터에 저장된 정보는 영구히 여러 곳으로 거의 제한을 받지 않고 옮겨 다닐 수 있다는 사실이 프라이버시 침해 문제를 야기시킨다.

요즘 여성이나 아동을 대상으로 하는 강력 범죄가 많이 일어나고 있다. 이런 범죄의 해결에 CCTV가 기여했다는 소식을 접할 수 있다. 그 결과 CCTV가 범죄 해결에 공헌했으니 설치를 더욱 확대해 범죄를 예방하자는 이야기가 많이 나온다. 그러나 이를 둘러싼 반대의 목소리도 만만치 않다. 범죄 예방 효과도 미미하면서 사생활을 침해하고 있다는 주장도 있다. CCTV를 범죄 예방을 위해서 확대해야 할지, 사생활과 기본권 보호를 위해 축소해야 할지를 검토해 보자.

CCTV(Closed Circuit TV)란 '폐쇄회로 TV이다. 송신측부터 수신측까지 별도의 전송로를 이용하기 때문에 일반대중은 마음대로 수신할 수 없고, 특정한 수신자만 받아보는 TV 전송 시스템이다. 촬영자가 없는 영상이기 때문에 무인감시카메라라고 부르기도 한다. CCTV는 범죄수사의 증거확보나 범죄예방을 위해 사용되며, 화재예방, 각종 안전사고 예방, 교통흐름 파악이나 교통단속, 쓰레기 투기 단속 등에 활용되고 있다. 다만 CCTV의 범죄예방 효과가 뚜렷한지는 각종 연구나 의견에 따라 엇갈리고 있다.

CCTV는 사람들이 인지하지 못하는 사이에도 끊임없이 개인이 돌아다니며 행동하는 모습을 그대로 찍어서 인권을 침해한다는 주장이 많다. 우선 동의 없이 개인의 모습을 촬영하는 과정에서 빚어지는 초상권문제가 걸려 있다. 나의 모습을 누군가 동의 없이 찍거나 활용하며, 공포, 복제해선 안 된다는 권리이다. 무엇보다 사생활(프라이버시권) 침해 문제가 심각하다. 프라이버시권이란 인간의 존엄성과 행복추구권과 밀접하며 개인이 사적 영역에서 자유롭게 활동할 수 있는 권리(헌법 제 17조)이다. 그런데 CCTV를 통해 개인의 행동과 행적을 감시당하고 있는 것은 사생활을 침해받는 것이다. 이런 이유로 국가 인권위원회는 CCTV의 인권침해 소지가 크니 관련 법규를 만들어 규제해야 한다고 끊임없이 권고한다. 이후 관련법이 정비되었지만 아직 충분하지 않다. 이처럼 CCTV 문제는 범죄예방을 통해 공공의 안녕과 질서를 지키려는 공익적 목적과 개인의 기본권 침해 문제가 대립하며 충동하는 경우이다.

조직이 개인의 정보를 관리하는 것은 더 효율적인 경영을 위해 필요한 것이다. 한 조직은 유관한 정보를 많이 가지면 가질수록 더 나은 의사결정을 내릴 수 있다. 그러나 한 개인의 정보를 한 조직의 효율적 경영이라는 명분으로 침해하거나 통제하는 것은 도덕적으로 허용될 수 없는 것이다. 현재(2000년 8월 현재) 당국에서 강력범죄의 재발을 방지한다는 차원에서 그들의 유전자 정보를 입수하여 약 20,000건 정도를 관리하고 있다. 이 경우 아무리 그 동기가 선하다고 하더라도, 당사자의 동의를 구하지 않고 개인의 정보를 관리하는 것은 프라이버시 침해 문제와 관련해서 논란이 있을 수 있다. 만일 의사가 도난을 방지 하기 위해 간호사의 탈의실에 무인 카메라를 설치한다거나 백화점 경영자가 여자 화장실에 무인 카메라를 설치하는 것은 아무리 경영 효율성의 측면에서 좋은 결과를 얻었다고 하더라도 도덕적으로 허용될 수는 없다.

라첼스(J.Rachels)는 개인 정보가 통제되지 않으면, 개인으로 하여금 다양한 인간관계를 갖지 못하도록 한다고 말한다. 모든 것이 모두에게 공개되어 있다면, 즉 당신이 접촉하고 있는 모든 사람이 당신에 대해 똑 같은 것을 알고 있다면, 다양한 인간관계가 불가능해진다. 인간관계의 다양성은 나의 정보가 모든 사람이 접근할 수 없이 통제되어 있음으로써 가능해진다. 그러므로 자아정보에 대한 통제 권리는 자율적인 존재가 되는 데 필수적이다.

프라이버시에는 중요한 두가지 유형이 있는데, 하나는 소비자의 프라이버시이고 다른 하나는 종업원의 프라이버시이다. 소비자의 프라이버시는 보험회사나 신용카드회사 등과 같은 곳으로부터 보호되어야 한다. 소비자는 자신에 대한 정보나 자신의 거래 내역에 대해 보호받을 권리가 있다. 소비자로서 등록해 놓은 데이터들이 익명의 단체에 의해 아무런 동의없이 사용되는 경우를 많이 당한다. 개인의 정보가 여러 곳에서 공유되는 것은 사생활 침해이다. 이렇게 개인의 정보가 지나치게 다른 사람에 의해 공유됨으로써 크고 작은 일에서 스스로 자신의 결정을 해야 할 경우에 자신만의 정보를 가지고 결정할 수 있는 능력이 감소되어 버린다. 소비자의 프라이버시는 단지 상거래만 아니라 법률이나 의학 분야 그리고 사회복지 등등의 수많은 영역에까지 폭넓게 보호되어야 한다. 예컨대 전과경력이나 병력(病歷)등과 같은 개인의 정보가 타인에게 노출되어서는 안 된다.

또 한 경우는 종업원의 개인 정보를 지나치게 모니터하는 경우이다. 종업원의 작업습관이나 생산활동을 전자 장치에 의해 모니터하는 경우가 그 유형일 것이다. 종업원이 고용주에게 제공한 정보에 접근하는 것을 통제하거나 제한할 권리가 종업원에게 있다. 예컨대 노동조합을 탄압할 목적으로 고용주가 종업원의 개인 정보를 유용한다면, 이에 대해 저항할 수 있는 권리가 종업원에게 있다. 그런데 문제는 자신의 정보가 모니터되고 있는지 어떤지 그리고 어떻게 모니터되고 있는지를 모르고 있다는 사실이다.

1984년에 수정한 영국의 데이터 보호 법령?(The United Kingdom' s Data Protection Act)은 프라이버시 문제와 관련된 사항들에 대한 기초를 제공해 주고 있다. 몇가지를 제시해 보면 다음과 같다.

① 개인의 데이터는 공정하고 합법적으로 처리되어야 한다.
② 개인의 데이터는 구체적이고 명확하고 합법적인 목적을 위해 수집되어야 한다.
③ 개인의 데이터는 그것들이 수집되는 목적에 맞지 않게 더 이상 처리되어서는 안 된다.
④ 개인의 데이터는 그것들이 수집되어서 처리되는 목적과 관련해서 적당하고 적절해야 하며 필요없이 너무 많아서는 안 된다.
⑤ 개인의 데이터는 정확해야 하며, 필요하다면 지속적으로 보관해야 한다.
⑥ 개인의 데이터는 목적상 필요한 것 이상으로 보관해서는 안 된다.

그런데 문제는 개인의 사생활 보호가 남용될 가능성은 없는가 하는 것이다. 사생활 보호가 절대적인 가치를 가질 수 없다면, 다른 가치와의 충동을 어떻게 피할 수 있는가? 만일 공공적 이익에 중대한 손실을 미치는 정보까지도 단지 사생활보호란 이름 하에서 보호(?)되어야 하는가? 만약 사생활의 보호가 사생활의 의도적 은폐나 숨김의 차원으로까지 확장된다면, 우리에게 중요한 문제는 사생활을 사회적 공익과 관련시켜 최적으로 보호할 수 있는 상태가 어떤 것인지를 규정하는 것이 필요하다.

포스너(Posner)의 말대로 자신 홀로 남겨지기를 원하는 사람은 거의 없다. 사람들은 자신에 관련된 사실을 선택적으로 노출시킴으로써 자신을 둘러싸고 있는 세계를 조정하려고 한다. 자신의 사생활을 보호받을 권리를 지나치게 강조하는 것은 동시에 사회적 공익에 참여해야 할 의무를 상대적으로 무시하게 된다. 사생활을 보호받을 권리를 자신에 관한 정보를 통제할 수 있는 권리로 규정함으로써 사생활을 보호받을 권리가 남용될 가능성이 배제되어서는 안 된다.

그러므로 개인의 사생활 보호는 개인이 자신에 관한 정보를 독점할 수 있는 권리로 소극적으로 해석하기보다는 개인의 인권문제와 연관시켜 적극적으로 해석하는 것이 바람직하다. 개인에 관한 정보에 침입하는 것은 바로 개인의 인격적 존엄성에 관한 존경심의 부족에서 비롯되는 것이기 때문에 윤리적으로 옳지 않다. 개인의 사생활 보호는 사회에서 한 개인으로서의 정체성 발달을 위해 중요한 것이다. 한 개인이 다양한 사회적 관계를 가지면서 자신의 삶을 유지하기 위해 중요한 것이다. 사생활은 존경과 사랑과 우정 그리고 신용과 같은 매우 기본적인 것에 관련되어 있다. 사생활은 이러한 기본적인 관계를 진전시키기 위한 좋은 기술이 아니라, 사생활이 없이는 그러한 관계들이 생각될 수 없다. 개인의 사생활이 다른 무엇을 위한 수단이 아니라 목적 그 자체로서 존경될 수 있는 사회가 바람직한 사회일 것이다.

2) 해킹

컴퓨터 해킹이 도덕적으로 문제가 되는가 하는 것이 현재 논란의 대상이 되고 있다. 그 동기야 어떻든 해킹은 도덕적으로 허용되어서는 안 된다는 입장이 있는가 하면, 해킹은 오히려 컴퓨터 산업을 향상시키고, 창의적인 개발을 촉진시키는 계기가 된다는 점에서 도덕적으로 허용되어야 한다는 입장이 있다. 지금 유명한 컴퓨터 프로그래머들 중 해커 출신들이 많다는 사실이 이를 입증해준다. 우리나라에서도 급기야 카이스트(KAIST)에 해커양성과의 신설을 추진할 정도가 되었다. 컴퓨터 해커들은 종종 자신들의 행동이 도덕적으로 정당하다는 이유를 제시한다. 그들이 제시하는 몇 가지의 근거를 제시해 보면 다음과 같다.

첫째, 많은 해커들은 컴퓨터 침입행위의 윤리적 정당성을 어떠한 정보도 독점할 수 없다는 사실에서 찾는다. 정보는 모든 사람에게 속한 것이기에 정보를 탐색하는 데 어떠한 경계선이나 제한도 있을 수 없다는 입장이다. 만약 정보가 개방되어 있다면, 지적 재산권과 같은 것이 있을 수 없고 그것을 지킬 필요성도 없다는 사실이 논리적으로 이끌려 나온다.

그러나 만약 모든 정보가 개방되어 있다면, 지적 재산권을 주장할 근거도 없고 원하기만 하면 언제든지 아무런 제한없이 자유롭게 정보에 접근할 수 있고 그것을 변경할 수 있다는 사실이 정당화되게 된다. 남에게 공개될 수 없는 정보들, 예컨대 은행계좌나 병력 혹은 개인의 신용거래 내역 등과 같은 정보들 역시 통제되지 않는다. 그러나 통제되지 않은 정보를 어떻게 믿을 수 있을까? 누구든지 접근해서 변경할 수 있는 정보를 믿기는 어려운 것이다. 물론 어떠한 정보에도 쉽게 접근할 수 있고 이용할 수 있는 사회가 있을 수 있다면, 그것은 아마 완전한 사회일 것이다. 그러나 현실은 그러한 완전한 사회를 이룰 수 있는 윤리적인 사람으로만 구성되어 있지 않다. 그러므로 정보를 개발하는 데 많은 경제적 투자가 이루어졌다면, 그것에 대한 재산권은 보호되는 것이 윤리적이다.

둘째, 어떤 해커들은 컴퓨터의 안전을 점검하는 수단으로서 침입행위가 이루어져야 한다는 주장이다. 즉 실제로 침입해 보는 것 이외에 다른 효율적인 안전점검 수단이 없다는 논리이다. 그러나 이 논리는 빈약하다. 마치 이웃 가게의 화재의 안전성을 점검하기 위해 실제로 불을 질러 본다는 식의 엉뚱한 논리이다. 비록 어떤 시스템 관리자들이 자신의 체계의 안전성에 대해 자만하는 경우가 있긴 하지만, 안전 문제와 관련된 기록을 항상 검검하고 주의를 기울이고 있다.

안전성의 점검을 위해 실제로 침입해 본다는 논증의 가장 일반적인 경우는 시스템의 결점을 노출시키기 위해, 그 시스템에 침입하는 것은 오히려 격려되고 보상되어야 한다는 입장이다. 그러나 이 논증은 심각한 문제가 있다. 첫째, 이 논증은 시스템의 안전성이 의심이 된다는 이유로 침입행위가 지속적으로 행해질 근거를 정당화하는 논증이다. 하지만 컴퓨터의 목적은 일차적으로 정보 수집의 수단과 자원으로서 사용되는 것이지 안전성의 확보 자체가 아니다. 물론 안전성 역시 중요한 문제이지만 안전성 확보에 지나친 관심을 가지는 것은 컴퓨터의 일차적 목적을 간과하는 경우가 된다. 이것은 마치 이웃이 도둑맞을 위험이 있다는 것을 증명한다는 이유를 들어 자경단(自警團)이 이웃의 집을 침입하려고 애쓸 권리가 있다는 식의 논증과 유사하다.

셋째, 어떤 해커들은 그 용량대로 사용되고 있지 않아서 그 성능이 사용되지 않고 놀고 있는 기계(idle machine)를 사용할 자격이 있다고 주장한다. 그러나 이 논증 역시 결점이 있다. 무엇보다도 시스템은 특정한 분야에 목적에 따라 사용되며, 사용되지 않는 용량은 미래에 사용되기 위한 것으로 존재하는 것이다. 만약 컴퓨터를 소유하지 않은 많은 사람들이 지금 사용되고 있지 않는 처리 용량을 이용한다면, 그 시스템은 곧 과부하되어서 정당한 소유주가 사용할 수 없을 정도로 손상되거나 이용할 수 없게 될 것이다. 만약 그 시스템의 정당한 소유주가 갑자기 남아 있는 용량을 사용하려고 할 경우에, 문제가 생긴다. 이웃의 고급승용 차가 지금 사용되고 있지 않다고 해서 그 차를 소유자의 허가없이 불법으로 사용하는 것만 큼이나 우스꽝스러운 짓이다. 그러므로 사용되고 있지 않은 컴퓨터 용량은 공유 재산이라고 주장하는 것은 사적으로 개발한 소프트웨어가 모든 사람에세 공유되어야 한다는 주장과 똑같이 비윤리적이다.

넷째, 시스템 자체에 마무런 해를 입히지 않고 그리고 아무 것도 바꾸지 않고서 단지 그 시스템이 어떻게 작동하는지를 알기 위해 침입할 수 있다는 논증이다. 이 논증은 상대적으로 경제적인 여유가 없는 정보공학 관련 학을 전공하는 학생들이 경제적인 이유를 들어 제기할 수 있는 논증일 것이다. 컴퓨터 가격이 학생들의 입장에서는 비싸기 때문에, 그것을 구입하지 않고서 학습에 이용하기 위해 시스템에 자유롭게 침입할 수 있다는 논증이다. 이 논증 역시 윤리적인 관점에서 많은 문제점이 있다. 교육적 관점에서 보면, 컴퓨터에 침입해서 파일을 살펴보는 것은 컴퓨터 교육과 무관하다. 컴퓨터 과학과 공학에 있어 적절한 교육은 이론의 기본적 측면과 시스템 설계 테그닉을 면밀히 검토하는 것인데, 그저 시스템을 살펴보는 것만으로서 컴퓨터의 이론과 실제에 대한 폭넓은 교육이 될 수 없다. 더욱이 하나의 시스템에 대해 학습하기 위해서 침입했을 때, 그것 때문에 많은 시스템이 손상될 수 있다는 사실이 신중하게 고려되어야 한다.

5. 네티즌의 윤리

마지막으로 해커는 데이터의 악용을 보호하기 위해 시스템에 침입한다는 논증이다. 이런 의미에서 해커는 범죄자가 아니라 보호자이며 보안관이다. 이 논증은 목적이 수단을 정당화한다는 사실을 전제하고 있으며, 해커들은 실제로 어떤 선한 목적을 이룰 수 있다는 입장이다. 물론 오늘날 데이터의 악용은 날로 증가한다. 하지만 그것을 경비하기 위해 시스템에 침입하는 것이 과연 그 데이터의 악용을 바로 잡을 수 있는지는 분명하지 않다. 데이터의 악용을 위해 침입하는 것이 오히려 더욱 비밀스러운 방식으로 악용할 것이고, 침입하지 못하게 한다는 핑계로 접근을 더욱 제한하게 될 것이다. 그리고 컴퓨터 전문가들 스스로 자신들의 권리를 보호하고 위험을 방지할 수 있는 능력을 가지고 있기 때문에 남으로부터 보호를 받기를 원하는 사람이 있을 것이라는 것도 분명하지 않다.

네티즌(netizen)은 '네트워크 상의 시민' 이라는 뜻의 합성어이다. 정보화 시대에 새롭게 탄생한 네티즌 그룹의 사회적 영향력은 점점 크져 가고 있다. 그러나 사회적 영향력이 중요한 만큼 이에 상응하는 윤리적 반성 역시 필요한 절차이다. 사이버 공간에서 지켜야 할 예절은 네트워크 상의 예절이란 의미에서 '네티켓' (netiquette)이라 불린다. 네티즌들이 지켜야 할 예절은 십계명 형식으로 제시되기도 하고 해서는 안 될 행위들을 열거해 보이기도 한다.

네티즌들이 지켜야 할 네티켓은 단순히 짜증을 나게 하는 것에서부터 인터넷 자원의 이용을 아주 망치는 행위까지 다양하다. 예를 들어 전자우편에서 대문자만을 사용하는 것은 고래 고래 소리지는 것으로 간주된다. 그리고 과다한 양의 행운의 편지를 발송하는 것은 인터넷의 교통 체증을 유발하는 것으로 절대로 보내서는 안 된다. 그리고 사용 도중 접속을 끊지 말아야 한다. 네티즌들은 자신들의 정보권을 제공받기 위한 권리장전을 만들기도 한다. 그들이 말하는 정보권은 기본적으로 행복을 추구하고 인간다운 삶을 영위하기 위한 최소한의 삶의 질을 확보하기 위한 정보를 제공받아야 할 권리이다. 아래에서 미국 플로리라대 버지니아 셰어(Virginia Shea) 교수가 제시한 네티켓의 기본규칙과 네티즌의 권리 선언을 참고로 제시한다.

1) 네티켓의 기본규칙

① 인간과 통신하고 있음을 생각하라.
② 실생활과 동일한 행동 기준을 온라인에서도 준수하라.
③ 현재 자신이 어떤 곳에 접속해 있는지 알고, 그 곳 문화에 어울리게 행동하라.
④ 다른 사람의 시간을 존중하라.
⑤ 온라인상에서도 훌륭하게 보이도록 행동하라.
⑥ 전문적 지식을 나누어 주라.
⑦ 격정적인 상호 반응이 억제되도록 하라.

⑧ 다른 사람의 사생활을 존중하라.
⑨ 당신의 권력을 남용하지 마라.
⑩ 다른 사람의 실수를 용서하라.

2) 네티즌의 권리선언

① 네티즌은 무상 혹은 저렴한 비용으로 보편적으로 접근할 권리를 갖는다.
② 네티즌은 아무런 보복의 공포없이 지식의 교환을 증진시킬 수 있는 전자적 표현의 자유를 갖는다.
③ 네티즌은 검열되지 않을 표현의 자유를 갖는다.
④ 네티즌은 광범위하게 분산된 정보에 대해서 접근할 권리를 갖는다.
⑤ 네티즌은 지식과 정보에 대한 보편적이고도 동일한 접근의 권리를 갖는다.
⑥ 네티즌은 다른 사람의 사상을 그 장점에 따라 고려한다.
⑦ 네티즌은 동일한 질적 시간적 접속의 권리를 갖는다.
⑧ 네티즌에게는 공식적인 대변인이 없다.
⑨ 네티즌은 공공적인 민중적 목적과 참여를 지지한다.
⑩ 네티즌은 자발적 공헌을 함과 동시에 다른 사람으로부터 무상으로 주어진 공헌을 통해 이익을 취하지 않는다.
⑪ 네티즌은 개인적이고 상업적인 목적으로 통신망을 사용하려는 사람들로부터 공공적인 목적을 수호해야 한다.

쟁점토론

사이보그(Cyborg)는 Cybernetic Organism의 합성어로 기계와 생명 유기체의 결합체이다. 사람만 사이보그가 아니라 동물이나 곤충도 기계와 결합되면 사이보그가 될 수 있다. 우리는 뇌 이외에 손과 발, 장기 등을 기계로 바꾼 사람을 사이보그라고 규정한다. 우리가 영화로 본 '로보캅' 도 사이보그의 일종이라고 볼 수 있다. 사이보그는 완전히 기계 로봇과는 다르다. 사이보그는 말 그대로 유기체와 기계가 결합된 형태이다. 기술이 발달되면, 인간의 뇌에 칩을 이식해서 인지능력을 폭발적으로 증대시킬 수 있다. 우리는 이러한 사이보그를 인간이라고 규정할 수 있을까? 우리는 인간의 정체성에 대해서 생각해 보는 시간을 가져보기로 하자.

명제 1 인간의 정체성이란 고정적이고 확정적인 것이 아니다.

Yes입장

인간을 인간으로 규정하는 정체성은 고정불변한 것이 아니다. 인간은 고정된 형식을 거부하고 항상 새로운 것을 추구하는 존재이기 때문이다. 더욱이 인간은 테크놀로지를 통해 외부 세계를 종속시키고 자신의 몸과 세계를 변화시킨다. 인간은 자연적 진화를 넘어 기술적, 사회적 진화마저 도모하는 존재인 것이다. 태어나고 언젠가 죽는다는 인간 정체성의 한 특징은 영생을 부여하는 신약의 개발로 변화될 수 있다. 이처럼 세계와 자신의 몸을 조작하며 기술로 통제할 수 있는 능력이 부여되는 순간 인간을 규정하는 기준을 변화한다. 사실 원시 인류와 현생 인류를 설명하는 정체성 기준은 많이 다르지 않는가? 특히 미래사회의 사이보그는 단순히 기계장치를 몸에 덧댄 존재가 아니다. 기존의 인간적 특성을 담지한 채 기계 장치와 한 몸이 된 존재다. 사이보그가 보편화되면 인간을 설명하는 정체성 역시 변화될 수밖에 없다. 인간을 동물적 신체에 국한지어 정체성을 규정할 수 있는 단계를 넘어서는 것이다.

No입장

인간의 정체성이란 다른 종과 구분되는 인간만의 고유한 물리적, 사회적, 심리적 특성으로 인간이 무엇이며, 어떠한 특성이 있는지를 규정해주는 것이다. 인간은 이성에 기반해 고등사고를 하며 언어를 사용한다. 인간 고유의 신체적 특징이 있으며, 태어나고 죽는 유기체적 특성을 지니고 있고 감정과 고통을 느낀다. 이러한 특성들은 다른 유기체에서 일부 엿볼 수 있지만 인간이라는 개체에서 강하게 드러나는 고유한 특성이다. 이는 오랜 기간 인간을 설명하는 정체성 기준으로 여겨졌다. 시대가 변한다고 하여 정체성을 확인하는 기준이 변할 수는 없다. 죽지 않고 신과 같이 막대한 힘을 지닌 존재가 있다고 가정해보자. 이 존재가 인간의 외양을 띠고 있다고 해서 인간이라 부를 수 있는가. 그러한 존재가 있다면 인간의 정체성을 뛰어넘는 새로운 존재로 여기는 것이 마땅하다. 그렇게 판단하지 않는다면 고등사고를 하며 고통을 느끼는 로봇이 등장할 때, 그 로봇 역시 인간으로 규정해야 할 것이다.

명제 2 신체와 영혼, 이성, 생명 등으로 인간을 규정하기 힘든 시대가 도래하고 있다.

Yes입장

인간은 그 동안 신체를 지니고 있고, 정신과 영혼이 있으며, 이성을 사용하는 등의 기준들을 인간 정체성을 규정하는 요소로 여겨왔다. 하지만 날로 발달하는 첨단 기술은 위와 같은 기준을 모두 적용하는 것으로 인간의 정체성을 규정하기 힘든 시대를 만들고 있다. 예를 들어, 몸의 대부분을 기계로 대체하고, 죽지 않는 사이보그가 있다고 하자. 신체적 특성은 달라졌지만 행동하고, 생각하고, 기억하는 것 등이 모두 이전과 같다면 이 사이보그를 인간이 아니라고 단정짓기는 어렵다. 이와 같은 경우를 신체의 손상으로 인해 인공장기를 이식받은 경우와 어떻게 구분될 수 있단 말인가. 이처럼 기술은 점차 유기체인 몸과 인공적 기계장치 사이의 경계를 희미하게 만들고 있다. 더 이상 기계와 인간이라는 이분법적 사고가 통용되지 않는 시대가 도래하고 있다. 여러분이 불의의 사고 이후 사이보그가 되었다고 가정해 보자. 본인 스스로를, 과거의 기억 모두를 그대로 지니고 있는 본인을 인간이 아니며 기존의 '나가' 아니라고 규정할 수 있는가.

No입장

인간의 정체성을 규정하는 기준은 다양하지만 한편으로는 명확하다. 인간은 인간이라는 특성을 보여주는 신체를 가지고 태어나 유한한 삶을 살며, 감정이 있고 고통을 느낀다. 고등사고를 하고, 정신이나 영혼이 존재한다. 우리는 최소한 이러한 기준에 충족할 때 인간이라 규정짓는다. 아무리 기술이 발달하더라도 이러한 기준은 변하지 않으며, 여기에서 크게 벗어난다면 인간이라고 규정할 수 없다. 예를 들어 기존의 기억과 두뇌정보를 백업받아 두고 뇌마저 기계장치인 로봇에 이를 이식했다고 가정해보자. 이러한 존재를 참된 기억과 정신, 영혼을 가지고 있는 인간으로 볼 수 있는가. 기술이 아무리 발전하더라도 이러한 존재가 이전의 인간과 동일한 사고를 하고 느끼도록 만들 수는 없을 것이다. 인간이란 유기체로서 세상을 느끼고 세상과 교감하면서 개별 인간의 고유한 정체성을 만들어가기 때문이다. 인간으로 규정하기 힘들 정도로 몸을 뒤바꾼 사이보그는 인간의 영역에서 벗어나 전원을 넣어 기계가 작동하듯 움직이는 존재일 뿐이다. 기술이 아무리 발달해도 인간만의 고유한 정체성은 분명히 존재한다.

명제 3 사이보그는 결국 기존 인간의 존재 규정을 모호하게 만들고 확장시킬 것이다.

Yes입장

먼 미래일지 모르지만 사이보그가 보편화되는 순간 기존에 인간의 존재를 규정했던 기준은 모호해질 수밖에 없다. 그러한 사회에서는 유기체인 인간의 능력을 뛰어넘은 몸과 능력을 확장하는 것을 당연시하고, 나아가 생명의 무한한 연장을 위해 인간의 몸이 끊임없이 변형되고 주조되어도 된다는 생각이 보편화될 것이다. 또한 사이보그는 인간으로 하여금 가상현실 속에서 새로운 인간 정체성을 상상하고 욕망할 수 있게 해줄 것이다. 결국 미래사회에는 신체와 정신, 영혼 등 유기체로서의 인간 존재 규정이 모호해질 수밖에 없으며 보다 확장된 형태의 인간 규정이 등장할 것이다. 여성과 남성, 젊은이와 노인, 흑인과 백인 등 인간의 정체성을 구분하는 여러 기준도 변화할 수밖에 없다. 인간의 정체성이 점차 다양성을 인정하는 방향으로 진행해 왔듯이 다양한 유형의 사이보그를 포괄할 수 있는 새로운 정체성 개념이 필요하다. 사이보그 역시 넓은 범주로 볼 때 분명한 하나의 인간이기 때문이다.

No입장

인간의 정체성을 유지한 채 일부 기계로 대체한 경우를 제외한 사이보그는 인간이 아니라 새로운 종인 사이보그일 뿐이다. 유인원에게 진화한 인간을 유인원이라 부르지 않듯이 인간은 인간, 사이보그는 사이보그일 뿐이다. 그러한 미래사회에서는 인간과 사이보그의 관계나 의무와 권리 설정이 중요할 수 있으나 이를 모두 포괄해 인간으로 규정하기 힘들다. 만약 인간 정체성 범위를 넘어선 사이보그를 인간의 영역에 포함시키고, 인간의 존재 규정을 넓힌다면 인간사회에는 혼란이 가중될 것이다. 또한 인간의 존엄성 같은 인간에게 부여된 고유한 가치 역시 훼손될 우려가 크다. 사람들은 자신은 물론 다른 사람들의 신체가 훼손되는 것에 대해 괘념치 않게 될 수 있고, 인간의 존엄성을 가벼이 여길 가능성도 높다. 따라서 사이보그가 보편화된 미래에 지금보다 더 넓은 범위의 인간 존재 규정을 마련할 것이 아니라 인간이 아닌 다른 존재들에 대한 윤리 규범을 마련하는 것이 바람직하다.

(유레카 논술, 2009, 185호 참조)

10년 전만해도 체세포와 줄기세포 연구 등이 윤리적 쟁점이 될 것이라고 아무도 생각하지 못했다. 2006년 20대 손가락도 움직일 수 없는 척수환자 매튜 네이글이 뇌에 칩을 연결해서 자신의 생각을 전자 신호로 컴퓨터에 연결하는데 성공했다. 이제 손, 다리, 심장, 망막 뿐 아니라 뇌까지도 기계이식이 가능하게 되었다.

지금은 뇌의 보조장치에 부과하지만, 인간의 욕심에 의해 뇌가 기계의 보조장치가 될 날도 있을 것이다. 사이보그와 인간을 구분하는 것이 가능할까? 아니면 기계장치로 뛰어난 두뇌를 가진 사이보그와 여러분이 수능시험을 친다면 어떤 결과가 생겨날까? 여러분이 생각하는 자신의 정체성을 고려하고 찬반 논쟁을 참고해서 뇌까지 대체한 인간을 인간으로 인정해야 하는지를 500-1000자 이내로 기술해 보시오.

화살 <부분>

우리 모두 화살이 되어
온몸으로 가자
허공 뚫고
온몸으로 가자
가서는 돌아오지 말자
박혀서
박힌 아픔과 함께 썩어서 돌아오지 말자
우리 모두 숨 끊고 활시위를 떠나자
몇십 년 동안 가진 것
몇십 년 동안 누린 것
몇십 년 동안 쌓은 것
행복이라던가
뭣이라던가
그런 것 다 넝마로 버리고
화살이 되어 온몸으로 가자

— 고은

08

생명공학윤리

이 장의 목적

우리는 사회적으로 해결되지 않는 문제는 최종적으로 대법원에서 판결을 내린다. 그런데 우리 삶과 직접적인 관련이 있는 낙태문제에 대해서는 큰 변화가 없다. 실제적으로 낙태는 법적으로는 불법이지만, 엄청난 수치로 낙태가 자행되고 있다. 우리나라에서 낙태가 엄연히 불법인줄 알면서도 지속적으로 자행되고 있다면, 이것은 임산부뿐 아니라 의사 역시도 엄청난 범죄행위를 저지르는 것이다. 그렇다면 오히려 합법적인 낙태 권리를 여성들에게 주는 것이 더 낫지 않은가? 죄책감이나 범죄를 저지르지 않고 낙태를 할 수 있으니 말이다. 미국에서는 로 대 웨이드 사건을 통해, 1973년 1월 22일 대법원의 7대 2의 표결로 임신 3개월 이전의 자발적 낙태를 금지하는 것은 위헌이라는 판결을 내렸다. 하지만 1989년 여름 연방 대법원은 웹스터 대 생식건강 서비스 사건에서 5대 4의 표결로 낙태권에 제한을 가할 수 있게 되었다. 이와 같이 낙태에 대한 논의는 가치에 따라 다른 결론이 나올 수 있는 뜨거운 지점이다. 과연 우리는 이런 문제를 어떻게 바라보아야 할 것인가?

과학기술의 발달은 윤리적으로 새로운 문제를 발생시키고 있다. 의료분야는 그 대표적인 경우이다. 생명 연장 장치의 개발은 식물인간 상태에 있거나 심각할 정도로 호흡기관이 손상된 환자가 생명을 연장하는 것을 가능하게 해주었다. 그러나 이로 인해 생명연장 장치에 의존한 채 짧게는 수개월에서 길게는 수 년 동안 식물인간 상태에 있는 환자의 삶을 지속시키는 것이 과연 의미가 있는가? 언제 깨어날지 모르는 환자를 위해 그렇게 오랜 시간 동안 의료인과 가족들이 막대한 정신적 신체적, 경제적 노력을 기울이는 것이 과연 올바른 것인가? 이것은 안락사 혹은 존엄사라고 부르는 문제이다. 과연 불치병 환자나 의식불명의 환자의 생명을 계속 연장하는 것이 과연 윤리적인가? 낙태와 안락사의 문제는 과학기술의 발달에 의해서 새롭게 제기된 문제이다. 이 문제에 대한 논의를 통해 과학기술이 몸에 대해 미치는 영향을 생각해 보기로 하자.

윤리적 논증

다음 사례는 마이클 베일즈)(Michael Bayles)의 저서 「직업윤리」에서 인용한 것이다.

의사인 어네스트 프리드먼의 환자 중에는 겸상 적혈구성 빈혈이라는 병을 앓고 있는 조지아 핸드릭스라는 젊은 흑인여성이 있다. 그녀는 최근 예쁜 여자 아이를 낳았다. 그녀에게 나타나던 발작 횟수와 정도는 최근 현격히 줄어들고 있다. 하지만 프리드먼 박사는 최근에 겸상 적혈구성 빈혈을 앓으면서 위험도가 유달리 낮은 여성들이 치료를 소홀히 할 경우, 임신 중 사망률이 거의 10%에 이른다는 한 논문을 읽었다. 그는 조지아에 불임수술을 제안했지만 그녀는 완강히 거부했다. 사망률에 관한 그 새로운 증거를 본 프리드먼 박사가 조지아의 임신을 막기 위해 불임 시술을 꼭 해야겠다고 생각하는 것은 당연하다. 그는 논증을 극적으로(dramatically) 제시해서 조지아를 설득한다면, 그녀 또한 불임 시술의 당위성을 확신할 것이라고 생각했다. 프리드먼 박사는 윤리적으로 그렇게 해야 하는가? 아니면 해서는 안되는가? 그 이유는 각각 무엇인가?

이는 매우 흥미로운 예다. 핵심어이자 그 의미를 명료하게 해둘 필요가 있는 용어는 '극적으로' 이다. 프리드먼 박사는 얼마나 극적인 논증을 제시하게 될 것인가? 하지만 핵심 쟁점은, 프리드먼 박사가 자신의 환자에게 '극적으로' 논증을 제시할 때 인격으로서의 그녀의 지위, 즉 하나의 인격으로서 존중받을 권리를 부정하는지 여부다.

오노라 오닐은 타인에 의한 한 개인의 인격의 강제 또는 조작은 그 사람의 인격으로서의 지위를 부정하는 것이며, 인격의 자율성 내지 도덕적 판단 능력을 부정하는 것이라고 주장한다. 이것은 윤리적 원칙에서 첫 번째에 해당한다.

오닐에 의하면 주요 쟁점은 진정한 동의, 즉 그녀의 입장에서 "의사의 제안에 담긴 심층적이고 근본적인 내용에 대한 동의"가 존재하느냐이다. 그녀는 "타인을 인격으로서 대우하기 위해서는 그 사람에게 **제안된 사안에 대해 동의하거나 거부할 가능성**을 보장해 주어야만 한다. …타인을 인격으로 대우한다고 할 때 도덕적으로 중요한 것은 타인이 동의하거나 거부**할 수 있도록** 해주느냐이다.… 예를 들어 타인을 강제하거나 속인다면, 거부는 물론 진정한 동의 역시 원칙상 불가능하다."라고 주장한다.

이 사례에서 문제가 되는 것은 프리드먼 박사가 논증을 '극적으로' 제시함으로써 인격으로서의 환자의 권리를 부정하고 있느냐이다. 그는 환자가 아예 제안을 거부할 수 없을 만큼 충분히, 그리고 생생한 설명과 예들을 들어 자신의 주장을 제시하고 있는가? 아니면 관련된 정보를 충분히, 그러나 **그녀가** 수술을 받을지 여부를 결정하도록 제시하고 있는가? 앞의 경우는 비윤리적이며, 두 번째 경우는 여기서 제시된 견해에 비추어 볼 때 윤리적이다.

의사는 이 특별한 환자를 대우하는 방식으로 모든 환자를 대우할 것이기 때문에 공정성 문제는 개입되지 않는다. 더구나 의사인 프리드먼 박사는 환자인 헨드릭스가 마음을 정하도록 할 때 관련된 당사자들 전부 내지 대부분에게 유리하게 적용될 그러한 규칙을 채택할 수 있다.

여기서 주목할 점은 만일 프리드먼 박사가 헨드릭스에게 강요를 한다면 그의 행위는 자율적인 도덕적 주체, 즉 인격으로서의 그녀의 지위를 부정할 뿐만 아니라 아리스토텔레스가 말한 인간의 행복의 총합을 감소시키는 규칙을 암묵적으로 채택하는 것이기도 하다. 일반적으로 인격은 윤리적 행위의 **필연적** 조건으로서 존중받을 가치가 있다. 바꿔 말하면 그러한 규칙을 프리드먼 박사가 채택할 경우, 어떤 사람('권지' , 내지 '전문가')이 상황이 허락한다고 판단할 때면 언제든지 그 규칙을 들어 인격을 강제 또는 조작하는 것이 허용될 것이다. 이와 같은 프리드먼 박사의 매우 위험한 방식의 추론은 인격들 간의 윤리적 상호작용을 파괴하고 인간의 행복의 총합을 전체적으로 감소시킬 온갖 종료의 오남용을 불러 올 수 있다.

이와 같은 상황에서 그 원칙은 정보에 근거를 둔 선택에 필요한 관련 정보를 제공하지 않는 해위는 어떤 경우라도 비윤리적임을 함축한다. 바로 그것이 '인격에 대한 존중' 에 담긴 최소한의 의미이며, 인격으로서의 기본 권리들 중 하나다. 헨드릭스가 객관적 근거에 입각한 결정을 내린다면, 즉 프리드먼 박사가 제시한 '극적인' 제안이 강제적이지 않다면, 헨드릭스는 숙고를 거친 후에도 자신의 결정을 후회하지 않으리라고 추측할 수 있다. (그것은 "나중에 후회를 하는가?" 와 같이 강제와 비강제 여부를 가리는 시금석이 될 것이다.) 만일 프리드먼 박사가 그녀의 결정을 강제하게 된다면, 그녀는 나중에 후회할 것이다. 그녀가 수술에 진정한 동의를 하지 않았다면 프리드먼 박사는 그 결과와 상관없이 그릇된 일을 한 것이다. 프리드먼 박사가 어떤 '극적인' 논증을 할 것인지에 대해 우리가 알고 있어야 한다는 것은 너무도 당연하다!

요약을 대신해서 앞에서 생각해 본 기술을 이용해 우리가 이 사례에서 가장 합당한 결론에 도달할 수 있는 강한 논증을 하나 구성해 보자.

강제는 하나의 인격으로서 존중받을 권리를 부정하며 따라서 그릇된 것이다.(원칙 1)
프리드먼 박사가 헨드릭스 씨에게 한 '극적인' 제안은 강제를 포함한다.(혹은 포함하지 않는다.)
따라서 프리드먼 박사는 헨드릭스씨가 불임 시술을 받도록 '극적인' 방식으로 설득해서는 안 된다.(설득해야 한다.)

1. 생명 윤리학의 정의

생명윤리학이라는 학문 분야는 1960년대에 일부 과학자들이 생명의료과학에서 위험하게 진행되는 양상에 대해 서로 의견을 교환하면서 시작되었다. 1962년에 전 세계의 뛰어난 학자들이 런던에 모여 인간과 인간의 미래에 관해서 3일 동안 대화를 나누었다. 학회의 회보는 다음과 같이 시작된다.

"세계는 사회적으로, 정치적으로 윤리적으로 핵무기를 받아들일 준비가 되지 않았다. 지금 응용생물학의 연구를 통해 우리는 '자연적 과정' 에 개입하는 방법들을 전개하고, 만들고, 진전시키고 있다. 이것은 우리가 가치 있다고 여기는 인간의 삶의 거의 모든 양상들을 파괴하거나 변형시킬 수 있다. 이 세계의 모든 이성적 인간은 당면한 이 절박한 가능성들을 필히 숙고해야 한다."

그들의 논의는 우생학에서부터 약물에 의한 정신치료, 장기 이식, 인구 폭발을 가져온 항생제에 이르기까지 다양하게 전개되었다. 토론 참가자들은 비판적인 관찰자들일 뿐만 아니라 자신들이 의문시하는 발견들에 대해서 앞장서서 의문을 제기하는 유력한 과학자들이기 때문이었다.

그러나 논의는 아주 진지하게 전개되었지만 대안들은 쉽게 나오지 않았다. 윤리적 '논의' 는 어쨌든 걱정스러운 문제에 불과했다. 의료과학에서 행하는 선한 행위가 나쁜 결과를 가져오는 것은 물론 새삼스러운 문제는 아니다. 우리의 모든 시도, 즉 한 사회를 지배하거나, 조국을 옹호하거나, 아이들을 교육하거나, 상품을 만들어서 팔거나, 성공하려는 노력이 때로는 잘못된 결과를 가져올 수 있다. 즉 최선의 의도가 최악의 결과를 초래할 수 있는 것이다. 모든 문명사회에서 현명한 인간은 흥미로운 방식으로 이러한 문제들을 반성하고, 분석하고자 하며 윤리학, 도덕 철학 혹은 전통적인 믿음에서 도덕 신학이라고 부르는 규율로 세우고자 한다. 이러한 규율에 익숙한 일부 사람들은 생명윤리학의 문제들이 윤리학의 개념과 추론에 좋게 작용할 것이라고 말한다.

결론적으로 생명윤리 분야는 그 분야의 우수함을 위해 많은 비용이 들더라도 의사들과 생물학자들이 실제적인 결정을 내릴 때 직접적으로 기여해야 할 것이다. 이러한 종류의 분야는 전문적인 사회학적 지식, 건강 케어의 지식, 과학적 추론의 지식, 가치에 대한 철학적 이론들의 역사적 지식을 요구하며, 철학과 신학의 공통적인 윤리적 분석 방법과 그 한계에 대해 알기를 원한다.

2. 인공수정

1978년 7월 25일 세계 최초의 시험관 아기인 루이스 브라운(Louise Brown)이 태어났다. 체외수정을 통해 자궁 밖에서 임신을 인공적으로 가능하게 한 사건이었다. 이 사건은 임신이 정상적인 성행위를 통하지 않고서도 가능하다는 것을 공식화하였다. 정자와 난자를 인공적으로 수정시킨 후 대리모을 통해 길러내는 방법은 이제 일반적인 현상으로 되었다. 유전공학의 발전은 앞으로 이러한 분야에서의 놀라운 진전(?)을 가능하게 할 것이다. 그러나 인공수정과 관련된 윤리적인 문제 역시 심각하다.

1) 인공수정에 대한 상반된 두 입장

인공수정이 도덕적으로나 법적으로 문제가 되지 않는다는 입장은 우선 불임을 병으로 취급하는 입장이다. 임신을 하지 못하는 여성이나 정자가 건강하지 못한 남성에게 인공적인 방법으로 수정하는 것이 도덕적으로 문제가 되지 않는 것은 마치 유전병에 걸린 사람을 도덕적으로 문제시하지 않는 것과 같다.

병을 치료하는 것은 인간이 건강하게 살 권리의 측면에서 너무나도 당연한 것이다. 그리고 아이를 가지고 싶은 욕망은 인간에 있어서 근본적인 것이다. 인간은 아이를 생산해야 할 생물학적 지상명령을 가지고 있다. 따라서 생산이 불가능한 것을 인공적인 방식으로 도우는 것은 아무런 문제가 되지 않는다.

그리고 모든 인간은 생산을 해야 할 권리가 있다. 불임여성도 비불임 여성 못지 않게 아이를 생산할 권리가 있다. 누구의 간섭도 받지 않고서 아이를 생산할 권리는 인간의 근본적인 권리이다. 그리고 아이를 가지는 것이 인간에게는 바람직한 목적이며, 나아가서 이를 실현하는 데 도움이 되는 대안들을 가능한 한 많이 이용하는 것도 바람직한 일이다. 그러므로 인공수정은 아이를 갖기 위한 대안을 확장시켜 주는 메커니즘으로 생각할 수 있고 개인이나 사회를 위해서도 이익이 되는 것이다. 또한 인공수정은 유전적으로 병이 있는 것을 여과시키는(genetic screening) 효과를 가지므로 건강한 아이를 낳는 데 필요한 기술이다. 인공수정은 불임여성뿐만 아니라 유전적인 병을 옮길 위험성이 있는 비불임 여성들에게도 사용될 수 있다.

그러나 인공수정을 반대하는 입장에서는 불임은 병이 아니다. 인공유산에 찬성하는 입장은 불임이 병이기 때문에 그 병을 의학적으로 치료하는 것은 당연한 것이라고 말한다. 그러나 불임은 의학적 치료가 필요한 것이 아닌 순수한 사회적인 문제이다. 불임은 사회적 관행에 따르지 않음으로써 발생하는 사회적 문제이다. 예컨대 동성애는 각각은 물리적으로 아이를 생산할 수 있지만, 부부로서는 불임의 경우이다. 그리고 임신을 막기 위해 지나친 조치를 취한 결과로서 불임이 생겨났다면, 이것은 부부는 아이를 생산하는 것이 일차적 목적이라는 사회적 관습을 따르지 않은 결과이다. 이것은 사회적 관습에 어긋나는 비윤리적 행동의 결과이지 불임 자체는 의학적으로 치료할 대상이 아니다.

그리고 아이를 가지고 싶은 욕망은 인간에 있어서 유전학상 근본적이기에 인공수정이 도덕적으로 허용되지 말아야 할 이유가 없다는 입장 역시 아이에 대한 욕망이 유전학상으로 결정되지 않는다는 것을 간과한 것이다. 아이에 대한 욕망은 인간의 유전학상의 욕망만이 아니라, 아이를 가져야 된다는 사회적 압력에 의한 것이다. 그러므로 아이를 가지는 것이 모든 사람의 삶에 있어서 근본적인 부분이 되는 것은 아니다. 사회적 관행이 아이를 가지도록 압력을 가하는 것이다. 그러므로 그러한 사회적 관행이 윤리적으로 타당한가의 문제는 인공수정의 도덕적 정당성과는 별개의 문제이다. 그리고 아이를 생산하는 것이 인간의 기본권리라는 주장 역시 타당성이 없다. 아이를 생산할 적극적인 원리는 없는 것이다. 로베르트슨(J. Robertson)은 아이를 가지게 하는 보조적인 도움만이 필요할 뿐이라고 말한다. 여성학자인 퍼디(L.Purdy) 역시 아이를 낳지 않을 권리와 낳을 권리는 동전의 양면과 같다고 말한다. 아이를 낳을 강한 권리 못지 않게 아이를 낳지 않을 강한 권리가 있는 것이다. 그러므로 아이를 낳을 권리가 인간 모두에게 주어져 있기에 인공수정은 그 권리를 실현하는데 도움을 준다는 견해는 문제가 있다. 끝으로 인공수정은 건강한 아이를 낳기 위한 유전학적 사전조치로서 의미를 가진다는 견해 역시 전적으로 받아들일 수 없다. 많은 문제점을 일으킨다. 하나의 예로서 건강한 인자를 걸러 내기 위해 난자나 정자의 기증자 역시 유전학적인 여과조치를 받아야 하기 때문에 대부분의 사람들이 기증자로서 나서는 것을 꺼릴 것이다.

2) 여성학의 입장

인공수정이 여성에게 해가 되는지 어떤지에 대해서는 여성학자들 사이에서도 논란이 된다. 예컨대 지나 코레아(Gena Corea)와 같은 학자는 인공수정은 가부장적 제도 하에서 여성의 신체를 더욱 더 통제하고 식민지화려는 의도에서 만들어진 것이기에 여성에게 해로운 기술이라고 말한다. 인공수정은 여성의 정체성을 단지 생산적인 역할에만 할당하는 기술이기에 도덕적으로 문제가 있다는 입장이다. 그러나 이런 견해에 대해서 인공수정 기술이 불법적으로 사용되지 않는다면, 좋은 기술이라고 생각하는 미셀 스텐워스(Michelle Stanworth)와 같은 여성학자들도 있다. 인공수정이 적당하게 통제되고 여성에게 일어날 수 있는 해를 알려 주고 여성은 시술상의 위험률이나 성공률에 대해 충분한 정보를 제공받아야 한다는 윤리적 장치 속에서 이루어진다면, 문제가 없다는 것이다. 그리고 인공수정이 여성이 아이를 낳기 위한 수단을 자유롭게 선택할 수 있는 기회를 확장해준다는 의미에서 찬성하는 여성학자들도 있지만, 이와는 반대로 인공수정은 여성 스스로 자유롭게 선택하는 기회를 확장시켜 주는 것이 아니라 사회나 특히 부모의 요구에 의해 어쩔 수 없이 선택하는 것이라고 주장하는 여성학자들도 있다. 여성은 어머니가 되어야 한다는 사회적 통념이나 부모의 요구에 의해 시술되는 인공수정은 여성 자신의 의지와는 무관한 강제적 기술이다.

3) 정자(난자)의 기증

2008년에 보건복지가족부는「생명윤리 및 안전에 관한 법률」 시행령 및 시행규칙 개정안을 11일부터 입법예고할 계획임을 밝혔다. 이 개정안은「생명윤리 및 안전에 관한 법률」 개정('08.6.5)에 따라 법에서 위임된 난자제공자 건강보호를 위한 건강검진 · 난자채취 빈도제한 및 실비보상, 유전자은행의 개인정보보호, 기관생명윤리심의위원회 평가 및 교육에 관한 사항을 규정하였으며, 입법예고를 통한 의견수렴 및 절차를 거쳐 12월 6일 공포 · 시행될 예정이다. 개정안 주요내용은 난자제공자의 건강보호이며, 개정법은 난자제공자에 대한 건강보호를 위해 난자제공자에 대한 건강검진, 난자채취 빈도제한, 난자제공자에 대한 실비보상에 대해 규정하고 구체적인 사항을 하위법령에 정하도록 되어 있다. 여기에 대한 구체적인 법령 내용은 뒤에서 살펴볼 것이다.

인공수정 문제와 관련해서 정자(난자)의 기증에 있어서도 윤리적 및 법적 문제가 발생할 수 있을 것이다. 현재와 같이 정자의 무단방출에 가까운 형태로 정자의 기증행위가 일어난다면, 가장 문제가 되는 것이 아이의 친권문제일 것이다. 물론 정자의 기증자는 아이가 출생한 후 부권을 포기해야 하며, 기증자의 이름 역시 익명으로 해야 한다는 것을 법적으로 규정하고 있다. 그러나 기증자의 이름이 철저하게 비밀로 지켜져야 하지만, 기증자가 친척이나 가까운 친구일 경우에는 기증자와 아이의 관계에 있어서 실질적인 문제가 생길 가능성이 있다. 기증자가 실질적으로 부모의 역할을 하려고 한다면, 문제는 심각하다. 만약 기증자가 여성일 경우에는 더욱 복잡한 문제가 생길 것이다. 유전학적으로 자신과 아무런 관계가 없는 아이를 임신하는 경우이기 때문이다. 이처럼 정자(난자)의 기증에 따라서 발생할 수 있는 윤리적인 문제는 친권문제와 관련하여 기증자나 수혜자 그리고 출생할 아이 모두에게 일어날 수 있다. 물론 이러한 문제들과 상관없이 자신과 유전학적으로 직접적인 관계가 없는 아이를 성공적으로 양육하는 사례들 역시 많다는 것은 두말할 필요가 없을 것이다.

그리고 일반적으로 기증자는 기증하는 절차에서 소모되는 시간이나 불편함에 대해 최소한 보상을 받는 것 이외에 어떤 다른 보상을 받아서는 안 된다고 인정되고 있다. 이타주의적 관점에서 행해지는 기증행위가 금전적 보상의 대상이 될 수는 없는 것이다. 그러나 실질적으로 어느 누구도 경제적인 문제로부터 자유로워질 수 없기에 자칫 정자를 팔러 다니는 행상인들이 출현할 수도 있을 것이다. 이 문제는 장기이식의 경우도 마찬가지일 것이다. 만약 경제적인 보상이 지나치게 우선이 된다면, 결국 기증행위의 윤리적 정신이 손상되기까지는 시간이 얼마 걸리지 않을 것이다. 물론 기증자의 수가 절대적으로 부족할 경우에는 기증을 장려하는 차원에서 적절한 보상이 이루어질 수도 있을 것이다. 과연 철저하게 애타적 정신에서 행해지는 기증자의 정신이 경제적 보상의 대상이 되어야 하는지, 되어야 한다면, 어떤 경우에 한해서인지 그리고 어느 정도의 수준에서 보상이 이루어져야 할지 등등의 문제는 단순한 사실의 문제가 아니라 윤리적으로 신중하게 결정해야 할 문제들일 것이다.

3. 생명복제

과학전문잡지 사이언스 최신호(2001년 1월12일)는 미국 오리건주 영장류 센터의 제럴드 셰튼(Gerald Schatten)박사팀이 해파리의 발광유전자를 원숭이에 삽입하여, 자외선을 비추면 털과 손톱에서 녹색빛을 발하는 원숭이를 탄생시켰다고 밝혔다. 이 원숭이의 탄생으로 알츠하이머병, 암, 유전적 시각장애 등 인간의 유전적 질병을 원숭이로 옮겨 연구할 수 있는 획기적인 치료방법의 개발이 가능해질 것으로 전망된다. 셰튼 박사는 앞으로는 인간의 여러 유전자를 가지도록 조작된 원숭이를 체세포를 이용해 대량 복제해 내면 에이즈 등의 질병 치료제를 개발하는 데 실험동물로 사용할 수 있다."고 밝혔다.

'엔디' (ANDi)라는 이름의 붉은 털 원숭이를 탄생시키는 데 사용한 방법은 형질전환(transgenic modification)이다. '엔디' 라는 이름 자체가 '삽입된 DNA' (inserted DNA)를 거꾸로 읽은 것이라는 점에서, 이 방법은 생명체의 난자에 유전자를 삽입하여 정자와 수정을 시킨 후 자궁에 넣어 임신을 시켜 탄생시키는 방법이라는 점을 쉽게 알 수 있다.

이것은 지난 1997년 영국 스코틀랜드 에딘버러 모슬린 연구소에서 탄생한

복제양 돌리에 비하면 생명공학적인 측면에서 큰 진전이다 '. 돌리' 의 탄생은 이미 생명공학적으로는 신화가 되어버렸다. 이번 '엔디' 의 탄생이 인간과 가장 가까운 동물로 알려진 원숭이를 이용하였다는 점에서 그렇다. 지금까지는 대부분 하등동물을 이용한 연구결과이었지만, 원숭이는 인간게놈구조와 99% 같다는 사실에서 특별한 의미를 가진다. 인간과 가장 가까운 동물인 원숭이를 이용하여 질병모델을 만들 수 있다는 점에서 획기적인 사건이라고 말할 수 있을 것이다. 이처럼 유전자의 형질을 전환하는 방법으로 생명을 복제하는 궁극적인 의미는 유전자 이상으로 인한 인간의 질병을 치료하는 데 있다. 인간과 기본적인 생리현상이 거의 비슷할 것으로 예상되는 '엔디' 의 탄생은 특별한 의미를 가진다.

특히 캐나다 종교 집단인 '라엘리안 무브먼트' 의 지원을 받고 있는 클로네이드(Clonaid)사가 지난 해(2002년) 12월 26일 오전 11시55분 복제인간이 무사히 출생했다" 며 아기의 이름은 ' 이브(Eve)' 라고 전했다. 부아셀리아 박사는 복제 아기 ' 이브' 는 출산 당시 3.2kg의 건강한 상태였으며 미국인 산모(30)를 비롯한 가족들도 모두 행복해 하고 있다면서 "이들을 괴물처럼 여기는 등 혐오스런 존재로 보지 말아 줄 것" 을 당부했다. 부아셀리아 박사는 이어 아기는 3일내에 집으로 돌아갈 예정이며 이후 집에서 아기가 정말 복제 인간인지를 가리기 위한 DNA 검사 등을 받게 된다고 덧붙였다. 그리고 앞으로 6주 후 3명의 복제인간이 더 탄생할 것이라 발표했다.

이 프로젝트는 이 클로네이드사와 관련된 미국인 부부가 태어난 지 10개월 만에 사고로 숨진 딸을 복제해 달라며 100만 달러를 기부하면서 본격화되었다. 이 프로젝트는 죽은 아기의 체세포로부터 추출한 핵을 염색체를 제거한 난자에 주입하여 수정란을 만들고 이것을 대리모의 자궁에 착상시킨 뒤 복제인간을 출생시킨다는 계획으로 출발했다. 그런데 이 프로젝트가 세계 85개국에 5만명의 신도를 가진 종교 단체에 의해 선언되었다는 점에서 해석상의 논란을 더욱 가열시키고 있다.

그리고 미국 등 6개국 합동연구팀인 '인간게놈프로젝트(HGP)' 와 유전공학회사 셀레라 제노믹스는 지난 2월 10일(2001년) 완성된 '인간게놈지도' 를 사이언스지에 발표했다. 이번에 발표된 것은 지난 해 6월의 '게놈지도' 초안 위에 생물학적 표지를 심어 특정 유전자의 위치를 표시한 99% 수준의 '상세지도' 이다. 이 지도의 발표는 유전자를 활용한 질병치료가 본격화된다는 의미를 내포한다. 마치 등산로의 이정표같은 이 지도를 통해 결함 유전자 부위에 정상 유전자를 주입하는 치료법 등 본격적인 '게놈지도' 응용의 길이 열린 것이다.

게놈(genome)은 생물의 생노병사와 관련된 유전정보 전체를 뜻하는 용어로서, 유전정보 전달자인 유전자(gene)와 유전자를 담는 그릇인 염색체(chromosome)의 합성어이다. 박테리아에서 인간에 이르는 모든 생명체는 A(아데닌), T(티민), C(시토닌), G(구아닌) 등 4개의 염기순서로 배열되어 있고, 인간은 31억개의 염기가 있으며, 이 안에 3만 5천여개의 유전자가 있다. 이번에 인간게놈지도를 완성했다는 것은 복잡한 게놈구조를 구성하는 염기쌍들의 배열순서를 모두 알아낸 것이다. 이제 인간의 생노병사의 원리를 알아내는 기초적인 지도가 완성되었음으로, 향후 유전자의 기능을 분석하는 연구가 이어질 것이다. 이를 통해 개인과 인종의 차이에 따른 유전자 기능연구가 가능해질 것이고, 개인의 유전자 특성에 따라 질병발생을 예측하는 소위 '맞춤의학' 의 시대가 앞당겨질 것이라는 전망이 나온다.

그러나 인간과 거의 비슷한 게놈구조를 가진 '엔디' 의 탄생이나 인간 게놈지도의 완성이 질병치료라는 목적을 위해서는 매우 특별한 의미를 가지긴 하지만, 그만큼 인간 자체의 조작이라는 위험한 게임으로 이르는 데는 시간이 길게 걸리지 않을 것이라는 점에서는 생명 윤리적 측면에서 신중하게 대처하지 않을 수 없다. 만약 생명공학의 기술적 진보에만 최면되어 생명윤리적 고려를 등한시한다면, 과학자들은 "유전자를 마음대로 주무른 뒤에 무슨 일이 벌어지는지 알고 싶어 무분별한 유전자 조작에 기를 쓰고 덤빌 것" 이라는 영국 생체해부폐지연맹(BUAV)의 웬디 히긴스(Wendy Higgins)의 말에 귀를 기울여야 한다.

혈연중심사회인 우리나라의 경우는 생명복제에 대해 어느 나라보다도 더 적극적일 가능성도 배제해서는 안 된다. 대체로 선진국은 난치병 치료를 위한 인간배아복제 연구의 규제를 완화하는 경향이다. 2001년 1월 영국은 세계 최초로 배아복제를 법적으로 허용하는 법안을 하원에 이어 상원에서도 통과시켰다. 미국과 영국처럼 실용주의 정신이 강한 나라는 대체로 허용하는 경향이지만, 유럽인들은 상대적으로 부정적인 반응을 보인다. 최근 프랑스는 조금 변화를 보이고는 있지만, 나치에 의한 생체실험이라는 어두운 과거를 가진 독일은 아직도 철저하게 금지하고 있는 상황이다.

아마 우리나라뿐만 아니라 세계적으로 생명복제와 관련하여 논쟁을 일으키는 가장 중요한 문제는 배아(胚芽)를 생명체로 보는가 하는 것일 것이다. 수정 후 14일 이전까지의 배아를 생명체로 볼 것인가 아닌가의 문제가 논란의 핵심이다. 배아의 복제를 찬성하는 입장은 배아는 아직 생명체가 아니기 때문에, 복제가 실질적으로 도덕적인 문제를 유발하지 않는다고 주장한다. 수정 후 7일까지는 단순세포분열의 단계에 지나지 않기에, 14일이 지나 원시선(primitive streak)이 생겨 머리와 다리 그리고 좌우의 위치가 정해지기까지는 아직 생명체로 볼 수 없다는 것이 찬성하는 자들의 입장이다.

그러나 반대하는 입장은 배아 자체가 인간이기에 배아복제는 결국 생명복제라는 주장을 한다. 이들은 태아와 배아를 인위적인 기준으로 구분하려는 것은 생명체의 연속성을 고려하지 않는 위험한 발상이라는 점을 비판한다. 원시선이 14일이 되어서 형성된다는 기준은 수정란 속에 이미 원시선이 형성되어 있다는 사실을 의도적으로 무시하는 잘못을 저지른다고 지적한다. 수정란 자체가 이미 하나의 생명체이기에 비록 배아의 단계에서의 복제라 하더라도 그것은 바로 인간생명 자체의 복제를 의미한다는 것이다. 굳이 생명체가 형성되는 시점을 14일 원시선이 형성되는 것과 일치시키는 것은 결국 생명복제에로 자연스럽게 미끌어져 옮겨가기 위한 의도가 깔려 있다고 비판한다. 심장박동이나 뇌활동을 기준으로 생명체여부를 구분하는 것도 가능할 것인데 굳이 원시선의 형성 시기를 기준으로 들고 나오는 것은 다분히 의도적이라는 것이다.

생명복제와 관련된 기술적인 문제들에 대해서는 더 이상 논할 수 없고 단지 존재론적 차원에서의 윤리적 문제점에 대해서 알아보도록 하자.

첫째, 인간의 생명성 혹은 인격성의 파괴이다. 인간생명에 관한 정확한 정의나 인격성에 관한 논의는 앞에서 임신중절에 관한 논의에서도 확인했듯이 결코 쉽지는 않다. 그러나 생명의 시작을 일단 자궁의 착상 전의 수정난에서부터 본다면, 복제실험을 위해서 임의적으로 무수히 많은 수정란을 배양하거나 폐기처분하는 행위는 인간생명의 근원을 단지 실험대상으로만 여기게 됨으로써 생명 자체에 대한 경시를 가져 오게 되는 것이다.

둘째, 인간의 상호성의 파괴이다. 생명의 탄생은 사랑을 전제로 하는 인격적인 두 개체의 만남에 의해서 이루어지는 신성한 과정이다. 그럼에도 불구하고 인공적인 과정을 통해서 생명이 대량으로 생산된다면 이것은 인간의 상호성, 나아가서는 인간의 사회성의 파괴로 귀결되는 것이다.

셋째, 인간의 유일회성 혹은 대체불가능성의 파괴이다. 복제인간은 똑 같은 인간의 대량생산을 의미하므로 한 개체의 고유한 일회성은 더 이상 존재하지 않게 된다.

넷째, 인간의 사회적 제도와 위계질서의 파괴이다. 기술에 의한 인공적인 생명탄생은 결혼제도와 가정제도를 파괴시키고 나아가서는 부자관계 혹은 혈족관계마저 파괴시킴으로써 인간 삶에 가장 중요한 역사성을 소멸시키는 위험이 있다.

4. 유전공학

유전공학(genetic engineering)은 유기체내에서 새로운 특질을 생산하기 위하여 유전적 과정에 개입하여 유전적 자료를 변경하는 과학이다. 인류는 수 천년 동안 품종개량이나 사육 혹은 훈련 등을 통해 생명체의 특질을 조정해왔다. 그러나 1970년대 이후 생물학자들은 DNA의 유전자를 재조합하는 기술을 도입하여 급속한 변화를 가져올 수 있었다. 즉 다른 유기체의 유전자 자료를 분리 혹은 결합하여, 경우에 따라서는 자연적인 생물학적 종의 경계를 넘어서 결합하는 기술에 의해 그러한 변화를 가져올 수 있었다.

유전공학의 실제적 사용은 앞으로도 무궁무진하게 발전될 것이다. 식물, 동물, 박테리아의 유전적 조정은 개선된 농작물, 값싼 식품 그리고 보다 효능 있는 약품 등을 생산할 수 있을 것이다. 반면에 인간 조직의 유전적 변형은 유전적 질병을 예방하는 데 있어서 특히 유용하게 사용될 수 있다.

유전공학의 윤리적 옳고 그름은 4가지의 철학적 관점에서 검증할 수 있을 것이다. 첫째 적극적인 공리주의자들의 입장인데, 이 경우는 유전공학의 결과의 선이 그 비용이나 예기치못한 부수결과들보다 더 중요하다는 입장에서 접근한다. 그리고 목적론적 윤리학자들은 생명체의 유전적 변형이 자연적인 것인지 비자연적인 것인지를 고려하는 것이 중요한 문제라고 생각한다. 의무론적 도덕론자들은 인간 행동을 규제하는 데 있어서 지켜야 할 원칙들과 한계들이 반드시 필요하다는 입장에서 접근한다. 그리고 소극적 공리주의자들은 가능하다면 인류는 불필요한 고통을 제거하고 예방하는 것이 필요하다는 것을 강조한다.

무엇보다 유전공학은 인류의 유전병을 치료하고 예방하여 인류의 건강을 증진하는 데 매우 중요한 기여를 할 수 있다. 유전공학의 발전은 소위 맞춤의학 시대를 가능하게 할 것이고, 유전적 지식을 통해 잠재적인 유전병적 소질을 앞서서 예방함으로써 인류의 건강을 담보해주는 중요한 기여를 할 수 있다는 것이 유전공학의 이점이다. 특히 유전공학은 태아의 건강상태를 진단하여 결함을 가진 유전자를 여과할 수 있다.

그리고 생명공학에서의 인간이 아닌 유기체에 대한 유전적 조정 역시 인간에게 이익이 되는 쪽으로 이용될 수 있다. 예를 들어 약품에 유전공학을 이용하는 것은 앞으로 새로운 진단방법, 그리고 지금까지 불치의 병으로 알려진, 예컨대 암이나 에이즈를 위한 새로운 약품을 생산할 수 있을 것이다. DNA조합기술을 농업에 이용함으로써 살충제를 함유하고 있는 식물을 개선할 수 있을 것이다. 유전공학적으로 조정된 암소는 더 많은 우유를 생산할 것이고, 우유의 단백질을 조정하여 유당(乳糖) 알레르기로 고통받는 사람들이 소화할 수 있게 할 수 있다. 그리고 생명공학은 환경적인 문제에 해결책을 마련할 수도 있다. 유전공학적으로 조정된 박테리아는 중독성 화학물질과 산업쓰레기를 중화시키는 데 사용될 수도 있다.

그러나 유전공학은 그 이익 못지 않게 손실과 위험성이 크다. 우선 DNA조합기술을 이용하는 데는 막대한 비용이 든다. 생명공학 연구에 드는 비용은 거의 천문학적 숫자이다. 이 비용을 제3세계의 기아문제를 해결하는 데 사용한다면 인류에게 보다 더 좋은 일이 될 것이다. 이처럼 유전공학의 이점보다 그 손실이 경제적 측면에서 너무나 크다는 사실을 강조하면서 유전공학 연구에 지나친 경비를 퍼붓는 것을 반대하는 입장도 있다.

그리고 과학자들의 좋은 의도에도 불구하고 유전공학은 실제적으로 때로는 매우 위험하다. 예를들어 본래부터 질병에 내성이 강한 식물을 생각해보자. 이러한 매우 바람직한 식물을 생산하는데 이론적으로 방해가 되는 것이 없을지라도, 화학살충제를 파는 기업은 해충에는 강하지 않고 독성의 화학물질에는 내성이 있는 식물을 유전공학적으로 생산하여 파는 것을 더 선호할 것이다.

이렇게 되면 결국 농업, 특히 제3세계 농업에 위험한 화학물질을 이용하는 경우가 점점 더 많아 질 것이다. 그리고 유전공학적으로 조정된 유기체를 자연환경에 도입함으로써 생태학적 질서가 파괴될 위험도 있다. 응용과학분야에 종사하는 과학자들은 이러한 위험을 인식하고 있다. 그리고 이러한 위험을 최소화하기 위한 윤리적 지침을 스스로 마련하고 있다. 그러나 연구팀 모두가 경제적 이유로 이러한 윤리적 지침을 지키지 않는 것이 문제이다.

윤리적 논증

가은이는 스타 제약 회사의 전문 연구위원이다. 그녀는 쥐들을 대상으로 약샘이라는 약물이 어떤 영향을 미치는지 여러 차례 실험했다. 그녀는 자신의 연구 보고서에 쥐들에게 약물을 투여했을 때 백내장이 생긴 것은 물론 털이 빠진다고 기록했다. 그녀는 나중에 자신의 보고서가 약샘 최고경영진과 보건복지부에까지도 전해졌다는 것을 알았다. 그 보고서는 여러 문장이 지워진데다가 백내장에 대한 언급도 없었다. 그녀는 상사들에게 누락된 내용을 전했지만, 그들은 그녀에게 화를 내면서 당장 돌아가 백내장에 대한 언급을 원래 보고서에서 삭제하라고 요구했다. 가은이는 이 일을 하면서 돈을 많이 벌고, 남편 없이 세 명의 아이를 키우는 여자다. 이만한 직장을 새로 구하기 힘들다. 이런 상황에서 그녀는 어떻게 해야 할 것인가? 이유는 무엇인가?

윤리적 원칙과 관점을 고려해서, 이 문제를 어떻게 풀어갈 것인지를 500자 이내로 기술해 보시오. 논증의 원칙인 전제와 결론의 연관성을 파악해서 주장하시오.

5. 농업 생명공학

농업생명공학 분야에서 일어나고 있는 유전자 변형이 도덕적으로 정당한지의 문제가 생긴다. 유전자 변형된 콩과 옥수수가 미국에서 대량 생산되어 재배됨으로써 급증하는 인구팽창의 식량보급 문제를 해결할 수 있는 가능성을 마련해 준 것은 사실이다. 이러한 유전자 변형을 통해 인위적으로 조작한다는 것이

때로는 편리하고 관리의 측면에서 용이한 면도 있지만, 그러나 그것이 인간생명이나 환경에 미치는 부정적 요소들이 더욱더 문제되지 않을 수 없다. 유전자변형에 의해 생산된 식물을 섭취함으로써 알레르기를 유발하거나 토양에 미칠 악영향을 고려하지 않을 수 없다.

일부 유전학자들은 유전자 변형된 식물과 동물이 지닌 바이러스 조각이 숙주에 이미 있었던 다른 바이러스 조각과 결합되어 식물 및 동물 또는 사람에게 새로운 전염병을 일으키는 잡종 바이러스가 양산되는 결과를 초래할 수 있다는 의문도 제기하고 있다.

동물을 대상으로 한 유전자 전이에 대한 윤리적 접근은 다음과 같다. 첫째 의무론적 입장에서 동물의 자율성과 본래적 가치를 존중해야 한다는 입장에서 접근하는 입장이다. 이러한 입장은 동물유전공학 자체에 대해 근본적으로 반대를 하는 입장이다. 왜냐하면 동물을 대상으로 한 어떤 유전공학적 조치도 동물의 생명권을 존중하지 않는 태도이기 때문이다.

그러므로 의무론적 관점에서 동물유전자 변형은, 그 결과가 많은 이익을 가져다 줄 수 있을지라도, 그 근본 동기에 있어서 비윤리적인 것이다. 그 이유가 종종 종교적 관점에서 제시되기도 한다. 유전자 전이는 하나님의 창조질서를 허물어 버리는 경우가 되기 때문이다. 더욱이 동물의 유전자 변형은 결국 인간의 유전자 전이로 옮겨가기 위한 전초단계라는 점에서도 비윤리적이다. 실제로 인간에 대해 이루어지는 의학적 조치는 우선 동물을 대상으로 한 실험을 거쳐 이루어지고 있다는 점에서도 더욱 그렇다.

그러나 유전자 변형을 통한 식량안전과 경제적 이익 문제가 유전자전이에 의해 초래될 환경이나 건강의 문제보다 우선적일 수 있다는 공리주의적 입장도 가능할 것이다. 유전자 전이를 통해 지구적 기아 문제를 해결할 수 있고, 식량을 안전하게 확보할 수 있는 결과를 초래한다면, 유전자 전이가 동물의 생명권 자체의 존중보다 우선적일 수 있다는 입장은 그 결과와 성과에 초점을 맞추는 입장이다. 이것을 우리는 의무론적 입장과 비교하여 결과론적 혹은 공리주의적 입장이라 생각할 수 있다. 그러나 경제적 이익을 계산하기가 그리 쉽지 않는다는 문제가 있다.

이러한 문제는 농작물의 경우에도 마찬가지이다. 농작물의 유전자 변형은 동물의 유전자 전이보다 앞서 이루어졌다. 다양한 종의 생산과 양질의 생산물 그리고 개선된 맛과 영양가치, 유통기간의 연장 등등의 문제를 해결할 수 있는 공학적 조치들이 가능하다. 식물의 유전자 변형에 대해서는 동물의 유전자 전이에 비해 근본적인 반대가 적을 수 도 있다. 그 결과가 가져다 줄 여러 가지의 이점을 생각한다면 더욱 그렇다. 그러므로 주로 결과론적 입장에서 윤리적 평가를 내리는 것이 대부분이다. 왜냐하면 식물에 대해서는 동물에 대해서만큼 그 생명권이 존중되어야 한다는 생각이 지배적이지 않기 때문이다. 식물에 유전공학을 적용하는 경우는 동물의 경우와는 달리 환경영향에 대해 상대적으로 통제를 하지 않는다는 차이점이 있다. 동물에 대한 유전공학적 조치에 대해서는 그것이 미칠 환경적 영향을 고려하면서도 식물의 경우에는 그 고려가 상대적으로 부족하다는 것이다. 예컨대 제초제 사용을 억제하면서 유전자 변형의 방식으로 농작물을 생산하는 경우일 것이다. 이런 경우에는 환경에 미치는 영향에 대해 그리 심각하게 고려하지 않아도 된다는 생각이 지배적이다. 제초제를 사용함으로써 생기는 농작물의 손상을 감소한다는 목적으로 제초제를 억제하면서 유전자 전이된 농작물을 생산하는 것이 그 예일 것이다. 그러나 여기에도 잠재적 위험요소는 있다. 제초제의 사용을 억제함으로써 다른 종으로 전이될 수도 있다. 만약 이 종이 잡초라면 근절할 수 없을 정도의 거대한 잡초가 생산될 수도 있을 것이다. 그리고 주문 생산의 경우, 환경에 영향을 미칠 화학제초제를 과도하게 사용할 빌미를 줄 수도 있다.

그리고 유전자 변형에 의해 생산한 종에 대한 특허권 문제 역시 윤리적으로 다른 평가를 내릴 수 있다. 물론 유전공학적 창조물에 대해 적절한 특허권을 인정해주는 것은 연구 노력에 대한 대가로서 공정한 조치이다. 연구 성과물이 사회적 이익을 창출하는 것이라면 그에 대한 적절한 대가로서 특허권을 인정해 주는 것은 윤리적으로 정당하다고 말할 수 있다. 이것은 지적 재산권을 보호하는 점에서도 그렇다. 하지만, 생명과 관련된 지적 생산물에 특허권을 인정하는 것은 살아있는 생명체를 단순히 화학적 성분의 집합물로 여기게 되어 생명체를 소홀히 취급할 위험성을 안고 있다. 물리적 사물에 대한 특허권과 생명과 관련된 생산물에 대한 특허권은 동등한 차원에서 다룰 수 없다. 그리고 특허권이 다국적 대기업에 집중될 위험성이 있다. 특히 유전공학적으로 생산된 식물에 대한 특허권을 14개의 기업이 거의 80%를 소유하고 있다. 그리고 특히 저개발국가에서 생산된 생산물이 로열티에 의해 부풀려진 가격으로 저

개발국가에 다시 팔려질 수 있기 때문에, 저개발국가에게 더 많은 부채를 짊어지게 만든다.

유전자 치료(gene theraphy)는 유전자 성분을 가진 질병의 증상을 치료하고 원인을 방지하기 위해, 인간의 DNA에 간섭하기 위해 유전자 정보를 사용하는 것이다. 이 유전자치료가 근본적인 생물학적 수준을 변화시킨다는 것 이외에, 후손에게도 직접적으로 그리고 지속적으로 영향을 미친다는 사실 때문에 윤리적 관심을 불러 일으킨다. 유전자 치료에 대한 윤리적 관심은 긍정적인 것과 부정적인 것이 양립해 있다. 우선 유전자 치료에 대해 호의적 논증을 제시하는 입장은 다음에 근거해 있다.

먼저 의사는 태어날 아이가 특수한 질병을 갖고 태어나지 않도록 자선을 베풀어야 할 의무가 있다. 이 의무에 의해 의사는 유전자 치료를 시술할 수 있다. 물론 의사의 자선의 의무가 아직 태어나지 않는 인간에 대해서까지 베풀어져야 하는가에 대해서는 논란이 있을 수 있지만, 유전자치료가 인간의 질병을 예방한다는 점은 부인할 수 없다. 그리고 유전자 치료를 통해 미래의 행복을 증진시킬 수 있다. 유전자 치료의 결과가 행복을 증진시킨다면, 윤리적으로 정당하게 이 치료는 사용될 수 있고 사용되어야 한다. 이 경우도 물론 자신이 유전자 치료에 의해 태어난 것을 출생 이후 아는 사람이 장래에 과연 행복할 수 있는가 하는 물음이 남는다. 마지막으로 유전자치료를 통해 후손을 한층 더 높은 차원의 인간으로 성장시킬 수 있다. 마치 어린이를 교육을 통해 지적으로 성장시키듯이, 유전공학을 통해 후손의 지적능력을 고양시킬 의무가 있다.

그러나 유전자치료에 대해 반대하는 논증도 있다.

첫째, 모든 인간은 자신의 유전자조직이 다른 사람에 의해 변경되지 않을 권리가 있다. 따라서 유전자치료는 비윤리적이다. 이 논증은 인간의 권리에 호소하는 논증이라는 이점이 있긴 하지만, 우리가 무엇에 근거하여 그 권리를 얻을 수 있는가는 모호하다. 말하자면 아직 태어나지 아이에 대해 권리 침해를 말할 수 있는지는 윤리적으로 논란이 끝나지 않는 문제이다.

둘째, 유전자치료는 인간 존엄성에 대한 침해라는 논증이다. 이 논증은 칸트의 정언명법, 즉 인간을 목적 자체로 대해야지 목적을 위한 수단으로 대하지 말아야 한다는 명법에 근거해 있다. 하지만 이 경우에도 인간을 질병으로부터 보호하려는 방법이 왜 목적을 위한 수단인지 이해하기는 어렵다. 굳이 수단이라면 건강한 사회를 위한 수단일 것이다. 치료는 바로 이 목적을 위한 수단으로 사용한다. 그러나 모든 의학적 치료가 다 건강한 사회를 위한 수단이 아니다. 오히려 개인의 치료에 그 목적이 있다. 어쨌든 인간의 존엄성을 근거로 유전자 치료를 반대하는 사람들은 누군가를 질병에서 보호하려는 치료가 왜 그를 목적 자체로 대하지 않는 경우인지를 밝혀야 한다.

셋째, 유전자치료는 '비자연적' (unnatural)이다. 이 경우 역시 '비자연적' 이라는 의미가 모호하다. 물론 치료는 자연세계에서 일어나는 것이 아니다. 하지만 인간이 행하는 많은 것이 비자연적임은 사실이다.

넷째, 유전자치료는 신을 조롱하며(playing God) 신의 전지전능함에 도전하는 비윤리적 행위이다. 우리가 유전자치료가 안전하다고 알지만, 즉 그것을 사용하기로 한 우리의 결정은 문제에 노출되어 있다. 인간은 완전무결할 수 없기에 인간이 내리는 결정은 항상 예측할 수 없는 결과를 가져온다.

다섯째, 유전자치료는 후손의 의지와는 무관하게 후손의 삶을 결정하는 비윤리적 행위이다. 특히 후손의 지적 능력이나 신체적 특질을 보다 높은 차원으로 고양시킬 의무를 강조하면서, 유전자치료에 대해 호의적인 논쟁을 구성하는 사람들은 후손의 삶, 그것도 아직 태어나지 않은 삶에 대해 자의적으로(?) 결정하는 잘못을 범한다. 그러나 핵무기에 의해 예상되는 해를 입게 될 후손을 보호해야 하듯이, 잘못된 유전자에 의해 예상되는 해로부터 후손을 보호하는 것은 오히려 윤리적으로 바람직하다.

여섯째, 유전자치료는 우생학적 조치로서 그 자체가 비윤리적이다. 우생학적 조치가 이루어져 온 역사에 대한 정서적 혐오감이 유전자치료에 대해 호의적이지 않게 만든다. 그러나 현대 유전자치료와 전통적인 우생학적 조치에는 많은 차이점이 있다. 우생학적 조치가 강제적인 반면, 유전자치료는 개인이나 환자의 자율성에 의존해서 결정된다. 그럼에도 불구하고 우생학적 조치와 유전자치료를 정확히 구분할 수 있는지에 대해서는 의문이 제기된다. 유전자치료는 결국 일종의 우생학의 형태인 "유토피아적 우생학" (utopian eugenics)에로 이를 것이라고 주장하는 사람들도 있다.

6. 유전자 상담

유전자 상담(genetic counseling)은 의뢰인과 전문가 사이의 의사소통과정이다. 의뢰인이 그의 가족의 유전적 결함에 관해 상담전문가에게 질문하거나 관심을 표명하면서 상담하는 절차이다.

상담 절차는

① 상담원이 의뢰인의 이야기를 듣고,
② 가족의 상태를 진단하고,
③ 의뢰인에게 정보를 알려주고,
④ 상담을 계획대로 하도록 결정하고,
⑤ 의뢰인과 가족에게 지속적인 후원을 한다.

이 상담의 과정에서 상담원은 유전공학 전문가로서 직업적 규범을 지켜야 한다.

첫째, 인류는 지난 세기의 여러 가지 우생학적 조치에 대해 정서적 반감을 가지고 있다. 그러므로 의뢰인에게 조금도 명령적인 상담을 해서는 안 된다. 의뢰인이 어떤 결정을 하도록 의도적으로 유도하거나 설득하는 것은 바람직하지 않다. 전문가로서 상담원은 그의 태도가 의도적이든 비의도적이든 명령적 혹은 지시적이어서는 안 된다. 의뢰인이 요구하는 정보를 제공하고 그들이 결정을 내리도록 도움을 주는 것이 상담원의 업무이다. 아무리 가벼운 것이라 할지라도 의뢰인의 결정에 영향을 줄 수 있는 태도는 지양해야 한다. 의뢰인에게 적절한 사실을 제시만 해주면, 결정은 의뢰인이 자율적으로 하는 것이 바람직하다. 그러나 상담원이 지나치게 수동적일 경우, 유전학적 위험에 대해 능동적으로 대처하여 싸워야 된다는 의무를 수행하지 못하는 경우가 된다. 상담의 과정에서 의뢰인의 자율적 결정이 존중되어야 하지만, 그렇다고 해서 상담원이 지나치게 중립적일 경우, 유전학적 숙명론(genetic fatalism)에 이르게 될 것이다. 그리고 의뢰인이 상담이 비명령적이기를 원하는가 하는 것이 문제이다. 의뢰인은 상담원의 능동적 안내를 필요로 하고 요구한다.

둘째, 유전자 정보는 사적인 것으로 다루어져야 하고 비밀이 보장되어야 한다. 그런데 유전자 정보는 가족과 관련된 것이기 때문에, 가족 간에도 비밀이 지켜질 수는 없는 것이다. 치료에 도움이 되는 한, 가족들은 서로 정보를 공유하고 있어야 한다. 그러나 경우에 따라서는, 개인이 가족들과 정보를 나누기를 거절하기도 한다. 이 경우 전문상담원은 어떻게 해야하는가? 이런 경우 상담원은 개인의 동의없이 가족에게 알려야 한다. 이 경우 개인의 유전정보를 가족에게 알려야 하는 이유는, 상담원이 전문가로서 공익과 직업에 봉사해야 한다는 사실에 근거를 둔다. 그리고 의뢰인이 자신의 가족의 내력에 관해 의도적으로 잘못된 정보를 상담원에게 제시할 수도 있기 때문이다. 이것은 상담원의 성실성과 능력에 대해 처음에는 의심을 할 수 있기 때문이다.

셋째, 유전자 정보가 고용주나 보험회사나 국가 등에 의해 관리될 경우는 어떤가? 고용주의 입장에서 경영상의 이유로 종업원의 건강 검진을 위해 유전정보를 관리하는 것은 있을 수 있다. 하지만 공중의 안전이 종업원의 양호한 건강에 달려있는 경우를 제외하고는, 유전정보가 고용의 조건이 되어서는 안된다. 종업원에 대한 유전자검사는 고용을 위해서만 아니라 다른 가족의 유전자 프라이버시까지 침해할 수도 있다. 그리고 보험회사가 경영을 목적으로 모든 피계약자의 유전정보를 관리할 수는 있지만, 프라이버시를 침해하는 정도의 관리는 비윤리적이다. 그리고 강력범을 관리한다는 목적으로 범죄자의 유전자 정보를 국가에서 관리하는 것 역시 프라이버시 침해이다. 물론 국가가 개인의 유전자 정보를 어느 범위까지 관리할 수 있는가 하는 문제는 별도의 논의가 필요할 것이다.

넷째, 어른에 비해 어린이에 대한 유전자 검사는 쉽게 이루어진다. 어른에 비해 어린이에 대한 유전자 검사가 많이 이루어지는 것은 어쩌면 당연하다. 후손의 건강 증진이란 측면에서도 그렇다. 그러나 부모나 다른 사람의 요청에 의해 시행되는 유전자 검사가, 어린이가 아직 스스로 결정할 수 없을 나이에 이루어지는 것이 문제이다. 그러나 어린이라도 어린 나이에 자신이 확인한 달갑지 않는 유전정보에 잘 대처하고 검사가 그렇게 해를 주지 않는다는 사실을 안다면, 별 문제가 없다는 주장도 제시된다. 하지만 어린이가 자신의 유전정보에 잘 대처한다고 하지만, 너무 쉽게 대처할 가능성을 배제할 수 없다.

7. 죽음 문제

과거에서 죽음의 기준은 맥박이 멈추면 죽은 것으로 보았다. 그 순서는 다음과 같다. 우선 호흡이 멈추고, 다음으로 맥박(심장)이 멈추고, 다음으로 뇌기능 손상되어 모든 신체 기능이 정지되는 것이다. 하지만 의료 기술의 발전으로 인한 죽음 개념은 새롭게 제기되고 있다. 왜냐하면 일단 정지된 심장도 마사지, 전기충격, 인공 심폐기로 되살릴 수 있기 때문이다. 다시 말해서 사고로 뇌의 활동이 정지된 사람의 호흡과 맥박도 일정기간 연장시킬 수 있다는 것이다. 그 결과 혼수 상태임에도 불구하고 인공 심폐기의 도움으로 생명을 유지하는 식물인간이 증가되었다. 이것은 의료 기술의 발전으로 죽음에 대한 규정이 매우 복잡하게 된 것이다. 과연 우리는 죽음을 어떻게 정의해야 할 것인가? 과거와는 다른 죽음의 판단으로 사람의 죽음을 심장 기능의 정지로 판단할 것이 아니라 뇌 기능의 정지로 보자는 것이 뇌사판정이다.

뇌사를 주장하는 이유는 두뇌의 상실은 곧 인간으로서의 삶의 의미가 상실되고, 개인의 존재의미가 소멸된 것으로 보기 때문이다. 혹자의 말대로 "인간은 사유하는 갈대"이기 때문에, 몸은 허약해도 사유만으로 세상을 훔쳐볼 수 있는 존재이다. 그런 점에서 뇌의 상실은 곧 죽음이라고 보는 것이다. 또한 뇌사 판정을 받은 후에, 거의 모든 환자는 14일 안에 모두 심장작동이 중지되는 것이 통계적으로 입증되었으며, 소생이 희박한 뇌사자의 생명을 연장시키려면 엄청난 비용이 들어 가족들에게 막대한 경제적 부담을 안겨줄 수 있다. 그런 점에서 뇌사를 인정하면 장기이식을 통해 다른 생명을 살릴 수도 있으며, 의학의 발전에도 기여할 수 있다. 예를 들어, 뇌사 판정을 받은 사망자는 장기이식 수술의 발달로 인해 신장, 골수, 뼈, 혈관, 각막,(사체로부터 이식 가능), 심장, 간, 폐, 췌장(특히 뇌사 상태의 사람에게서만 취할 수 있음)을 이식할 수 있게 된다. 이것은 장기이식을 받고자 하는 사람에게는 역설적으로 기회일 수 있다.

뇌사판정은 처벌에 또 다른 전망을 가져온다. 현재 자동차 법에 의한 사망사고에 대한 기준도 달라지게 할 수 있다. 예를 들어, 토순이가 금돌이를 자동차로 치여 머리를 심하게 다치게 하여, 금돌이가 혼수상태로 병원에 입원하였다고 하자. 병원에서 뇌사판정을 하고 보호자의 동의를 얻어 금돌이의 장기로 심장이식 수술을 하였다. 그런데 토순이는 금돌이를 다치게 한 적은 있지만 죽게는 하지 않았다고 주장하면서, 병원이 금돌이를 죽였다고 고소하였다. 자동차 사고 관련법에 따르면, 사고 피해자가 사고 후 72시간 전에 사망하면, 가해자는 살인치사죄가 성립하고, 그 이후 사망하면 과실치사죄가 성립된다. 이 경우 처벌이 달라진다. 만약 뇌사에 의한 죽음을 인정하게 되면, 토순이는 과실치사죄를 범한 셈이 된다. 이처럼 죽음에 대한 판단 여부에 따라서 재판과정에서 처벌의 순위가 달라질 수 있다는 것이다.

현재 우리나라는 2000년 2월 9일 뇌사인정법이 통과되었으며, 국립장기이식센터에서 뇌사자에게서 기증받은 장기를 일률적으로 관리하고 있다. 그런데 장기 이식은 감소되었다. 1998년 1백25명에서 2000년 36명으로 줄었다. 이것은 의사들의 적극적 권장과 환자 보호자의 적극적인 동의가 부족해진 결과이다. 하지만 2006년부터 다시 늘어나서, 2007년에는 148명으로 늘어났다. 우리도 점차적으로 장기 이식에 대한 편견이 사라지고 있는 것으로 보인다.

사례 안락사 문제를 어떻게 볼 것인가?

매튜 도넬리(M. Donnelly)는 30년 동안 방사선과 관계된 일을 해 온 물리학자이다. 아마 지나치게 방사능에 노출된 결과로 암에 걸렸다. 그 결과 턱의 일부, 윗입술, 코, 왼손, 오른손가락 두 개, 눈도 실명했다. 의사는 1년 정도 살 수 있다고 했으나, 그는 계속되는 고통을 겪기 보다는 죽기를 원했다. 그의 비참한 상황에 대해서 많은 사람들이 공감했다. 그는 자신의 세 형제에게 죽여 달라고 요청했다. 나머지 두 명은 거절했으나, 해롤드 도넬리(H. Donnelly)는 그의 요청을 받아들였다. 그는 매튜의 동생으로 36살이었다. 그는 병원에 가서 총으로 매튜를 쏘아 죽였다.

➡ 우리는 동생의 행위를 어떻게 보아야 하는가? 그의 행위는 어떤 윤리관에 근거할 수 있는가? 500자 이내로 기술하시오.(윤리적 원칙과 관점을 보았을 때, 그의 행위는 정당화될 수 있는가?)

8. 동물윤리학

"뇌 연구자에게 죽도록 얻어맞은 개코원숭이"

한 연구자에 따르면, (심한 뇌손상; 이것은 선진국에서 어린아이들과 젊은이들 사망의 주된 원인이다.) 약 200만 명이 매년 사고나 폭력 또는 추락에 의한 뇌손상으로 죽어간다. 뇌손상에 의한 사망을 줄이기 위해 개코원숭이를 실험대상으로 사용한다. 동물들은 가두고 머리에 점점 더 강력한 타격을 가한다. 동물들은 살아나면 다시 행동 테스트와 뇌영상 촬영용 배터리를 달아 둔다.이 과정이 무수하게 반복된 후에 개코 원숭이는 안락사되거나 부검된다. 이 연구에 100마리의 동물들이 사용되고 있다. 당신은 이 연구를 어떻게 생각하는가?

붉은털원숭이 집단은 깨끗하고 잘 차려진 시설 안에서 산다. 원숭이들은 적극적이고 친근하며 우리 안에서 자기들 삶을 즐기는 것처럼 보인다. 그러나 때로는 연구자들이 그들을 실험실로 데려가 후천성면역결핍증바이러스HIV를 접종시킨다. 붉은털원숭이는 이 바이러스에 아주 약하고 AIDS와 연관된 대부분의 징후들을 보인다. 그들은 그때 다양한 루트로 바이러스 약을 먹고, 연구자들은 그 약이 바이러스와 어떻게 싸우는지를 관찰한다.이 연구 실험실에서 몇 가지 AIDS약이 개발돼 사용되고 있다. 효과적인 백신을 오랫동안 추구한 결과 점점 더 완성에 가까워지는 결과가 나타나고 있는 것처럼 보인다. 이 이야기에 나오는 개코원숭이와 다른 원숭이들은 연구용 동물들이다. 그들은 과학과 인간의 목적을 만족시키기 위해 사용되고 있다. 우리는 이런 행위에 대해서 전혀 죄책감이나 범죄의식을 느낄 필요가 없는가? 개코원숭이도 동물이고 인간도 동물이다. 어떤 동물을 위해 다른 동물이 계속해서 희생당하는 것은 괜찮은 일인가?

최초의 윤리적인 문제는 인간이 왜 그래야 하는가? 하는 것이다. 대부분의 서구문명사에서 인간들은 단순하게도 동물은 인간을 위해 존재한다고 믿었다. 히브리인들의 기독교 성서 첫 장을 보면 하느님은 이렇게 말하고 있다.

"우리 모습을 닮은 사람을 만들자! 그래서 바다의 고기와 공중의 새, 또 집짐승과 땅 위를 기어 다니는 모든 길짐승들을 다스리게 하자."(창세기 1장 26

절).

불교와 힌두교는 인간과 동물의 생이 다음 생에서 서로 교차한다고 믿고, 모든 살아 있는 것들에 대한 동정심을 가르친다. 동물들을 서구문화가 결여하고 있는 도덕적인 사고의 자리에 두는 것이다. 이와 마찬가지로 근대 철학자인 칸트와 벤담 역시 동물에 대한 윤리의식이 필요하다는 점을 부각시키고 있다. 임마누엘 칸트는 다음과 같이 말한다.

"동물들은 자의식적이지 않다. 그저 목적을 위한 수단으로 존재한다. 그 목적은 인간이다. …동물들에게 잔인한 인간은 인간들을 다루는 데 있어서도 잔인하다. …말 못하는 동물들에 대한 부드러운 감정들은 인류에 대한 인간적인 감정을 발전시킨다."

칸트가 이 글을 쓴 지 9년 후 영국의 철학자인 제레미 벤담은 동물들에 대한 도덕적인 관점을 이동시켰다. 그는 이렇게 말했다.

"문제는, 동물들이 이성적인 사고를 할 수 있는가 하는 것이 아니다. 그들이 말을 할 수 있는가도 아니다. 동물들이 고통을 당할 수 있는가, 그것이 문제다."

도덕적인 기준은 합리성과 존재가 추론하고 토론하고 동의하며 다른 사람과 접촉할 수 있는 능력에 바탕을 둔다는 지난날의 가정은 도전을 받았다. 윤리학의 목적이 고통을 막고 쾌락을 증진시키는 것이라고 믿었던 벤담은 모든 살아 있는 것들의 고통과 쾌락을 자신의 '공리주의적인 계산' 에 포함시켰다. 그의 말은 적당한 시기에 나왔다. 영국 사회에서 애완동물을 기르는 것이 유행이었고, 가축들을 잔인하게 다루는 것에 대한 반감 때문에 동물학대금지회(SPCA)가 만들어졌던 때이기 때문이다. 인간세계에서 동물들이 차지하는 위치와 동물들에 대한 취급에 대한 반성적인 윤리학이 자라나기 시작했다.

공리주의적인 주장은 또한 한 가지 중요한 규명을 허용했다. 의료과학을 위해 동물들을 가지고 하는 실험은 확실히 인간 복지에 기여하므로, 불필요한 잔인성 방지에 주의를 기울이면 허용될 수 있는 일이었다. 프린스턴 대학교의 철학자 피터 싱어가 그의 저서 『동물 해방』에서 한 유명한 말처럼 고통을 당하지 않고 그들의 자연스러운 생활을 추구하는 것이 동물의 이익이라면, 그 이익은 다른 피조물들의 이익과 동등한 것으로 취급되어야 한다. 인간이 자신의 이익을 동물의 이익 위에 두는 것은 일종의 편견이고 사실상 기반도 없는 인종주의적 특정을 가진다.

또한 동물의 행동을 과학적으로 연구하는 동물행동학(ethology)은 동물과 인간이 심리학적으로, 사회적으로 많은 유사성을 보인다고 이야기해 왔다. 분명히 많은 동물들은 인간과 유사한 감정들을 갖고 있는 것처럼 보인다. 많은 종들은 보통 인간에게서 도덕적인 것으로 여겨지는 특성들 - 협동, 동감, 종족에 대한 헌신 - 을 보여주는 것처럼 보인다. 동물행동학이 과학적으로 발견한 사항들은 종종 인기 있는 텔레비전 쇼에 나타나 덜 과학적인 형태이긴 하지만 동물과 인간 사이에 유사성이 있다는 믿음을 만들어낸다.

도덕적인 관점에서 일어나는 이러한 변화는 함축하는 바가 많다. 동물들은 식량과 옷을 위해 가두거나 죽여야 하는가? 사냥은 허용해야 하는가? 동물들은 생의학연구에 사용되어야 하는가? 위험에 처한 동물들은 인간 공동체에 상응하는 비용을 치루는 한이 있더라도 보호되어야 하는가? 자연 서식지는 보호될 뿐만 아니라 동물들의 생활을 위해 증진되어야 하는가?

한편 1876년 영국에서 발효된 '동물에 대한 잔인성 조약' 은 동물 실험실을 감시하고 통제하는 시스템을 가동시켰고 절단 절차를 위해 마취제를 사용할 것을 요구했다. 미국은 1966년까지 실험동물들을 위해 불필요한 고통을 주는 것을 금하고 인간적으로 살 수 있는 조건들을 구비하게 하는 방식으로 동물실험을 통제했다.

시간이 지나면서 동물 사용을 대체하는 방법들이 개발되었고 개 실험실은 의학연습에서 거의 사라졌다(이것은 영국에서는 법적으로 금지되어 있다). 이러한 개혁에도 불구하고 동물의 권리를 위해 일하는 많은 활동가들은 동물들을 갖고 하는 실험에 강하게 저항하고 있다. 그들은 입법 과정에서 사람들을 만나 설득하고 국립건강연구소(NIH) 앞에서 시위를 벌인다. 또한 실험실로 쳐들어가 레코드를 훔치고 장비를 부수며 연구용 동물들을 풀어 주기도 한다. 그들은 종종 연구자들을 당황스럽게 만들기도 한다. 인간의 이득이 연구에서 온다는 것을 부정하거나, 동물 권리를 지독하리만치 침해함으로써 얻은 인간적인 이득은 부정 이득이라고 선언하기도 한다.

늘 그렇듯이 토론은 양극단으로 나뉜다. 동물활동가들은 연구에서 동물 사용을 배격하고 연구자들은 과학과 의료의 진보에 필수적인 것이라며 동물 사용을 옹호한다. 그러나 실천적인 측면에서 보면 동물은 도덕적인 상태에 있고 인간의 이득이 종종 동물들의 사용을 정당하게 만든다는 중간 입장이 유지된다. 이 중간 입장의 철학적인 토대는 동물들은 도덕적인 존경심에 영감을 불어넣는 많은 중심적인 속성들을 인간과 공유하고 있다는 명제에 바탕을 두고 있다.

여러 종의 동물들은 정도는 다르지만 이러한 속성들을 가지고 있다. 그들은 이러한 속성들의 범위와 복잡성과 연관하여 질 높은 생을 즐기고 있다. 그러나 민달팽이, 도마뱀, 물고기 등은 고릴라, 개, 돌고래처럼 도덕적인 존경심에 영감을 불어넣지 않는다. 이런 관점에서 볼 때 동물의 본성과의 관계에서 연구가 허용될 수 있는지의 여부를 판단하는 것은 도덕적으로 적법하고 기대되는 인간적인 이득에 대한 동물 연구의 해와 이득의 조화를 꾀한다는 점에서 적법한 일이다.

중간 지점에 서 있는 많은 동물옹호가들과 연구자들은 1959년에 윌리엄 러셀과 렉스 버취가 제안한 '3 Rs' —대체, 축소, 세련—를 중심으로 단결했다. 대체 replacement는 컴퓨터 시뮬레이션과 셀룰로이드 같은 것으로 동물 사용에 대한 대안을 언제든지 사용하라고 요구하는 것이다. 예를 들어 약의 안전성에 대한 실험은 동물보다 복제한 인간 조직으로 할 수 있다는 것이다. 축소(reduction)는 연구자들이 실험을 계획할 때 사용하는 동물들의 수를 최소한으로 줄이라고 조언하는 것이다. 섬세한 세련(refinement)은 침해와 고통을 줄이기 위해 개입하는 방식을 증진시키라는 것이다.

이런 관점에서 윤리적인 문제는 어떤 종류의 실험이 금지되어야 할 만큼 동물과 종에 피해를 입히고, 연구를 위해 찾아야 할 대안은 무엇이며, 어떤 종류의 동물 사용을 제한해야 하는가에 초점을 맞추게 된다. 책임 있는 검토위원회는 연구자들에게 '3 Rs'를 지키라고 꾸준하게 권유한다. 그러나 비용과 이득의 공리주의적인 계산이 대부분의 비용을 동물에게 지우고 대부분의 이득을 인간에게 할당하는 것은 여전히 부인할 수 없는 사실이다.

사례 피터싱어의 "동물 해방"에서

대부분의 사람들은 도살장이 기분 나쁜 장소이기는 하지만, 식용으로 길러지는 동물들은 도살장 이외의 장소에서는 편안하게 대우받고 있다고 막연히 믿고 있다. 그러나 싱어는 그보다 진실과 거리가 먼 것은 없을 것이라고 지적하고 있다. 식용으로 사육되는 송아지를 예를 들면, 송아지는 지나치게 작은 축사에 갇혀서 지내는데, 축사가 너무 좁아서 몸을 돌리거나 편안하게 주저앉는 것조차 어렵다. 그렇지만 운동은 근육을 질기게 만들어서 고기의 '질' 을 떨어뜨리기 때문에 생산자의 관점에서 보면 작은 축사가 오히려 좋다. 그리고 동물에게 적절한 생활공간을 제공하는 것은 엄청나게 많은 비용이 드는 일이다. 이렇게 작은 우리에 갇혀 있는 송아지는 본능적으로 타고난 털을 다듬는 행위도 할 수 없는데, 송아지가 머리를 돌릴 만큼의 공간도 없기 때문이다. 송아지는 어미 소가 그리워 갓난 아기처럼 무엇인가 빨고 싶어 하는 것이 분명하다. 종종 송아지가 우리의 한쪽 면을 빨아보려고 헛된 노력을 하고 있는 것을 목격할 수 있다. 그리고 고기의 색깔이 연하고 맛있어 보이게 하기 위해서 송아지에게는 철분과 섬유소가 부족한 유동식을 먹이고 있기 때문에 송아지는 자연히 부족한 영양소를 갈망하게 된다. 보통 송아지들은 자신의 소변을 핥아 먹는 것을 싫어하지만 철분에 대한 욕구가 너무나 강해진 송아지는 몸을 돌릴 수만 있다면 핥아 먹을 준비가 되어 있다. 그러나 축사가 너무나 작아 몸을 돌리지 못하기 때문에 이 문제는 자연스럽게 해결된다. 섬유소에 대한 갈망은 특히 강한데, 섬유소가 없으면 송아지는 새김질할 것을 만들 수 없기 때문이다. 그래서 잠자리를 위해서도 짚을 주지 않는데 이는 송아지가 지푸라기를 먹고자 할 것이고 그러면 고기의 질에 영향을 미치게 되기 때문이다. 그러므로 이러한 동물들에게 도살장은 만족스러운 생활을 마감하게 하는 불쾌한 장소가 아니다. 도살 과정이 아무리 잔인하다고 해도, 이들에게는 오히려 자비로운 석방이 될 수 있는 것이다".

싱어에 따르면, 육류 생산 과정은 동물에게 큰 고통을 준다. 반면에 채식 위주의 음식도 충분히 맛이 있고 영양가도 있어서 우리가 고기를 먹을 필요가 없기 때문에 고기 생산에서 얻게 되는 좋은 점이 나쁜 점을 능가하지 못한다. 그러므로 고기 생산은 옳지 않다. 우리는 모두 채식주의자가 되어야 한다고 주장한다. 여러분은 어떻게 생각하는가?

쟁 점 토 론

우리 나라에서 낙태는 불법일까요? 우리나라의 형법(제 269조와 제270조)에 따르면 낙태는 불법이다. 낙태한 여성은 1년 이하의 징역이나 200만원 이하의 벌금에 처하고, 낙태를 시술한 의사는 2년 이하의 징역에 처한다고 규정되어 있다. 다만 본인 또는 배우자가 우생학적, 유전학적 정신장애나 신체질환이 있거나 전염성 질환이 있는 경우, 강간 또는 준강간 및 근친상간의 경우, 그리고 모체의 건강을 심히 해하는 경우 등이다. 이 경우에 임신 28주 이내에 낙태 수술을 할 수 있다. 미국은 12주 이내에, 영국은 24주, 독일은 임신 12주까지 낙태를 허용하고 있다. 일본과 중국은 임신 기간에 관계없이 낙태를 허용하고 있다. 그러나 2005년 자료에 따르면 우리 나라의 낙태 시술은 34만 여건에 이른다고 한다. 이 수치는 2005년 신생아 수의 80%에 육박하는 것이다. 낙태에 대한 논쟁에는 크게 두 가지 관점으로 나누어진다. 태어날 태아의 생명권을 우선적으로 보는 '생명 우선론' 인가, 아니면 여성의 자기 결정권이 우선되어야 하는 '선택 우선론' 인가 라고 맞서고 있다.

명제 1 태아도 하나의 생명이니, 낙태는 살인과 다를 바 없다.

Yes입장

인간의 생명은 수정된 순간부터 연속성이 발생한다. 어디서부터가 사람이고 어디서부터가 아니라고 끊어서 말할 수 없다. 수정된 순간부터 생명이 출발하니 그 순간부터 생명의 존엄성이 부여되는 것이다. 다만 아직 말할 수 없고 자기 의견을 표출할 수 없다는 사실이 다를 뿐이다. 정신장애로 인해 의사를 표명하지 못하는 사람이라 해서 존귀한 생명권을 박탈하지 않는다. 이처럼 태아도 생명의 발생 순간부터 생명권이 부여된다고 볼 수 있다. 타인의 생명권을 박탈하는 것은 살인과 다를 바 없다. 낙태를 보다 강력히 처벌해야 하는 이유다. 낙태 문제는 곧 우리의 생명권과 직결되는 중대한 사안이다. 태어나지 않는 사람의 보호 없이 어떻게 태어난 사람이 제대로 보호받을 수 있겠는가? 세상에 '살만한 가치가 없는 생명' 이란 없다. 현재 우리나라는 몇 가지 예외를 제외하고 낙태를 불법으로 규정하고 있다. 그럼에도 낙태가 만연해 있는 상황이다. 살인과 다름없는 낙태의 처벌 수위를 높여 법안의 실효성을 높이고 당국의 강력한 단속의지를 표명해야 할 때다.

No입장

태아가 잠재적으로 생명의 가능성을 부여받은 존재라는 것을 부인할 수 없다. 하지만 태아는 산모의 신체와 분리하여 생각할 수 없는 특수성이 있다. 위급상황에서 산모의 생명과 태아 중 택일을 해야 한다면 어떤 결정을 내릴 것인가? 태아도 동일한 생명권이 있는 만큼 산모의 생명을 포기하라고 말하는 사람은 많지 않을 것이다. 이는 생명으로서의 가능성과 산모의 생명권이 동등하지 않다는 것을 의미한다. 또한 권리는 가능성을 근거로 정당화될 수 없다. 즉 태아가 생명의 가능성을 가졌다는 이유만으로 생명권이 부여되는 것은 아니다. 물론 낙태를 간단한 일로 치부하는 생명경시 태도가 바람직하다는 것은 아니다. 여성이 원치 않거나 태어날 아이를 책임질 수 없는 상황에서 낙태를 결정하는 것은 딜레마 속에서 윤리적으로 덜 나쁜 선택을 하는 것일 뿐이다. 대법원은 분만이 개시될 때 태아가 사람이 된다고 보는 '진통설(분만개시설)' 을 취하고 있다. 그에 맞추어 여성의 신체 자기 결정권을 존중하는 방향에서 낙태 관련 법안을 완화시킬 필요가 있다.

명제 2 낙태는 여성의 신체 자기 결정권의 대상이 될 수 없다.

Yes입장

임신 20주의 태아도 통증을 느낄 수 있다는 연구결과가 있으며, 임신 중후기 낙태는 매우 잔인한 방식으로 수술이 진행된다. 즉 태아의 두개골을 뚫고 뇌를 흡착하는 과정을 통해 낙태가 진행된다. 그런데도 여성 자신의 몸에서 일어나는 일이니 여성의 자율권을 우선적으로 존중해 주는 게 맞는가? 물론 자유주의 국가는 사적인 영역과 공적인 영역을 엄격하게 구별하고, 개인의 사생활을 보장한다. 이런 관점에서 보면 결혼과 가족계획은 전적으로 개인의 사생활에 속한다. 하지만 그렇다고 해도 임신의 자율권이 곧 낙태를 정당화할 수는 없다. 낙태는 그 자체로 생명을 앗아가는 비인간적인 행위이기 때문이다. 이는 법으로 통제되어야 한다. 자신의 삶을 위해 태아의 생명권을 짓밟는 것은 지극히 이기적인 행위다. 자율이라는 이름 아래 태아를 살해할 수 있는 권리를 요구해서는 안 된다. 강간으로 인해 원치 않는 임신이 되거나 유전병 우려가 확인되는 등 극단적인 경우를 제외하고 낙태가 허용돼선 안 된다.

No입장

임신과 출산과 관련한 모든 행위는 개인적인 행위이며, 개인적인 영역에 국가가 개입하는 것은 매우 근대적인 행위이다. 낙태의 결정 역시 마찬가지다. 여성의 몸에서 일어나는 일에 대한 판단은 여성에 의해 이루어져야 한다. 가장 바람직한 것은 여성이 원하지 않는 임신이나 책임질 수 없는 임신을 하지 않는 것이지만 그렇지 못한 현실적 여건들이 존재할 수밖에 없다. 이런 경우 차선책으로 여성에게 선택권을 줘야 한다. 사실 낙태의 자유란 가장 쉽게 풀이하면 '원치 않은 어머니가 되지 않을 자유', '임신과 출산의 과정에 내재하는 특별한 희생을 강요받지 않을 자유' 라고 할 수 있다. 여성에게 원치 않는 임신과 출산을 강요하는 것은 여성의 신체에 대한 명백한 침해이고 극심한 심리적 폭력이며, 인간 존엄성의 전제가 되는 자유의 본질을 침해하는 것이다. 또한 낙태를 금지하는 것은 가부장제 지배규범을 이용하여 여성에게 가하는 일종의 억압이며 생물학적 조건을 절대화하여 여성을 사회적으로 무력화시키는 행위이기도 하다.

명제 3 낙태를 금지하고 단속을 강화해야 저출산 문제도 해결할 수 있다.

Yes 입장

무분별한 낙태는 저출산의 한 요인으로 작용하고 있다. 아이가 싫고 귀찮다는 이유로 낙태를 쉽게 생각하는 것이 우리의 현실이다. 우리나라는 출산율이 세계 최저 수준인데다, 고령화 속도가 유난히 빠르다는 게 문제다. 저출산 문제는 단순히 인구 감소 문제를 넘어 국가존립 차원의 문제로 정부가 시급히 대책 마련을 해야 할 영역이다. 그런데 2005년 기준 한 해 동안 발생하는 낙태 건수는 약 34만 건에 달한다. 같은 해 태어난 신생아가 약 44만 명 이르고 이를 합치면 한 해 출산 가능 신생아는 80만 명에 이른다. 더욱이 비공식적으로 시행되는 불법 낙태 건수까지 합치면 100만 건이 넘는 것으로 추정된다. 불법 낙태에 대한 처벌의 실효성을 강화하고 단속을 강화하면 저출산 문제의 해결에 일정부분 기여할 수 있다. 물론 낙태만 금지하고 양육 지원 등을 소홀히 하면 안 될 것이다.

No입장

저출산이 사회문제로 대두되자 낙태를 거론하는 주장이 있다. 하지만 낙태 금지를 저출산 대책으로 활용해서는 안 된다. 과거 우리나라는 인구조절 수단으로 낙태를 활용한 역사를 가지고 있다. 70년대 산아제한을 목적으로 국가가 임신중절수술을 권장하여 출산율을 조정하려 한 것이다. 상황은 바뀌었지만 개인적인 문제에 국가가 개입하는 모습은 동일하다. 과거보다 민주화가 진전된 지금 그러한 전근대적인 방법을 동원하는 것은 적절치 않고 효과도 미미할 것이다. 낙태 단속을 강화하면 여성들은 해외 원정을 택하거나 음성적인 경로를 통해 수술할 수밖에 없다. 이는 낙태를 강력히 금지했던 다른 나라의 사례를 통해 이미 입증된 바 있다. 의사를 사형시킬 정도로 강력했던 루마니아의 낙태 금지령은 오히려 인구를 줄이는 결과를 가져왔다. 자칫 낙태 금지를 강화하다가 오히려 귀중한 모자보건을 손상시켜 저출산 대책에 역행하는 결과가 나타날 수 있다.

(유레카 논술, 2010, 192호 참조)

낙태 문제에 대한 찬반 논쟁 중에서 여러분은 어떤 관점이 더 적절한 논리를 제시하는가? 각자의 관점을 정리해 보고, 낙태에 대한 자신의 관점을 500자 이내로 정리해 보시오.

참고

생명윤리법 시행령 및 시행규칙 입법예고

- 난자 제공자 건강보호 및 유전자 개인정보보호 강화 -

□ 보건복지가족부(장관:전재희)는「생명윤리 및 안전에 관한 법률」 시행령 및 시행규칙 개정안을 8월11일부터 입법예고할 계획임을 밝혔다.

- 이 개정안은「생명윤리 및 안전에 관한 법률」 개정('08.6.5)에 따라 법에서 위임된 난자제공자 건강보호를 위한 건강검진 · 난자채취 빈도제한 및 실비보상, 유전자은행의 개인정보보호, 기관생명윤리심의위원회 평가 및 교육에 관한 사항을 규정하였으며,
- 입법예고를 통한 의견수렴 및 절차를 거쳐 12월 6일 공포 · 시행될 예정이다.

생명윤리 및 안전에 관한 법률 시행령 일부개정령안

1. **제안이유**

이종간핵이식행위 금지, 줄기세포주 등록, 난자제공자 건강보호 및 유전자은행의 개인정보 보호 등을 주요내용으로 하는「생명윤리 및 안전에 관한 법률」이 개정(법률 제9100호, 2008. 6. 5. 공포)됨에 따라, 법률에서 위임한 사항과 그 시행에 필요한 사항을 개정하고 제도 운영상 나타난 일부 미비점을 개선 · 보완하려는 것임.

2. **주요내용**

가. 난자채취 빈도제한(안 제10조2 신설)

배아생성의료기관이 난자를 채취하는 경우 난자제공자의 건강보호를 위해 동일한 난자제공자로부터 평생 3회를 초과하여 난자를 채취할 수 없도록 하고, 난자채취일 후 6개월이 지나야 다시 난자를 채취할 수 있도록 함.

나. 배아 또는 태아 대상의 유전자검사 범위 확대(제14조 관련, 안 별표1의2)

배아 또는 태아를 대상으로 예외적으로 유전자검사를 할 수 있는 유전질환으로 혈우병 등 62종의 유전질환을 정하고 있는 바, 현재 유전자검사가 가능한 62종의 유전질환과 예후 및 치료법이 동등한 유전질환이 다수 존재하고 새로운 유전질환이 추가될 가능성이 있어 이를 보건복지가족부장관이 정하도록 하여 급속히 발전하는 생명 · 의과학발전에 신속히 대처할 수 있도록 함

다. 과태료 부과기준(제20조 관련, 안 별표3)

줄기세포주 등록, 줄기세포주 무상제공 위반 등에 대한 과태료 부과기준을 새로이 정함

상상력 키우기

새들에게 쓰는 편지 <부분>

몸과 마음의
무게를 덜어내고 싶을 때마다
오래도록
너를 그리워한다
살아서도
죽어서도
가벼워야 자유롭고
힘이 있음을 알고 있는 새야
먼데서 가끔은
나를 눈여겨보는 새야
나에게 너의 비밀을
한 가지만 알려주겠니?
모든 이를 뜨겁게 사랑하면서도
끈끈하게 매이지 않는 서늘한 슬기를
멀고 낯선 곳이라도 겁내지 않고
떠날 수 있는 담백한 용기를
가르쳐주겠니?

— 이해인

09

환경윤리

이 장의 목적

이 장은 환경에 관련된 여러 가지 문제점을 짚어보고, 그것과 관련된 윤리 문제를 검토해 볼 것이다. 오늘날 가장 시급하게 제기되고 있으며, 많은 관심을 쏟아야 할 영역이 환경문제이다. 환경 문제는 당장 해결 방법이 있는 것은 아니지만, 지속적인 노력에 의해서만 해결될 수 있다는 점에서 장기적인 관점이 필요하다. 우리는 환경문제를 바라보는 세 가지 관점을 이 장에서 살펴볼 것이다. 인간중심주의 관점, 생명중심주의 관점, 생태중심주의 관점을 통해서 환경을 바라보는 측면들을 다룰 것이다.

윤리적 논증 A

이 글을 읽어보고 어떤 평가를 내릴 수 있는지 살펴보자.

저는 공해를 비롯한 환경을 위협하는 다른 요소들에 대해 큰 우려를 하고 있습니다. 그럼에도 불구하고 극단적 환경론자들의 요구는 고도의 사변적인 이론을 발표할 개인과 국가의 자유를 포기하도록 만든다고 생각합니다. 이는 어리석고 위험한 일입니다.

환경에 대한 우려로 인해 미국인들은 수백억 달러의 비용을 지출했고 세계시장에서의 국가 경쟁력도 현저히 위축되었다는 것은 의심의 여지가 없습니다. 그들이 부활시켰던 일련의 각종 세금, 규제, 관리감독 등의 정책에 만족하지 못한 환경보호 로비스트들은 4월 22일로 예정된 1990 지구의 날에 미국의 제조업자들을 향해 또 다른 맹렬한 공격을 가할 태세입니다. 하지만 많은 과학 전문가들도 이제는 환경론자들의 주장 대부분을 근거 없는 헛소리로 느끼고 있습니다.

환경론적 극단주의의 한 예가 1990 지구의 날 사무총장 센입니다. 콜로라도 티머시 워스는 다음과 같이 말했습니다. "지구 온난화 문제에 악착같이 매달려야 한다.…이론이 틀리게 된다 하더라도 우리는 경제와 환경 정책 측면에서 옳은 일을 하게 될 것이다."

매사추세츠 공과대학의 리처드 린젠 교수와 스크립스 해양과학 연구소의 제롬 나마이스는 지구 온난화와 관련된 예측들은 "매우 부정확하고도 온통 불확실해서 정책 입안자들에게는 그야말로 무용지물이다."라고 주장합니다.

환경론자들은 정부와 국제기구를 향해 자신들이 계속해서 강조하는 위협적인 상황에 맞서 싸울 것을 요구하지만, 제가 보기에 그들이 내세우는 많은 위협들, 예를 들어 오존층 감소를 포함한 위협들이 신뢰할 만한 증거들을 토대로 한 적이 없습니다. 피터 벡맨 교수는 지금까지 수집한 빈약한 자료를 토대로 확실한 결론을 이끌어 내려는 시도는 우스꽝스러운 일이라고 결론 내렸습니다.

환경론자들의 선전은 부시 대통령마저 굴복시켰을 만큼 강력합니다. 4월 22일을 1990 지구의 날로 선언할 당시 그는 '지구 환경론적 우려들에 대처하는 국제연합 결성' 을 제안하였습니다. 이는 환경론자들의 거친 주장들보다 더 두려운 자발적인 주권의 양도를 뜻합니다.

이만 줄임.

[분석]

우선 중요한 핵심 개념을 살펴보자. '개인과 국가의 자유', '세계시장에서의 국가 경쟁력 위축', '주권'의 상실은 어떤 자유를 의미하는가? 이 핵심어에는 모두 자유라는 개념이 함축되어 있다. 이 두 형의 자유 사이의 관계가 어떤 것인지에 따라 두 개의 결론이 도출된다. 한 가지 결론은 만일 우리가 '극단적 환경론자들'의 말에 주의한다면, '개인과 국가의 자유'를 상실할 것이라는 것이며, 또 하나의 결론은 부시 대통령이 선언한 '두려운 …주권의 양도'를 가리킨다는 것이다. 그러면 이것을 논증으로 표현하면 다음과 같다.

1) 공해와 환경을 위협하는 기타 요소들에 관한 과학적 증거는 환경보호를 시행할 만한 척도가 아니다.
2) 근거가 없는 환경보호는 개인의 자유, 상실, 주권의 양도, 그리고 또한 세계 시장에서의 국가 경쟁력 약화를 초래할 것이다.
3) 그러므로 극단적 환경론자들의 목소리에 귀를 기울여서는 안 된다. 또는 환경보호에 관한 조치는 현재 빈약한 증거에 입각한 것으로서 정당성이 없다.

우리는 이 논증이 공정한지를 검토해볼 필요가 있다. 글쓴이는 윤리적 관점이나 원칙이 거의 없다. 수식어가 매우 격정적이고 비난으로 꽉 차 있다. 감정에 호소하는 오류를 저지르고 있다. 글쓴이는 자유의 상실과 환경 보호를 극단적으로 이분법적으로 분리하고 있다. 즉 환경을 보호하든지, 개인과 국가의 자유를 보호하든지이다.

1)에 해당하는 근거가 미흡하다. 대학교수라는 말 외에는 신뢰할만한 증거자료를 제출하지 않고 있다. 위의 논증은 전제와 결론의 관계가 미약하다. 환경보호 조치에 들어가는 비용은 '세계시장에서의 국가 경쟁력 상실'을 낳는다는 것, 즉 국가경쟁력을 유지하면서 환경도 보호할 수는 없다는 것이다.

신문보기

"사람이 살 땅 못 된다" 日 끝내 후쿠시마를 버리다

"現기술론 방사능 제거 불가능"
여의도 11배 '죽음의 땅'으로

일본 정부가 후쿠시마(福島) 원전 사고 직접 피해 지역의 3분의 1에 달하는 약 92km^2 지역에 대한 방사능 오염 제거 작업을 포기했다. 방사선량이 50mSv(밀리시버트 · 이하 연간 누적치)가 넘어 현재의 오염 제거 기술로는 방사선량을 사람이 살 수 있는 기준치인 20mSv 이하로 낮출 수 없다는 판단에 따른 것이다. 한국 여의도 면적의 약 11배에 달하는 땅이 버려진 땅이 되어버리는 것이다.

후쿠시마 제1원전 주변 방사능 오염 상황 (단위: 밀리시버트)

방사능 오염 제거 주무부처인 환경성은 27일 후쿠시마 제1원전 주변 피폭 지역에 대한 방사능 오염 제거 계획을 발표했다. 지상 1m 높이에서 측정한 방사선량에 따라 '피난지시 해제 준비구역'(20mSv 이하), '거주 제한구역'(20mSv 초과~50mSv 이하), '귀택(歸宅) 곤란구역'(50mSv 초과)으로 나누고 50mSv 이하 지역은 2014년 3월까지 주거 가능 기준치로 낮춘다는 계획이다.

그러나 50mSv가 넘는 고농도 피폭지역은 방사선량을 낮추는 데 한계가 있다고 판단해 오염 제거 작업을 단념했다. 귀택 곤란구역은 사고 후 주민 대피가 이뤄진 직접 피해 지역의 3분의 1에 이른다. 현재 원전 사고로 대피 중인 6만 가구 중 상당수는 집으로 돌아갈 수 없게 된 것이다. 또 일부 지역에서는 방사성물질 오염 정도에 따라 마을이 3등분 되는 곳도 나오고 있다. 한 촌장은 "오염 정도에 따라 일부 주민만 돌아가도 좋다고 해봤자 지역사회로서 기능을 할 수 없다"며 "여러 사정을 종합해 오염 제거 가능 지역과 불가능 지역을 다시 나눠야 한다"고 말했다. 환경성은 원전 사고 주변 지역의 방사선량을 우선 2년 내에 절반으로 줄인 뒤 장기적으로는 사고 이전 수준인 연간 1mSv 이하로 낮추겠다는 목표를 세우고 있다. ▼ "사람이 살 땅으론 회복 못해"… 결국 死地로 ▼이에 따라 환경성은 7월부터 본격적인 오염 제거 작업에 들어갈 계획이지만 효과는 장담하지 못하고 있다. 오염 제거는 도로나 지붕에 세제와 물을 뿌리거나 오염지역의 토지 표면을 긁어내는 방식으로 이뤄지는데 구석구석에 끼어있는 방사성물질까지 씻어내기가 쉽지 않기 때문이다. 고농도 방사성물질이 조금이라도 남아 있으면 방사선량은 떨어지지 않는다. 원전 전문가들은 오염 제거 작업으로 낮출 수 있는 방사선량은 10% 안팎에 불과할 것으로 보고 있다. 환경성 간부조차 "몇 번이고 오염 제거를 해도 효과는 한정적이다. 자연적으로 없어질 때까지 기다릴 수밖에 없다. 방사성물질 제거에 마법의 지팡이는 없다"고 한계를 인정했다. 오염 제거 작업으로 나온 오염토의 보관 장소를 찾는 것도 문제다. 환경성은 오염토를 귀택 곤란구역에 임시 보관한다는 계획이지만 지역 주민의 반발이 만만치 않다. 또 오염 제거 작업에 필요한 3만여 명의 인력을 구하기가 쉽지 않을 것으로 보이는 가운데 작업원의 피폭 문제를 해결할 방법도 찾지 못하고 있다. 이날 주민대피 지역인 후쿠시마 시 도미오카 마을을 현지 취재한 CNN방송은 마을 내 편의점에는 물건들이 널브러져 있었고 쇼핑센터 주차장에는 승용차가 버려져 있었다고 보도했다. 또 마을로 연결되는 철도는 열차들이 다니지 않아 잡풀로 뒤덮여 폐허가 된 듯 을씨년스러운 모습이었다. CNN은 "시간이 완전히 멈춘 듯 유령도시를 보는 듯했다"고 전했다. 일본 정부는 원전 사고 주변 지역의 방사선량을 사고 이전 수준인 연간 1mSv 이하로 낮추겠다고 장담하지만 이를 믿는 주민은 거의 없는 실정이다. 5대째 도미오카 마을에서 살아온 농부 마쓰무라 나오토 씨(52)는 CNN과의 인

터뷰에서 "정부나 도쿄에 사는 사람들은 여기서 진짜로 벌어지는 일들을 모르고 있다"며 "정부가 농부에게 자식과도 같은 가축과 애완동물들에 대한 보호책은 전혀 내놓지 않은 채 사람만 나가라고 한다. 차라리 고향에서 죽겠다"고 말했다. 또 다른 주민은 "오염 제거 작업도 중요하지만 우리가 생활할 수 있는 방안을 먼저 마련해야 하는 게 순서 아닌가"라고 정부를 비판했다. 김창원 동아일보 | 2012.01.28

➡ 이 기사를 보고 과학기술의 발달이 인간의 삶에 어떤 영향을 미칠 수 있는지를 생각해 보라. 우리가 편리하게 사용하는 다양한 기술들이 얼마나 큰 악영향을 끼칠 수 있는지를 숙고해 보라.

1. 왜 환경윤리인가?

자연에 대한 녹색갈증(biophilia)은 점점 증폭되고 있으며 에코토피아(echotopia)에 대한 그리움은 더욱 더 절박해져 간다. 이제 더 이상 자연 생태계에 대한 테러(ecoterrorism)가 진행되어서는 안 된다. 이에 대한 윤리적 반성과 대안이 시급히 마련되지 않으면 안 된다. 환경 윤리학은 무엇인가? 환경 윤리학은 인간의 행동의 규범, 즉 어떤 행동이 윤리적으로 적절한 행동인지를 결정하는 도덕적 기준을 제시하는 전통적 윤리학과는 다르다. 물론 환경 윤리학은 전통적인 규범 윤리학과 관계를 갖지 않을 수 없다. 왜냐하면 환경 윤리학 역시 자연환경에 대해 인간이 마땅히 지켜야 할 윤리적 규범을 제시하기 때문이다. 그러나 전통적인 규범 윤리학만으로써는 환경문제에 적절하게 대처할 수 있는 구체적인 대안이 마련될 수 없기 때문에 전통적인 규범 윤리학을 비판적 관점에서 연구하지 않을 수 없을 것이다.

전통적인 규범 윤리학이 인간의 행동의 규범을 제시하는 인간중심의 윤리학이었다면, 환경윤리학은 인간과 인간 이외의 다른 존재들에게까지 윤리적 원리의 적용 범위를 확장해야 할 필요성을 제기한다. 예컨대 "네 이웃을 네 몸과 같이 사랑하라"는 인간중심의 윤리적 명령이 이제 "자연을 네 몸과 같이 사랑하라"는 자연중심의, 혹은 생태중심의 윤리학으로 확장되어야 할 필요성이 인식된다.

그러므로 환경 윤리학은 우선 전통적인 인간중심주의에 대한 저항(?)에서 그 논리적 타당성을 확보하려고 한다. 특히 "아는 것이 힘이다"는 근대 철학자 베이컨의 선언은 인간에게 자연을 지배할 권리를 넘겨 주는 철학적 원리가 되었다. 근대 이성적 인간이 자연을 지배할 권리를 정당하게 가질 수 있게 됨으로써, 이성은 자연을 공격하고 조작하고 가공하는 힘을 가지게 된다. 인간과 자연의 근원적인 연대성이 파괴되기 시작한 것이 바로 근대 이성이 자연에 대해 주도권을 가지게 되면서부터이다. 그것도 단지 자연은 생각하지 못하는 데 반해 인간은 생각하는 기능인 이성을 가졌다는 알량한 자만감에서 비롯된 것이다.

고대에서는 인간과 자연은 서로 적대적이지 않았다. 고대인들은 자연 역시 살아 있는 생명을 가진 것으로 규정하였으며, 인간 행동의 규범을 오히려 자연에서 이끌어 내었다. 소위 고대인의 물활론(hylozoism)은 인간과 자연은 똑 같은 생명적 유기체로서 서로가 목적론적 질서 속에서 연대성을 가지면서 함께 공존하는 것으로 파악하였다. 그리고 중세 역시 인간이나 자연은 똑 같이 한갓 피조물이라는 연대성을 가진 것으로 파악되었다. 인간에세 신이 준 자연을 다스릴 권리는 결코 자연을 지배할 권리가 아니다. 신이 마지막 날에 창조한 인간은 자연을 지배할 주인이 아니라, 자연을 지키고 보호해야 할 목자이다.

그러나 근대 이후 인간은 이성이란 무기를 가진 자연의 지배자로 등장한다. 인간의 운명을 개선하기 위해서 자연의 본성을 알아야 했고 그 본성을 알아야 할 이유는 결국 자연을 정복하기 위한 것이었다. 인간의 지식과 권력의 야합은 이 때부터 가속화되었다. "아는 것이 힘이다"는 베이컨의 선언은 인간 사유의 패턴을 과학적 사유로 변형시키고, 이제 지식은 자연을 정당하게 지배하기 위한 도구로서 등장한다. 근대의 과학성은 결국 자연의 파괴성이란 이름으로 대체되고, 이성철학의 승리 후에 남은 전리품은 황폐화된 자연뿐임을 근대인들은 그 당시로서는 인식하지 못했다. 베이컨이 꿈꾸었던 "뉴아틀란티스"는 결국 자연을 철저하게 파괴하고 난 이후에나 얻어질 과학적 디스토피아(dystopia)일 뿐이다. 근대적 유토피아는 그 출발부터 이미 생태적 허무주의를 잉태하고 있었다. 그러므로 우리는 환경 윤리학의 출발점을 근대의 인간 중심주의, 정확하게는 이성중심주의를 비판적으로 극복하는 데서 찾아야 한다.

2. 근대 인간중심주의에 대한 환경윤리적 대안

환경 윤리학이 인간과 자연의 근원적인 유대성을 회복하기 위한 윤리적 반성이라는 점에 서 인간중심주의와는 양립할 수 없다. 왜냐하면 인간중심주의는 인간만이 도덕적 관점에서 고려할 수 있으며, 인간에게만 도덕적 의무를 제시할 수 있기 때문이다. 인간이 본래적으로 가지고 있는 가치는 어떤 존재가 가진 가치보다도 우월하며, 오로지 인간의 이해관계나 복지만을 우월한 가치로 여기는 인간중심주의(anthropocentrism)는 환경 윤리학과 근본적으로 친화적일 수 없다. 그러므로 인간중심주의는 환경윤리적 관점에서 보면 자연의 적이다. 인간 종에 대한 우월권을 인정하는 종족주의(speciesism)는 환경윤리학과 양립할 수 없는 인간중심의 이데올로기로 고발된다.

인간중심주의가 환경 윤리학과 양립할 수 없는 이유를 피터 싱어(Peter Singer)는 다음과 같이 들고 있다. 인간중심주의는 인간종족주의만큼이나 편견에 사로 잡혀 있다. 그는 동물에 대한 인간의 우월의식은 흑인에 대한 백인의 우월의식, 여성에 대한 남성의 우월의식만큼이나 오래된 편견이라고 말한다. 인간중심주의는 인간이 가진 이성의 우월성에 근거하고 있는데, 이것 역시 편견의 산물이다. 테일러(P.Taylor)는 인간이 이성을 가지고 있는 반면에, 동물은 인간이 갖지 못하는 다른 능력을 갖기 때문에, 이성이 인간의 고유한 기능은 될 수 있지만, 그것 때문에 인간에게 특권이 부여될 수는 없다고 말한다. 예컨대 새는 나는 데 있어 인간보다 우월하고 원숭이는 나무를 타는 데서 인간보다 우월하다. 그리고 식물은 광합성 작용을 한다.

이런 관점에서 환경 윤리학은 인간을 넘어 인간 이외의 생명을 가진 모든 존재자들에게까지 윤리적 범주가 확장되어야 한다는 입장을 제시한다. 인간만이 아니라 생명을 가진 모든 존재자들을 환경 윤리학의 적용대상으로 삼아야 한다는 소위 생명중심주의가 인간중심주의에 대한 환경윤리적 대안으로 등장한다. 왜냐하면 환경 윤리적 관점에서 보면, 인간중심주의는 자연과의 새로운 관계 모색이라는 윤리적 과제를 해결하는 데 장애가 되기 때문이다.

생명중심주의(biocentrism)의 사상적 연원은 아마 슈바이쩌 박사에서 찾을 수 있을 것이다. 그는 그의 ≪생명에의 외경≫에서, "바깥에서 보면 자연은 아름답고 위대하다. 자연의 교과서를 읽어보면 하지만 몸서리쳐지는 대목이 없지 않다. 자연이 겪는 악몽은 거의 절망적이다! 가장 가치있는 생명이 가장 비천한 유기체에 의해 희생된다."라고 쓰고 있다. 근대의 인간, 아니 이성중심주의에 의해 파괴된 자연의 생명을 복권하려는 윤리적 대안이 마련될 수 있는 철학적 근거를 제세해 보인 사람 중 아마 독일철학자 하이데거를 거명하는 데 이의를 달 사람은 없을 것이다.

윤리적 논증 B

피트 스티그마는 오리건 주의 스위트홈에 있는 국제 벌목 회사의 현장감독이다. 그의 회사는 지난 2년간 74명의 사람들을 해고한 것은 물론 세 군데 제조공장 중 한 곳을 폐쇄했다. 잔점박이 올빼미 보호를 위해 일등급 소나무 숲 수백만 에이커를 보존하도록 한 최근의 법규로 인해 강제 휴업과 함께 또 다른 공장이 폐쇄될 것으로 보인다. 피트의 일자리는 상대적으로 안정적인데, 그 이유는 수년 동안 그 회사에서 일해 왔고, 선임인데다가 머지 않아 퇴직할 것이기 때문이다. 피트의 회사는 그에게 원주민 보호구역 내 자갈길에서 멀리 떨어진 곳에서부터 벌목하라고 지시했다. 그 지역과는 멀리 떨어진 데다가 새로운 기계 장치 덕분에 그 지역의 벌목이 신속히 이루어질 수 있다는 점 때문에 작업을 마칠 때까지는 발각되지 않으리라는 것을 알고 있다. 그 당시에 만약 작업 사실이 알려진다면, 회사는 약간의 벌금을 지불할 것이지만 판매가를 약간 인상함으로써 고객들로부터 그 비용을 간단히 충당할 것이다. 피트는 늘 자신을 자연보호론자로 생각해 왔고 자신이 성장한 그 야생 지역을 사랑한다. 그러나 그는 반대편 동부의 '자연보호론자들' 이 방문을 한 번도 한 적이 없는 지역에 끊임없이 참견한다는 생각이 들면서 점차 화가 나기 시작했다. 그들은 벌목 사업을 제한하고 일자리를 잃게 한 입법에 책임이 있는 사람들이다. 만일 그가 회사의 명령에 복종한다면, 그는 고용인으로서 충성의 의무를 다하는 것일 뿐만 아니라 일자리를 일부 지킬 수 있다. 그는 어떻게 해야 하는가?

(커틀러, 맹주만 · 김진형 옮김, 2009 참조)

고려할 것: 환경문제와 관련해서 발생하는 대부분의 윤리적 긴장은 일자리 대 환경의 문제를 두고 발생한다. 일자리를 지키거나 창출하면서, 혹은 둘 다 하면서 환경을 보전하는 일은 가능한가? 직업이란 것이 모든 사람이 하나의 인격으로서 갖는 권리인지도 자문해 보라. 고대 그리스나 로마인들은 노동이 품위를 떨어뜨린다고 생각했다. 청교도의 노동 윤리가 19세기에 미국에 확산

되면서 노동은 자존감의 필수조건이 되었다. 국민연금이 국민들에게 일하지 않고도 안락한 생활을 영위하도록 돈을 줄 수 있다면, 일자리가 유지되기를 기대하는 오늘날에 비해 세상은 사실에 더 나쁜 곳이 될 것인가? 윤리적 원칙과 관점을 고려해서 500자 이내로 논증하시오.

3. 인간중심주의에서 존재중심주의로

하이데거의 존재론적 대안은 환경 윤리적 관점에서 인간중심주의에서 탈인간중심주의로 전환하는 동기를 만들어 준다. 우선 하이데거는 근대 이성이 자연에 대해 폭력을 가해 온 잘못된 역사를 해체하는 데서 시작한다. 인간은 사물의 이치를 따져서 그 본질을 파악할 수 있는 능력인 이성을 가지고 있기에, 인간 이외의 다른 모든 존재에 비해 존재론적 우월성을 부여받아 온 근대의 이성중심의 역사를 존재론적으로 해체한다. 인간이든 동물이든 그 이외의 어떤 다른 존재도 '존재한다'는 관점에서는 동일한 권리를 갖는다. 존재론적 관점에서는 인간이 존재의 중심에 설 근거가 없다. 그런데도 불구하고 인간이 존재의 중심에 서서 자연을 인간을 위한 도구나 부품으로 전용해 온 것은 인간중심주의의 편견에 기인하는 것이다.

하이데거는 우선 기술의 본질을 밝히는 것에서 시작한다. 그는 전통적으로 기술을 단지 무엇을 만들기 위한 수단으로 생각해 온 것을 비판한다. 이렇게 기술의 본질을 목적을 이루기 위한 수단으로 생각하는 것은 인간이 일하는 곳에서는 늘 그때마다 정해진 목적대로 기계들이 작동한다는 생각에서 비롯된 것이다. 그러므로 하이데거는 기술은 어떤 기술적인 것이 아니라고 말한다. 기술의 본질은 기술적인 것에 있지 않다는 것이다. 그는 기술의 본질을 통상적인 인간적 행위와 연관해서 목적을 위한 수단으로 생각하는 오해를 "기술의 도구적 · 인간학적 규정"이라고 부른다. 현대의 기술의 본질을 이렇게 통상적으로 규정하여서는 자연뿐만 아니라 인간 자신조차도 기술에 의해 스스로 조작되고 있다는 심각한 위기를 의식할 수 없다.

그러므로 하이데거는 현대 기술의 본질을 근본적으로 다시 사유하기를 요구한다. 그는 기술은 자연을 은폐되어 있는 상태에서 억지로 밖으로 꺼집어 내어 노출시키려는 데 그 본질이 있다고 말한다. 자연을 그것이 있는 그대로 내버려두지 않고 어떻게든 인간의 이익을 위해 개발하고 가공할 목적으로 인위적인 방식으로 인간 앞에 세워 놓는 것이 바로 기술의 본질이다. 인간에 의해 개발되고 착취되기를 거부하는 자연에게 채근하고 닦달하는 것이 기술이다. 예컨대 자연에게 에너지를 내놓으라고 채근하고 자연을 하나의 거대한 급유소나 에너지원으로 인간 앞으로 꺼집어내는 것이 기술이다. 자연은 인간에 의해 끊임없이 무엇을 내어 놓으라고 주문당한다.

따라서 기술은 자연을 있는 그대로 내버려두지 않는다. 자연은 인간이나 신들에 의해 간섭받기 이전부터 스스로 발현하여 스스로 소멸하는 나름의 질서를 가지고 있다. 자연이 이러한 질서대로 생성소멸하도록 내버려 두어야 한다. 자연을 있는 '그대로 내버려둠' 이란 자연에 대한 무관심이 아니라, 자연을 더 이상 인간에 의해 개발되고 착취되어서는 안 될 그 자체의 가치를 지니고 있는 고유한 존재로서 인식함을 의미한다. 자연을 인간의 손아귀에서 놓아 주고 오히려 자연으로부터 들려오는 소리에 귀를 기울이기를 촉구하는 하이데거의 선언은 환경 윤리학의 형이상학적 토대가 된다. 인간 주체성이 오만하게 자연의 주인이고자 했던 태도에서 거리를 두고 이제 더 이상 침묵하기를 거부하는 자연의 소리에 엄숙하게 귀를 기울이기를 촉구한다.

근대인들이 인간의 유한성이란 운명을 인위적으로 극복하기 위해, 자연을 생명없는 내구재(耐久財)로 가공하면서 가속화된 환경의 심각한 황폐화는 결국 인간 자신도 내구재로 전락시킨다. 그리고 인간의 생존을 위해서는 자연을 지속적으로 닦달하지 않을 수 없는 상황으로 나아가지 않을 수 없었다는 것이 하이데거의 해석이다. 근대 과학적 사유보다 근원적인 사유인 시적 사유로 돌아가서 근대 과학기술적 사유에 의해 망각된 자연 존재의 고유한 가치를 그것이 있는 그대로 폭로하려는 하이데거의 형이상학은 한편으로는 매우 구체적인 실천적 대안이 결여되어 있다는 느낌을 주지만, 어쩌면 오랫동안 과학적 사유에 취해 있는 현대인들에게는 환경윤리적 의미를 가진 신선한 충격적 선언이라고 생각할 수 있다. 이것은 근대인들에 의해 생명없는 '천체' 로 경색되어버린 자연의 본래성, 즉 인간 실존의 거주지로서의 대지(Erde)를 회복하려는 존재론적 회상임을 잊어서는 안 된다. 인간의 조작적 사유에 의해 재단되기를 거부하는 자연의 침묵을 알량한 인간 이성에 대한 저항으로 되새겨 들을 수 있을 때, 과학 기술에 의해 망각된 인간의 삶의 원래의 거주지인 자연을 생태학적 고향으로 확인할 수 있을 것이다.

사례

소말리아, 케냐 및 에티오피아에서 굶주림으로 식량을 찾아 고국을 떠난 수백만의 사람들도 환경 난민이다. 언론매체는 이런 난민들이 마치 가뭄과 내전의 희생양인 것처럼 말하지만 이것이 전부는 아니다. 이러한 재앙의 주요 원인은 환경 파괴이다. 인구 과밀로 인한 집약 농업은 비옥한 토양을 소모시켰고 숲은 연료로 사용하기 위해 잘려 나갔다. 토양은 유기물질이 적어 가뭄을 이겨 내는데 필요한 물을 더 이상 함유할 수 없다. 훼손된 자연이 원래대로 회복되려면 수백 년이 걸리기 때문에 대부분의 난민들은 결코 고국으로 돌아갈 수 없다. 우리는 난민을 전쟁, 자연재해, 또는 정치적 억압으로 인해 그들의 고향을 포기한 사람들로 정의 하고 있다. 환경 난민이 도착했을 때 국가는 무엇을 할 수 있고 해야만 하는가? 서유럽과 미국은 이민자들 중 일부는 정치적 난민으로 분류하고 나머지 대부분을 불법 이민자로 분류하고 그러한 문제를 회피해 왔다. 우리는 환경 난민을 받아들일 수 있는가? 이것의 궁극적인 해결책은 무엇인가?

4. 인간중심의 윤리학에서 자연중심의 윤리학으로

자연에게 도덕적 권리를 돌려주려는 한스 요나스(Hans Jonas, 1903.1993)의 목적론적 자연관은 환경윤리학을 새로운 차원에서 정립하는 데 기여를 한다. 목적론적 자연관이란 인간만이 목적을 가지고 살아가는 것이 아니라 자연 자체도 목적을 가지고 활동하는 것으로 인정하는 자연관이다. 인간이나 자연은 스스로 목적에 부합하는 활동을 하면서 목적론적으로 하나의 유기체를 구성한다. 근대의 기계론적 자연관에 의해 단절된 목적연관을 복권하여 전통적인 인간중심주의를 넘어서려는 요나스의 대안은 매우 참신한 환경윤리적 대안이다.

전통 윤리학이 이성에 호소하여 윤리적 원리를 정립하려고 했다면, 이제 환경파괴에 직면하여 생명 자체에 위협을 당하고 있는 현대의 윤리학은 생명 자체를 존경하고 책임지는 윤리학으로 전환하지 않으면 안 된다. 전통적인 규범윤리학이 인간과 인간 사이의 행동규범을 제시하는 것이라면, 이 시대의 환경 윤리학은 인간 뿐만 아니라, 자연의 생명 자체에 대한 책임과 존경을 강조하는 새로운 윤리학으로 전환되어야 한다. 그렇지 않고서는 인간은 이제 더 이상 자신의 실존을 보장받을 수 없기 때문이다. 그러므로 전통 윤리학의 미시적 관점을 넘어서 거시적이고 전체론적인 관점에서 윤리적 원리가 확장되어야 한다. 새로운 거시 윤리학은 '자연-윤리학' 이라 부를 수 있을 것이다. 물론 자연-윤리학은 자연의 존재와 가치만을 정당화하려는 인간중심주의에 대립된 자연중심주의의 산물로 생각해서는 안 된다. 다만 전통적인 인간중심적 윤리학이 초래한 생태적 위기를 극복하기 위해 자연 자체의 목적과 생명을 함께 고려해야 한다는 의미에서 '자연-윤리학' 이란 이름을 붙일 수 있을 것이다. 물론 이 이름은 전통 윤리학의 관점에서 보면, 마치 '나무로 만든 쇠' 라는 표현처럼 형용모순에 빠질 것이다. 하기야 이 '형용모순' 이란 단어 역시 인간의 이성이 조작해 놓은 논리적 술어일 뿐이리라!

이제 환경 윤리학은 개인의 이성이나 도덕감에 의존하여 개인적이고 주관적이며 즉흥적인 도덕원리를 제시하기보다는 정책적이고 공적이어야 한다. 왜냐하면 환경 문제는 더 이상 한 개인의 문제나 국지적인 문제가 아니라 전지구적인 문제이기 때문이다. 따라서 개인의 행동에 대한 도덕적 책임과 자연의 가치와 존재 자체에 대한 책임은 다른 것이다. 그러므로 존재론적으로 요구된 책임(responsibility)과 이미 행해진 행위에 대해 사후적으로 묻는 그러한 책임(accountability)은 다르다. 선은 인간 뿐만 아니라 자연 존재 자체에 대한 긍정이며, 부정은 악이다. 선은 인간에게 선천적으로 주어져 있는 도덕법칙에 따르는 것이 아니라, 존재 자체에 대한 강한 긍정을 의미한다. 이처럼 요나스는 하이데거의 존재론적 사유에 힘입어 선과 악을 존재와 비존재(파멸)의 관점에서 파악한다.

따라서 자연에 대한 책임은 한 개인의 도덕적 완성을 위한 것이 아니라 공공의 생존을 위한 불가피한 선택이다. " 너의 의지의 준칙이 항상 그리고 동시에 보편적 입법의 원리로서 타당하도록 행동하라" 는 칸트의 정언명법은 "너의 행위의 결과가 진정한 인간적 삶이 이루어질 미래의 가능성을 파괴하지 않도록 행동하라" 로 전환되어야 한다. 이런 점에서 환경 윤리학은 생존을 위한 윤리학이고, 미래를 위한 윤리학이며, 후손을 위한 윤리학이다.

5. 생명중심주의와 생태중심주의

하이데거와 요나스를 이어 진행되는 환경 윤리학은 해석상의 차이 때문에 다소 다른 맥락을 제시해 보인다. 생명중심주의를 생태중심주의와 구분하려는 경향이 두드러진다. 생명중심주의는 인간이나 인간이 아닌 모든 생명을 가진 존재가 자는 자연을 이해하고 평가하는데 있어서 먼저 생태학이 일차적 역할을 해야 한다고 주장한다. 생명중심주의가 생명을 가진 하나 하나의 고유한 존재 가치를 지나치게 강조함으로써 생태학적 관점에서 접근하지 않는다는 입장에서 생태중심주의는 일종의 심층 생태학의 관점을 취한다.

생명중심주의의 대변자인 테일러(Paul Taylor)는 다음과 같이 정리한다.

첫째, 인간은 다른 생명체들과 마찬가지로 지구 생명 공동체의 구성원이다.
둘째, 지구의 자연적 생태 체계는 이 구성원들이 서로 복잡하게 얽혀 있다.
셋째, 모든 생명체는 나름대로 자신의 존재에 가장 바람직한 것을 추구하는 '생의 목적론적 중심이다. 그리고 마지막으로 인간은 다른 생명체보다 우월하지 않다. 따라서 테일러는 '살아 있음(being alive)' 을 도덕적 고려 가능성의 충분조건으로 본다. 싱어(Peter Singer) 역시 동물해방론을 주장하면서 고통과 즐거움을 느낄 수 있는 감응적 존재는 모두 다 도덕적 고려의 대상이 되어야 한다고 주장한다.

그러나 이러한 (얕은)생태학은 심층 생태학의 관점에서 보면, 자연에 대한 존경을 확실하게 표현하지 못한다. 생태 중심주의(ecocentrism)는 개별적 유기체의 중요성을 강조하기보다는 유기체들 사이의 관계를 더 강조한다. 왜냐하면 그렇지 않을 경우, 생명을 가진 것 중에서 인간이 아직도 그 중심에 서려는 경향을 완전히 떨쳐 버릴 수 없기 때문이다. 모든 하나 하나의 존재는 똑 같은 도덕적 권리를 가진다고 생각하기보다는 각각의 능력에 따라, 예컨대 고통과 쾌감을 느끼는 정도인가 아니면 그것을 넘어서 지능이 있는지 등등의 정도에 따른 도덕적 중요성의 다양한 단계를 인정하는 인간중심주의적 경향을 떨쳐 버릴 수 없는 것이다. 따라서 얕은 생태학이 자연의 오염이나 자원고갈에 접근하는 방식은 어디까지나 인간의 건강과 보다 나은 삶을 위한 것이다. 인간 이외의 다른 존재의 생명이나 가치를 고유한 것으로 존경한다는 생명중심주의자들은 결국 인간과 자연의 각각의 고유한 가치를 인정함으로써 또 다시 근대적인 이원론에 빠질 위험성이 있다. 이러한 것은 생태중심의 평등주의(egalitarianism)에 의해 비판되어야 한다.

그러므로 생태중심주의자들의 입장에서는 생태학적 연관성을 먼저 강조함으로써 이와같은 근대적 오류에 다시 빠져들지 않으려고 한다. 처음에는 테일러와 같이 '살아 있음' 을 도덕적 고려 가능성의 충분조건으로 인정하는 생명중심주의의 입장을 취했다가 차츰 생태중심주의로 전환하는 굿페스터(Kenneth Goodpaster)는 자연을 생태적으로 연관되어 있는 통일체로 규정하지 않을 경우, 자칫 생명을 가진 것에만 도덕적 존경의 가능성을 인정할 위험에 빠진다는 것을 강조한다. 생태적인 통일 체계는 인간, 동 · 식물 그리고 박테리아로 구성되어 짜여져 있기 때문에, 어느 특수한 개별자에게만 윤리적 범주를 적용해서는 안 된다는 점을 덧붙이고 있다.

특히 생태중심주의적 윤리학에 있어서 가장 영향력이 있는 레오폴드는 그의 저서 ≪땅의 윤리학≫(The Land Ethics)에서, 동물, 식물 그리고 땅까지 도덕적 고려 대상으로 인정해야 한다고 주장한다. 땅은 우리가 속해 있는 생물학적 공동체이기에, 우리 자신을 땅의 정복자로서 아니라 시민으로서 그리고 개인으로서가 아니라 공동체 전체에로 시선을 옮기도록 요구한다. 그러므로 그는 "하나의 사물이 생명 공동체(biotic community)의 통합성과 안정성 그리고 아름다움을 유지하려고 하면 도덕적으로 옳고 그렇지 않으면 그르다." 고 말한다. 생태중심주의자들에 의하면, 생태학은 우리가 자연을 이해하는 길을 생태학 이전과는 전혀 다르게 제시해 준다. 자연은 서로 분리된 개별자들의 단순한 집합체가 아니라 서로 서로 내적으로 의존하고 있는 생명 공동체이다.

이러한 사실은 가이어가설(Gaia hypothesis)에 의해 더욱 확실해진다. 가

이어 가설에 의하면, 지구는 지구 생태계 속에서 생물적, 물리적, 화학적 구성요소가 대기권과 기후의 특성을 조절하는 하나의 초유기체(superorganism)와 같은 본성을 가진다. 지구 생태계는 항상성을 유지하려고 하는 하나의 생명체의 시스템처럼 지구의 모든 생물지화학적(biogeochemical) 작용의 통합된 얼개에 의하여 지속가능하다. 이처럼 생태중심주의자는 자연의 모든 구성요소를 하나의 생명으로 인식하면서 그 요소들은 수많은 고리로 이어져 있어서 균형을 유지한다는 전제에서 출발한다. 이것은 어쩌면 서구의 과학기술적 사고에 의해 파괴된 생태적 질서를 동양적 사고에 힘입어 극복하려는 태도라고 말할 수 있을 것이다.

그리고 생태중심주의자들에 의하면, 동물 역시 인간과 함께 도덕적으로 적합한 특성을 가지고 있기 때문에 동물에로까지 도덕적 영역을 확장시켜야 한다는 싱어(Singer)의 '도덕확장론' 은 스스로는 인간중심주의를 극복했다고 하지만, 동물을 인간에 비해 열등한 것으로 취급하는 전통적인 윤리학적 관점을 벗어나고 있지 못하다. 인간의 윤리학적 기준을 인간과 유사한 특성을 가지고 있다고 해서 동물에게까지 확대 적용해야 한다는 싱어의 생각속에는 동물이 결코 인간에 의해 측정되지 말아야 한다는 생태중심주의적 입장이 충분히 반영되지 못한다. 로드만(F.Rodman)에 의하면, 동물은 우리 인간보다 더 오래되고 완전한 세계에서 우리가 잃어버렸거나 결코 얻을 수 없는 확장된 감각능력을 선천적으로 가지고 태어나서, 우리가 결코 들을 수 없는 목소리로 살아가면서 [자신들의 삶을] 이미 마무리했고 완성했다.

이상과 같은 두 입장을 비교하여 요약하면, 생명중심주의는 생물과 무생물 사이의 생태학적 통일성을 충분히 인식하지 못했다는 점에서 비판을 받아야 할 것이다. 물론 근대의 이성 중심주의를 나름대로 극복할 수 있는 충분한 계기는 제시했지만, 그럼에도 생명을 가진 것에만 윤리적 기준을 적용함으로써 아직 전통적인 인간중심의 윤리학을 벗어나지는 못했다. 이에 반해 생태중심주의는 생물/무생물 이원론을 생태학적 통일성 속에서 충분히 극복할 수 있었다. 그러나 생태중심주의가 윤리적 기준을 생태학적 체계 전체에로 지나치게 확장함으로써, 개인의 복지와 삶이 '생태-파시즘(eco-fascism)' 에 종속당할 위험에 직면한다. 그리고 생태중심주의는 '생태적 통합성' 이나 '생태적 균형' 등과 같은 신비적 개념들에 호소하지 않고서도, 인간 이외의 세계에까지 도덕이 어떻게 확장되어야 하는지를 설명하는 것이 과제일 것이다. 만약 이러한 작업이 충분히 뒤따르지 않는다면, 생태중심주의에 대한 비판은 불가피하다.

읽기자료

이 모든 것이 다 어디서 왔는가? 꽃 한 송이를 피우기 위해 봄부터 소쩍새는 그렇게 울었나보다, 라고 하지만 어디 소쩍새만 그리 울었을까? 바람은 어디서부터 얼마나 먼길을 헤엄쳐 왔을 것이며, 햇살은 또 얼마나 먼 여행을 떠나와 그 꽃 잎새 하나하나에 닿았을까? 빗줄기는 얼마나 길고 긴 여정을 거쳐 깊은 뿌리를 적시고, 흙 속의 지렁이와 온갖 미생물은 얼마나 열심히 땅을 갈았을까? 얼마나 많은 길손들이 그 꽃에 사랑의 눈길을 쏟았을까? 얼마나 많은 새들의 노래 소리를 들었을 것이며, 구름의 하느작거리는 춤을 보았을 것이며, 새벽마다 남몰래 내려와 온몸을 적셔주는 이슬은 또 얼마나 많이 만났을까? 부드러운 나비의 날개와는 몇 번의 사랑을 나눴을까? 벌들과의 추억은 또 얼마나 깊이 새겨졌을까?

한 계절을 피었다 지는 꽃 한송이만도 그러한데 다른 생명들임에랴! 그 무수한 사랑과 기적 속에서 이뤄진 것들을 먹고 자란 나는 그러면 얼마나 큰 사랑의 결실이란 말인가? 한 송이 꽃을 자세히 오래 들여다보면 우주 전체를 한꺼번에 볼 수 있다는 말에 고개가 끄덕여진다. (내 짐은 내 날개다 중에서, 노은님, 2004, 27)

쟁 점 토 론

원자력 발전에 대해서 토론을 해 볼 예정이다. 원자력 발전이란 핵분열 반응에서 발생하는 에너지를 전기에너지로 변환하여 가정이나 산업체에 공급하는 것이다. 원자력 발전 역시 다른 발전소의 원리처럼 물을 끓여서 증기를 만들고 이 증기로 터빈을 돌려 발전을 한다는 점에서 다른 발전방식과 동일한 원리이다. 다만 물을 끓이기 위한 에너지원을 핵분열 반응에서 얻는다는 것이 차이가 있다. 핵발전소의 발전은 1953년 미국의 아이젠하워 대통령이 원자력을 핵무기 개발이 아니라 평화를 위해 사용하자는 선언 이후로 상업적 사용을 하게 된다.

세계적으로 원자력을 전력으로 사용하는 비중은 16% 정도이다. 국가별로는 미국이 20%, 일본과 독일이 25%, 스위스와 한국이 40%, 프랑스가 75% 정도이다. 미국이 104기를 보유하고 있고, 한국은 2015년까지 총 26기의 원전을 보유할 예정이다. 하지만 서유럽은 점차적으로 원자력 발전소의 비중으로 줄여나가는 추세이다. 독일은 2018년까지 기존의 원자력 발전소를 모두 폐쇄하기로 결정했다. 그와는 달리 아시아와 이슬람국가들은 원전 건설계획을 추가로 결정하고 있다. 일본은 후쿠시마 사고 후에도 원자력 발전소를 폐기할 계획은 없는 것으로 보인다. 이런 점을 미루어 볼 때, 한국에서 원자력 발전소를 계속 건설하는 것은 어떤 의미가 있으며, 과연 이것을 지속적으로 추구하는 것은 가능한지 혹은 타당한지를 살펴보자.

명제 1 원자력 발전은 지구온난화를 해결할 수 있는 환경친화적 대안이다.

yes입장

지구 온난화 문제가 생태계를 위협하는 큰 골칫거리로 부상하고 있다. 이는 이산화탄소 등 각종 온실가스를 다량으로 배출하는 화석연료의 과다 사용이 주원인이다. 특히 발전소에서 사용하는 화석연료로 국내 온실가스의 24% 정도가 배출되고 있다고 한다. 이런 온실가스를 줄이기 위한 현실적인 대안은 원자력 발전에 있다. 우라늄을 원료로 하는 원자력 발전에서는 오염물질이 거의 배출되지 않기 있기 때문이다. 원자력 발전은 전력 1kWh를 생산하는 데는 불과 16g의 이산화탄소를 배출하지만, 석탄은 891g, 천연가스는 356g의 이산화탄소를 배출한다. 원자력은 온실가스 방출 면에서 해안풍력이나 작은 수력과 비슷할 정도로 청정에너지다. 또한 이산화항이나 산화질소가 같은 산성비 유발 물질도 배출하지 않는다. 현재 전 세계는 기후변화협약을 통해 온실가스 감축에 대한 의무화를 서두르고 있다. 하지만 우리나라는 화석연료 사용 비중이 적지 않아 이산화탄소 증가율이 세계 1위인 상황이다. 경제 성장 과정에서 전력 소비의 증가세가 지속되고 있는 우리 현실에서 원자력 발전 비중을 높이는 길만이 온실가스를 감축하는 현실적인 방안이다.

No입장

원자력이 온실가스를 배출하지 않는 청정에너지라는 주장은 에너지 발전과정만을 단순 비교한 오해다. 막대한 양의 화석연료가 우라늄 채굴과 발전소 설비 건설 및 운영, 폐기물 처리 과정 등에서 발생한다. 또한 점차 농도가 낮은 광맥에서 우라늄을 추출해야 하는 상황인지라 향후 더 많은 화석연료를 소모할 것이다. 무엇보다 원자력은 다른 에너지원과 큰 차이가 있다. 원자력을 제외한 생물자원, 풍력, 수력, 화석 연료 등 다른 에너지원은 모두 태양에너지로부터 변형된 것이다. 하지만 핵 에너지는 물질 자체의 내부구조를 변형하여 에너지를 생산한다는 점에서 전통적인 에너지원과 근본적으로 다르다. 핵에너지의 사용은 지구에너지의 총량을 인위적으로 증가시키는 것을 의미한다. 이 증가로 인해 나타날 지구의 온도평형 파괴와 이론 인한 기후변화는 예측하기 힘든 심각한 환경파괴를 불러올 것이다. 또한 원자력은 대량의 방사능과 핵폐기물을 유발한다. 이산화탄소는 지구 환경문제의 주범이라고 말하면서, 방사능은 별게 아닌 것인가? 방사능과 온실 가스는 예측불가능성과 특수성에 있어 비교될 성질의 것이 아니다.

명제 2 원자력은 값싸게 대량의 전력을 생산할 수 있는 경제적 에너지다.

yes입장

원자력 발전은 다른 발전에 비해 초기 투자비용이 다소 비싸지만 운영비용이 싸 매우 경제적이다. 원료인 우라늄이 석유나 천연가스에 비해 싸고 적은 연료로 많은 전력을 생산할 수 있는 것이다. 100만kW급 발전소를 1년간 운전할 때 석유는 150만 톤, 천연가스는 110만 톤이 필요하지만 원자력은 30만 톤이면 충분하다. 또한 kWh당 발전원가는 원자력이 39원으로 천연가스 162원, 석유 91원, 석탄 43원에 비해 매우 저렴하다. 만약 원전 발전량을 천연가스로 대체한다면 전기료가 약 60%나 올라간다는 연구 결과도 있다 발전원가 중 연료비가 차지하는 비중이 매우 낮은 점도 이점이다. 우라늄 가격 변동의 영향을 크게 받지 않기 때문이다. 또한 석유나 천연가스는 특정지역에 자원이 편중되어 있지만 우라늄은 세계 전역에 고르게 매장되어 있어 자원 안보의 측면에서도 유리하다. 산업적인 측면에서 원자력 발전은 광범위한 분야의 고도 기술과 연관되어 있어 미래의 신기술에 미치는 파급 효과도 크다.

No입장

원자력 발전의 원가에는 연료비나 운영비뿐 아니라 원전 폐쇄 후 관리, 해체 비용과 핵폐기물 처분비용까지 포함돼야 한다. 이를 모두 포함하면 원전의 발전원가가 얼마나 될지 가늠하기 힘들다. 또한 사람들은 발전원가를 단순 비교하지만 이 역시 원자력을 1년 내내 지속 가동해야 한다는 점을 감안하지 않은 결과다. 다른 발전은 필요할 때만 운용하여 효과를 극대화할 수 있다. 이를 종합할 때 원자력은 결코 경제적이지 않다. 실제 원자력의 종주국인 미국에서조차 비용문제로 신규 원전의 수주가 중단된 상태고 원전의 1/4 가량이 폐쇄위기에 놓여 있다. 미국은 스리마일 원전사고 때 복구 작업과 보상 등으로 12억 달러 정도를 지출했는데, 이는 원전 건설비용 7억 달러를 훨씬 뛰어넘는 액수였다. 선진국에서 원자력 발전이 쇠퇴한 것은 더 이상 경제성이 없다는 판단 때문이다. 또한 우라늄의 매장량 역시 한정되어 있다. 원자력 발전 비중이 지금보다 높아진다면 20-30년 한에 매장량이 고갈될 것이다.

명제 3 원자력 발전은 매우 안전하며, 폐기물 관리 역시 안전하게 이루어질 수 있다.

Yes입장

많은 사람들이 원자력 발전의 필요성에 동의하면서도 막연한 불안감을 가지고 있다. 방사능에 대한 과도한 두려움 때문이다. 그러나 방사능은 자연에도 존재하는 물질이다. 흙, 공기, 음식물에서도 방사능이 나오며 새 건축물 등에서도 배출된다. X-레이 촬영시 회당 1백-5백밀리램의 방사능을 받고, 위 촬영 때는 1천 5백밀리램의 방사능을 쬔다. 이런 사실로 볼 때 원전수거물 처리장에서의 방사능 배출 제한치 1밀리램은 인체에 거의 영향을 주지 않는다. 원전의 불안감은 미국의 스리마일섬 사고나 체르노빌 사고와 같은, 과거에 있었던 원전사고의 영향이 크다. 그러나 이들 사고는 원전 개발초기의 미숙함과 기술적 후진성 때문에 일어난 불행한 사고에 불과하다. 현재에도 이런 사고가 일어날 가능성은 극히 희박하며 만에 하나 사고가 나더라도 방사성물질이 격납용기 안에 완전히 갇히도록 안전장치가 되어 있다. 지진이 발생하거나 비행기가 충돌하더라도 방사능이 유출될 위험은 거의 없다. 그만큼 과학기술의 발달이 안전성을 획기적으로 향상시킨 것이다. 원전 폐기물 역시 지하 심층의 벙커에서 격리 처리 되고 있어 문제될 것이 없다.

No입장

방사성의 위험은 우라늄의 채광에서 정체, 발전, 폐기물에 이르기까지 전 과정에서 상존한다. 인공방사능은 이미 수 없이 분열을 거듭한 자연방사능과는 달리 일단 사람의 몸 안에 흡수되면 배출되지 않고 신체조직과 밀착되어 치명적인 결과를 가져온다. 방사선에 의해 변형된 세포는 암이나 유전 장애를 일으키지만 이런 증상이 확인되기까지 오랜 시간이 걸려 직접적인 인과관계를 밝히기 어렵다. 바로 이 점 때문에 원자력 발전에 의한 방사성 피해가 거의 없다는 주장이 나오는 것이다. 또한 지금까지 한국에서 대형 원전사고는 없었지만 중수누출하고, 원자로 정지사고, 내벽균열, 원전노동자 방사선 피폭, 기형가축 발생 등의 문제들이 끊임없이 일어나고 있다. 다만 이런 문제점들이 정확하게 공개되지 않고 있을 뿐이다. 그리고 방사능은 각기 정해진 반감기의 시간이 경과해야 그 위험성이 감소된다. 이들 방사성의 원소의 반감기는 짧게는 몇 백 년, 길게는 몇 만 년이다. 이런 원전 폐기물이 언제까지나 안전하게 관리되리라고 누가 장담할 수 있는가? 방사성 폐기물 문제는 현 세대의 독극물 쓰레기를 미래 세대에게 떠넘기는 행위와 다름없다. (유레카 논술, 2007, 82호 참조)

Yes와 No의 입장 중에서 어느 입장이 더 자신의 입장에 근접해 있는지를 토론해 보시오.

상상력 키우기

벼

벼는 서로 어우러져 기대고 산다
햇살따가와질수록
깊이 익어 스스로를 아끼고
이웃들에게 저를 맡긴다.
서로가 서로의 몸을 묶어
더 튼튼해진 백성들을 보아라
죄도 없이 죄지어서 더욱 불타는
마음들을 보아라. 벼가 춤출 때,
벼는 소리없이 떠나간다.
벼는 가을 하늘에도
서러운 눈 씻어 맑게 다스릴 줄 알고
바람한점에도
제 몸의 노여움을 덮는다
저의 가슴도 더운 줄을 안다.
벼가 떠나가며 바치는
이 넓디넓은 사랑.
쓰러지고 쓰러지고 다시 일어서서 드리는
이 피 묻은 그리움.
이 넉넉한 힘……

— 이성부